普通高等教育"十三五"规划教材

包装系统设计

肖颖喆 主编　　谢 勇 主审

化学工业出版社

·北京·

《包装系统设计》共分 5 章，内容包括概述、包装系统设计的需求分析与资源配置、包装系统的分析方法、包装系统设计的核心思想与设计方法、包装系统设计的应用案例分析。主要论述了包装系统设计的基本概念、包装系统方案的设计方法、常用材料、容器、器具的包装适性、包装系统的分析方法与设计方法、包装系统方案的性能评价与优化方法。可提高学生对包装任务的系统设计能力，树立"系统设计""大设计"的观念，有效地完成包装工业体系中的各种设计、检测、管理、评估任务。

　　本书可作为普通高等院校本科包装工程专业的教材，也可用于职业技术院校包装工程类专业的教学用书，还可供与包装相关的技术、管理人员阅读参考。

图书在版编目（CIP）数据

　　包装系统设计/肖颖喆主编. —北京：化学工业出版社，2018.10（2024.8重印）

　　普通高等教育"十三五"规划教材

　　ISBN 978-7-122-33081-9

　　Ⅰ. ①包…　Ⅱ. ①肖…　Ⅲ. ①包装设计-高等学校-教材　Ⅳ. ①TB482

　　中国版本图书馆 CIP 数据核字（2018）第 218012 号

责任编辑：朱　理　闫　敏　杨　菁　　　　　　　　文字编辑：谢蓉蓉
责任校对：王鹏飞　　　　　　　　　　　　　　　　装帧设计：张　辉

出版发行：化学工业出版社（北京市东城区青年湖南街 13 号　邮政编码 100011）
印　　装：北京七彩京通数码快印有限公司
787mm×1092mm　1/16　印张 13¼　字数 350 千字　2024 年 8 月北京第 1 版第 3 次印刷

购书咨询：010-64518888　　　　　　　售后服务：010-64518899
网　　址：http：//www.cip.com.cn

凡购买本书，如有缺损质量问题，本社销售中心负责调换。

定　　价：46.00 元
　　　　　　　　　　　　　　　　　　　　　　　　　　版权所有　违者必究

编写人员名单

主　　　编　肖颖喆

参加编写人员（按署名顺序）

肖颖喆　赵德坚

李　贞　邓　靖

前　言

包装产业具有鲜明的"制造＋服务"属性，2016 年的《工业和信息化部 商务部关于加快我国包装产业转型发展的指导意见》首次明确将包装产业定位为"服务型制造业"。而长期以来，包装行业一直重制造、轻服务，包装类专业人才在近年来虽然数量较多，但极度缺乏符合行业"制造＋服务"需求的专业人才。

包装系统设计是普通高等学校本科包装工程专业的主干专业课程，在包装教育与包装设计实践中具有重要地位。

包装系统设计课程实践性非常强，本书的编写是以教学实践的资料积累、教案讲义为基础的，更多的知识来源于生产实际和市场设计需求。参编的教师们精诚协作、倾力而为，在调研考察、资料整理和书稿撰写的过程中都投入了大量的时间和精力。

本书主要论述包装系统设计的基本概念、包装系统方案的设计方法、常用材料、容器、器具的包装适性、包装系统的分析方法与设计方法、包装系统方案的性能评价与优化方法。可提高学生对包装任务的系统设计能力，树立"系统设计""大设计"的观念，有效地完成包装工业体系中的各种设计、检测、管理、评估任务。

本书将系统的观点和系统论的分析方法与包装工程设计相结合，提出包装系统设计的概念。其核心内容是运用两个基本理论和观点来界定包装系统设计。

其一，整体包装解决方案（Complete Packaging Solution，简称 CPS），从包装产品的性能、流通环境、包装材料的特性、包装产品测试以及回收再利用等多个方面入手，为客户提供系统化的服务，该系统包括包装设计、产品生产、包装测试、仓储运输及其回收管理等环节，涵盖了整体方案设计及优化、包装制品加工及打包、产品包装运输及仓储等多个方面。

其二，绿色包装的生命周期评价。将产品的包装贯穿在产品的生命周期中，把产品包装对产品所创造新价值过程中各个节点贯穿成产品包装价值链。

本书在包装系统设计的核心理论的基础上，辐射包装工程类其他专业课程的理论与实践知识，如包装材料、包装造型、包装结构、包装装潢、包装工艺与制造、包装物流等。

本书根据包装工业"十三五"规划的要求，特别强调了"绿色""安全""智能"的设计思想。

本书中的案例分析没有选择常见的日用品包装类别，而是选取在包装系统中需要格外注意防护的生鲜食品、有易损件需要局部保护的电子产品、常规专业课程中忽视的危险品包装，最后加入了非常规设计的极限防护案例，针对 20m 以下低空无伞空投的救灾物资包装设计，都是对专业课程内容的有益补充。

本书由肖颖喆担任主编。参加编写的人员及具体写作分工如下：赵德坚完成第 2 章的第 2.3 节；李贞完成第 4 章的第 4.4 节；邓靖完成第 5 章的第 5.1 节；其他部分均由肖颖喆完成。肖颖喆负责全书的统稿工作。

本书由谢勇教授主审。

感谢谢勇教授在本书编写过程中给予悉心指导并提出宝贵意见。感谢滑广军副教授、曾欧副教授对本书编写工作的关注与关心。感谢研究生蒙惠文、杨佳玉、张诗浩、高亚芳、白海龙等为书稿校对、改错、编排等所做的工作。

本书由国家自然科学基金项目（No. 61170101）和湖南工业大学学术著作出版基金资助出版，特此鸣谢。

由于编者水平有限，书中难免有疏漏之处，敬请读者批评指正。

编者

目 录

第1章

概　　述

1.1　系统的概念

1.1.1　系统

系统是指将零散的东西进行有序整理、编排形成的具有整体性的整体。系统是由相互作用、相互依赖的若干组成部分结合而成的，是具有特定功能的有机整体，而且这个有机整体又是它从属的更大系统的组成部分。

尽管系统一词频繁出现在社会生活和学术领域中，但不同的人在不同的场合往往赋予它不同的含义。长期以来，对于系统概念的定义和其特征的描述没有统一规范的定论，而一般系统论则试图给出一个系统定义来描述各种系统间的共同特征，通常定义系统的概念为：一个具有某种特定功能并由若干种要素通过一定结构形式联结构成的有机整体。

一个系统可以包括若干子系统，但它本身往往又从属于另一个更大的系统。在这种概念定义中，不仅体现了要素、结构、功能、环境四者的关联，也强调出了要素与要素、要素与系统、系统与环境三个层面的联系。

（1）系统是由若干要素（部分）组成的　　所谓要素，就是系统内部相互作用的各个组成部分。要素是系统的基础，是系统各种结构关系的组成单元。这些要素可能是一些个体、元件、零件，也可能其本身就是一个系统（或称为子系统）。正是由于要素之间的相互联系和相互作用，才使得系统所具有的特征得以产生并得到保证。要素在系统中的地位和作用具有不平衡性，系统中各个要素处于相互联系、相互制约、相互作用的动态变化过程中。

（2）系统有一定的结构　　一个系统是其构成要素有序的集合，系统内部各要素之间相对稳定有序的联系方式、组织秩序及失控关系的内在表现形式，就是系统的结构。任何系统的要素都是按照一定的次序排列组合，彼此相互联结，相互作用，构成一定的形式，并由此形成结构。例如，钟表是由齿轮、发条、指针等零部件按一定的方式装配而成的，但一堆齿轮、发条、指针随意放在一起却不能构成钟表；人体是由各个器官组成的，而各个器官简单拼凑在一起不能称其为一个有行为能力的人。结构是任何系统都具有的，是研究系统所不可缺少的基本概念之一，具有稳定性、变异性和多样性等特性。

（3）系统有一定的功能（目的性）　　系统的功能是指系统在与外部环境相互联系和相互作用中表现出来的性质、能力和功效等。系统的功能是一个与结构相对应的范畴，结构着眼于研究内部要素之间的相互联系、相互作用，功能则着眼于研究系统与环境之间的相互联系、相互作用，它是系统与外部环境作用的表现形式。例如，信息系统的功能是进行信息的收集、传递、储存、加工、维护和使用，辅助决策者进行决策，帮助企业实现目标。系统功能具有非叠加性、秩序性、协调性和隶属性等特性。

（4）系统处于一定的环境中　任何系统都不能孤立地存在，而是处于与其他系统的特定的相互联系之中，处于一定的环境之中。而环境就是一个由某些不属于所研究系统的组成成分构成的集合。与此同时，组成成分与系统状态存在着互相影响、互相制约的关系：组成成分的变化状态影响系统状态的变化，相反，系统的状态变化也同样作用于环境中某些组成成分的变化。能量、物质、信息的流通与交换是环境与系统之间相互作用、相互联系的基本形式，环境作为影响系统性质的重要因素，其中的组成成分作用于系统的形式也是不平衡的、多样的。因此，所谓系统设计与研究，不仅要设计与研究系统本身，而且必须同时对其所处的环境进行设计与研究。

总之，系统的概念是明确的，并不是任何一种事物都能称为系统；同时，系统的概念也是相对的，它取决于人们看待事物的角度和认识事物的方法。从这个意义上来说，理解系统的概念不是告诉我们世界本身是什么，而是要告诉我们应该怎样去看待和认识世界。

1.1.2　系统思想对现代包装设计的指导意义

系统思想是一般系统论的认识基础，是对系统的本质属性的根本认识。系统思想的核心问题是如何根据系统的本质属性使系统最优化。

系统思想在人类思想发展史中占有重要位置，并在人们的生产和生活实践中发挥了重要作用：无论是中国古代的"阴阳五行"学说、《黄帝内经》及《孙子兵法》所体现出的系统思想、都江堰水利工程、系列化的汉代漆器（见图1-1），古希腊亚里士多德"整体大于部分之和"的观点、古罗马的翻模制陶，还是现代的系统工程、机构的改革等都无不浸透着系统思想的痕迹。

图1-1　马王堆西汉漆器

对于现代包装设计而言，系统思想同样具有重要的指导意义。在均衡的国际市场消失的背景下，针对设计本身，设计战略的多样性被提上议事日程；同时在设计多元化的大趋势局面下，遵从以设计科学为基础的理性主义仍占据主导地位；伴随着技术的更新发展，设计也被要求更具专业化，这种趋势下，设计往往不是一个人完成的，而是由跨学科多知识领域的专家共同组成的设计团队完成的。随着设计管理的产生和不断发展，很多企业都建立了自己的长期设计政策。所以设计师在思考和处理设计问题的时候，以往那种凭借直觉和主观性进行设计的方法受到了很大挑战，而仅凭传统的经验和片面的做法也很难实现设计。在复杂的设计对象面前，如果没有纵观全局的系统思维和系统分析及综合方法，就难以迅速、全面、科学地把握设计对象，也不利于提高设计的理性水平，而将系统思想引入现代设计则使得设计所面临的诸多问题得到了很好的解决。

因此，将系统思想整合到包装设计教育和包装生产实践的体系当中，借鉴和引用系统论的一些有益的思想和方法，并与现代包装设计的具体特点结合起来以形成新的现代包装设计的理论与方法，是完全必要和可行的。

在现代包装设计中，应用系统论思想和方法的情况是十分普遍的，比如从对设计问题的系统认识、设计观念的系统思考，到构建系统的设计方法、形成现代包装的系统化特征，以及对包装学科发展的系统思考等，系统思想都产生了重要的影响和作用。

系统论的设计思想的核心，是把设计对象及有关的设计问题视为系统，然后用系统论和系统分析及系统综合的方法加以处理和解决。

而所谓"系统方法"则是"按照事物本身的系统性，将研究对象作为系统加以考察的科学方法"，即从系统的观点出发，始终着重于在整体与部分、整体对象与外部环境间的双向作用关系中精确地、综合地考察对象，从而使问题得到最佳处理的方法。同时，最优化、综合性、整体性是其显著特点。

系统论的设计思想在解决设计问题上也提供了指导思想和原则。放眼整体及局部之间的相互联系来研究设计对象及相关问题，实现设计总体以及达到目标过程和方式的最优化。

系统论主要是一种观念，是一种设计哲学观。从根本上说，它的意义并不在于着重说明事物本身是什么，而是强调我们应该如何科学地认识和创造事物。

因此，我们绝不能把系统论的设计思想和系统方法简单地理解为设计的技术，系统论思想应该成为现代设计的先导和灵魂。同时，在应用系统论思想与设计方法时一定要和创造性的发散思维与直觉判断、感性的构思方法与表现形式相结合，以丰富和完善系统论的实用价值，科学地将理性与感性相结合，由此推动设计的进步。

1.2　系统的组织与功能

1.2.1　系统的组织

系统的组织由系统中的组成要素通过系统结构有机形成，其组织体系主要包括系统要素、结构及特性、子系统等。

1.2.1.1　系统要素

（1）系统由要素组成　系统是由要素组成的，要素是系统的最基本的成分，因此要素是系统存在的基础。

例如：由电池、电动轮箍、自行车车架、链条、飞轮、手闸、车座、车把等零部件组装就构造出了电动自行车。

在系统中，有些要素处于中心地位，支配和决定整个系统的行为，这就是中心要素；还有一些要素处于非中心、被支配的地位，称之为非中心要素。

（2）系统的性质由要素决定　系统的性质是由要素决定的，有什么样的要素，就有什么样的系统。

当一个包装产品的外观组成大量采用相对柔性的"曲线"和"曲面"要素时，包装的造型就表现出流畅、华丽、高贵、柔美的流线造型风格特征，如图1-2所示。当一个包装产品的外观组成大量采用相对硬朗的"直线"和"平面"要素时，包装的造型便表现出阳刚、硬朗、有力的造型风格特征，如图1-3所示。

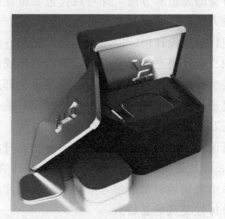

图1-2 柔美、华丽的包装造型风格　　　　图1-3 阳刚、硬朗的包装造型风格

1.2.1.2 系统结构及其特性

（1）系统结构　系统结构是指系统内部各组成要素之间的相互联系、相互作用的方式或秩序，即各要素在时间或空间上排列和组合的具体形式。结构是对系统内在关系的综合反映，是系统保持整体性及具有一定功能的内在依据。系统的性质取决于要素的结构，结构的好坏是由要素之间的协调作用直接体现出来的。优质的要素如果协调得不好，形成的结构可能不是最优的；但是，质量差一些的要素，如果协调得好，则可能形成优异的结构，从而决定出质量较优的系统。

例如树有4个组成部分，即树根、树干、树枝、树叶，自下而上按有机生长规律排列。再如现在的移动通信系统，包含了各个要素，其中包括手机、中继站、卫星传送等。将这些要素连接起来，形成网络，便构成了一个完整的通信系统，这个无形的网络，就是这个系统的结构。因此，了解系统的结构有着关键性的意义。

认识产品（包装）系统结构的办法之一是分解与组装产品（包装），如图1-4所示的结构解剖。

所以，处理好要素与要素、要素与系统之间的结构关系，对于系统的功能和性质至关重要。这就体现出系统设计的重要意义。

（2）系统结构特性　系统结构具有3个基本特性：有序性、协调性、稳定性。

① 有序性。有序性是客观事物存在和运动中表现出来的稳定性、规则性、重复性和相互的因果关联性；不规则性、不稳定性、随机性和结构间的相互独立性是无序性的特点表现。人类理性的功能主要在于抓取对象世界中的有序性以形成关于世界的规律性的认识，而无序性的特点导致了客观事物及其规律的复杂和难以对付。科学世界观认为系统结构的无序性（偶然事件）属于表面现象，而有序性（必然规律）被认为是构成世界的本质。从而使有序性和无序性相互对立起来。

例如矩阵结构所表现出来的有序性。矩阵结构是在整个系统内部关系不明确的情况下，

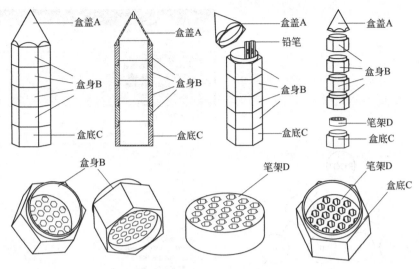

图 1-4　某高度可调节的铅笔包装盒包装结构解剖示意图（自有专利）

只单纯表示单位与单位之间的关系（见图 1-5）。

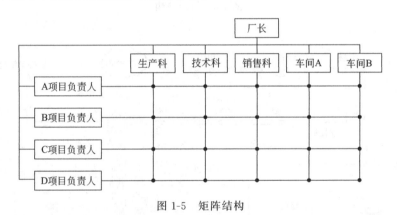

图 1-5　矩阵结构

在技术活动中，这种组织结构是一种业务活动和功能相结合的形式。也就是说，在同一个组织内部，纵向报告关系的多个职能部门还建立了一些具有横向报告关系的产品部门（或项目团队），形成一个纵向和横向管理系统相结合的矩阵式组织结构。

又如，树形结构所表现出来的有序性。树形结构指的是系统元素之间存在着"一对多"的树形关系的系统结构。树形结构（见图 1-6）是将各单位按级别分层，构成体系，表示为概括性的形态，最下层的单位即要素，分别独立，每上一层级的单位必须包含若干下一级单位，构成该层级的体系，即子系统。树形结构在许多方面都有应用，可表示从属关系、并列关系。

此外，还有网络结构所表现出来的有序性。网络结构是单位之间仅存在概念性的相互关系，表示集团或群体的存在（见图 1-7）。

② 协调性。协调性是一种运动、动作连续变化的平衡艺术。系统结构在时空上的有序性，使系统诸要素之间的相互联系和相互作用，形成了一个有机的、协调的整体。它使系统中各要素之间形成了相互依存的动态平衡关系。系统的性质取决于要素的结构，结构的好坏是由要素之间的协调作用直接体现出来的。

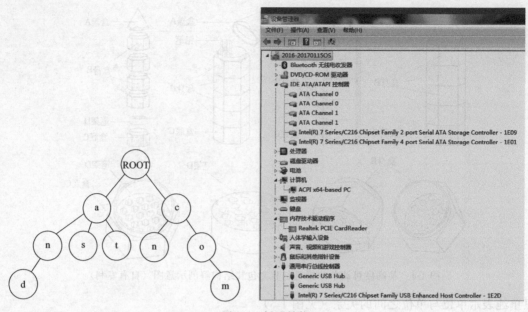

图 1-6 树形结构

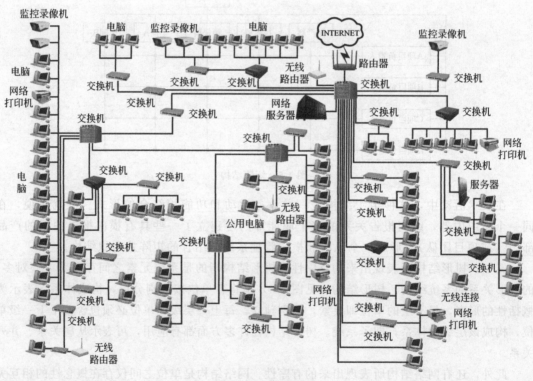

图 1-7 网络结构

例如自行车（见图 1-8）刹车系统的动作：手刹—闸把—闸线—闸皮—抱紧轮圈—停车，反映了自行车刹车系统结构的有序性，形成一个和谐的整体，控制整个自行车系统的正常运行。

又如，自行车与健身车的构成要素基本相同，但由于结构组成方式不同，其产品的功能、性能大不相同（见图1-9）。

图1-8　自行车

图1-9　健身车

③ 稳定性。系统结构的有序性和整体性，会使系统内部诸要素之间的作用与依存关系产生惯性，即显现出动态平衡，维持着系统的稳定性。当稳定性被破坏，系统的功能就无法正常发挥。

例如移动通信系统，在网络的作用下，系统中各要素按某种秩序形成一个整体，并且各要素保持着稳定的、相互作用、相互依存的关系。伴随手机需求量的增加，系统就面临扩容，这时负载能力的增强相反地就会促进系统结构的优化升级。系统内部不断通过涨落来保持稳定，无论哪个环节发生变化，其他环节就会必然适应环节变化。

1.2.1.3　子系统

复杂大系统的分系统称为子系统。子系统具有局域性，它只是整个系统的一部分。子系统不是系统的任意部分，必须具有某种系统性。

（1）子系统是一种模块要素　子系统是一种模块要素，它既可以包含其他模块要素，也具有自己的功能。子系统的功能由它所包含的要素和模块结构提供。

系统的每个部分都应尽可能独立于系统的其他部分。从理论上说，应该可以用新的部分替换，前提是新部分必须支持相同的接口。系统中的不同部分应该可以独立地演进，而不受系统其他部分的影响。

例如，包装系统中的包装结构设计就是包装系统中一个相对独立的子系统，在某个产品的包装设计需求中，委托方可以只委托设计师针对包装结构做出设计方案或改进方案，而不涉及包装设计中的其他方面。

又如，包装系统中的物流环节设计也是包装系统中一个相对独立的子系统，甚至这个子系统的独立性比包装结构子系统还要强。我们甚至可以抛开产品的所有包装设计环节，针对已有包装的某个商品在物流管理环节中做出合适的设计。

（2）子系统设计规则　为确保子系统在模型中是可互换的要素，设计中需要注意以下几条规则：

① 子系统所包含的要素不应有"公有"的可见性；

② 子系统外部的要素都不应依赖于子系统内部特定要素的存在；

③ 子系统不直接依赖于子系统外部的任何特定模型要素。

例如，包装系统中的原材料子系统、打样子系统、制造子系统、物流子系统就是包装系统的几个子系统（见图 1-10）。

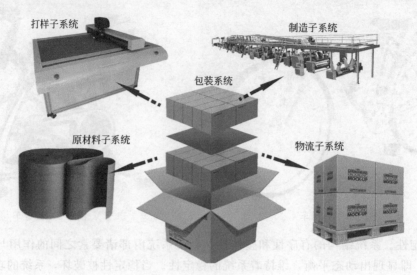

图 1-10 包装系统的子系统

（3）大系统分为子系统的条件 一种最简单的情形是，由于系统规模太大，必须对要素"分片"管理，因而把整系统或母系统分为若干分系统或子系统。在系统要素较少且彼此差异不大的情况下，系统可以按照单一模式对要素进行整合。然而在相反的情况下，系统要素较多且无法忽略彼此差异，这时就不能按照单一模式进行整合，需要将要素划分为不同的部分，然后分别通过各自的模式组织整合，形成若干下属子系统，再通过组织整合这些子系统成为整个系统。

（4）子系统与要素的差异 我们需要了解并区分子系统与要素之间的差异。要素从属于系统，是系统的组成部分，具有基元性的特征，但不具备系统性，不讨论其相关结构问题，它是系统中不能也无需再细分的最小组成单元。而子系统相对于要素来说具备系统性、可分性，能够研究讨论其结构问题。有些子系统可以只有一个要素，子系统与母系统具有相对的独立性。

1.2.2 系统功能与系统环境

1.2.2.1 系统功能

功能是指系统在运行过程中所具有的效用和表现出的能力，效用指用途，能力一般包含性能指标。

如果把系统内部各要素相互联系和相互作用的方式或秩序称为系统的结构，那么与之相对应，把系统与外部环境相互联系和作用过程的秩序及能力称为系统的功能。

对于产品的功能来说，当顾客询问一件商品能做什么用时，回答的则是产品的功能。产品只有具备某种特定的功能时才有可能进行生产和销售。功能减弱、功能不足、功能过时都会促使产品淘汰。失去了功能，产品就成了废品。

功能是由系统整体表现的一个体现系统外部作用能力的过程，它是由系统内部结构决定的一种系统内部固有能力的外部体现。而环境的变化制约以及系统内部结构的制约都会影响系统功能的发挥。

1.2.2.2　系统环境

一般定义系统环境就是指系统之外的所有事物，环境是系统存在的外部条件，环境对系统的性质起着一定的支配作用。系统的整体性是在系统与环境的相互联系中体现出来的。系统和它所在的环境之间，通常都有物质、能量和信息的交换。因此，一个系统不是孤立存在的，它总要与周围的其他事物发生关系。

在现代包装设计中，环境包括自然环境、社会环境、技术环境。

（1）自然环境　自然环境包括资源环境、生态环境和地理环境。

从包装制品向自然界提取原材料起，直到报废的全部生命周期中，自然环境不断地输入所需的物质与能量资源，并不断地接受包装制品的排放物与废弃物。人与产品（包装物）的共同行为将作用于包括人自身在内的生态环境，对生态平衡发生影响，而地理条件如气候、温度、湿度、风沙、日照、地形等，将直接影响包装制品的运行和人的劳动条件。

（2）社会环境　社会环境包括民族、文化背景、社会制度、政府政策、国际关系等方面。

由于现代产品（包装）大量参与国际大市场的竞争，因此市场环境成为包装设计与开发的重要因素；由于包装物的服务对象是商品、使用对象是人，因此商品的设计开发与人的消费观念始终对包装的发展起导向作用。

（3）技术环境　技术环境包括设施环境和协作环境。

现代化生产要求高度文明的劳动环境，它将由相应技术设施来实现。现代产品常常把群体的共性功能转交给公共的设施来承担，如包装系统中的物流系统，船舶、飞机等的卫星定位系统等。而像高速公路、加油站之类，则成为今天汽车运行的基础设施。现代产品（包装）的运作还需要大量的周边技术协作，如材料与燃料的供给，废弃物的回收等。

1.3　系统的属性与特征

1.3.1　系统的属性

系统的属性主要表现为：整体属性、规模属性、结构属性、层次属性。

1.3.1.1　系统的整体属性

系统整体中的某些个体不具有其总体具有的特性，称为系统的整体性。

例如，单个物质分子没有温度、压强可言，大量分子聚集为热力学系统，就具有可以用温度、压强表示的整体属性。

1.3.1.2　系统的规模属性

组成系统要素的数目和结构复杂程度细分多少代表系统的规模。规模大小不同所带来的系统性质的差异，称为规模属性。

规模属性在经济学上称为规模效益。因为任何生产都是有成本的，要达到盈利，必须使得销售收入大于生产成本，而这其中的固定成本是不变的，所以生产得越多，分摊到单个产品中的固定成本就越少，盈利就越多。

1.3.1.3 系统的结构属性

不同的结构方式，即组分之间不同的相互激发、相互制约方式，产生不同的整体属性。例如同样的食材按照不同的烹饪方式就会产生不一样的味觉体验效果；一定的组分属性是整体属性的基础，同时组分的特性也在一定程度上决定了系统的整体属性。

1.3.1.4 系统的层次属性

复杂系统不可能一次完成从要素性质到系统整体性质的体现，需要通过一系列中间等级的整合而逐步表现出来，每经过一次整体属性体现形成一个新的层次，从要素层次开始，由低层次到高层次逐步整合、发展，最终形成系统的整体层次。用系统层次属性可以将复杂事物按层次分解为若干简单事物的组合。

例如，对包装设计对象的系统进行划分就可以得到如下的层次：

（1）包装容器的外观设计　以包装外观形态的整体造型及容器表面的线条、图案、色彩、装饰设计为主。

（2）包装容器的造型设计　以包装的内在结构和外在造型为研究对象，提出比较全面的包装设计方案。

（3）对包装的功能、结构、造型、材料性能进行全面系统的研究　对功能给出明确的定义，对结构提出更加合理的配置方案，对造型提出符合功能要求和消费倾向的便于使用的形式，对包装提出新的系统的设计方案。

（4）对包装件提出新的设计方案　对商品的保护、包装的商标及销售展示提出富有创意的新的设计方案。

（5）广义的包装设计　对产品、商品销售、传媒、企业形象、产品品牌、产品策划提出全面的富有创意的新的设计方案。

（6）人造物的设计　应对人类的各种需要进行研究，对人类的环境、居住、生活、学习、工作、服务、娱乐、体育、旅游、休闲、盛会提出全面的富有创意的新的设计方案。

1.3.2 系统的基本特征

从系统的基本概念及分类中已大致能够了解到系统的特征。

1.3.2.1 系统的整体性

整体由部分组成，但这种组成方式不是各部分的随意相加，而是有机的结合，整体内各部分之间的联系是有机的联系。系统的本质是整体与部分的统一，构成系统的整体特性只有在运动过程中才得以体现。

1.3.2.2 系统的目的性

系统必须完成一种特定的功能，各要素、各子系统都是为达到系统的一定目的而相互协同运作的，系统要走向稳定的有序结构，从而体现系统的整体功能，这就是它的目的性。

1.3.2.3 系统的动态性

系统总是处于相对的稳定状态，而绝对地处于运动状态中，随时随地在各种正常或不正常输入与干扰信号下运动。

1.3.2.4　系统的相对独立性

一方面，这种独立性表现为：①具有特定的质和量的规定性，从而能区别于环境和周围事物；②具有排他性；③具有稳定性，在一定时期内或一定条件下，系统的基本结构、功能不变，以保持内在特有的稳定状态。

另一方面，这种独立性是相对的，任何一个系统都存在于环境和周围事物之中，并与之有密切的联系。世界上根本不存在绝对独立于环境和周围事物的东西，不存在完全独立的孤立的系统。

1.3.2.5　系统的环境适应性

任何系统都处在一定的物质环境之中，并与环境发生相互作用。系统与环境的相互联系和相互作用，主要表现在物质、能量和信息的交换方面。与此同时，我们常说的 $1+1>2$ 的概念在系统与部件之间的关系中也有体现，部件构成系统并处于运动之中；各部件之间互相联系；而在贡献量的比较上，系统各要素之和要大于各要素之和。

人们生活中常听到的类似医疗系统、教育系统、消化系统的概念是系统以特定形式在实际应用中的体现，在这种名称概念下，类似"消化"等修饰词描述的是研究对象"物性"的物质特点，而后缀"系统"表现的是研究对象的整体性。对物性和系统性的描述是在对具体对象的研究过程中必不可少的环节。

对于设计而言，关键问题不在于对系统做出严密的定义，而在于对系统内涵及特征的深入理解，以利于正确掌握和领会系统论设计思想和方法，更有效地指导设计实践。

1.4　包装系统设计的概念

1.4.1　包装系统设计的基本概念

包装系统设计是将被包装产品和包装件当作一个整体的系统，进行有机的、动态的认识研究和形象性表达；从全局出发，将其各组成部分看作是子系统或要素，通过整合，建立起互相之间的有机联系及系统与外界环境之间的有机联系。包装系统设计是一种综合性的包装方法设计系统。

包装系统设计中各个要素之间环环相扣，层层相连，构成有机的设计方法系统。其系统内部相互制约、相互作用，且协调统一。系统设计是基于系统结构和功能的深入分析和理解，从整体上把握过程中各要素之间的关系，通过一定的结构形式，使包装系统达到既定的功能。

数字化时代中，新的设计语言和表现手法的出现、多媒体技术的发展使虚拟化的设计方案更加贴近生活；包装制品是一种人造物，人造物设计与使用者都需要在逼真的氛围中使设计完善与具体；网络技术的发展与运用，使世界上更多的人连接起来，设计师通过网络将设计方案迅速传递给目标消费者，消费者则通过网络将信息反馈回来，从而使包装制品在设计初期即可实现最优化。这种有效的合作，是一种完全意义上的设计与生产、市场、消费的多向交流，毫无疑问是数字化时代的高新技术实现了这种合作。

系统设计是在分析和掌握信息时代特征的前提下，融合包装工程学科和系统工程学科的一项探索新的设计理论与实践方法的研究课题。

系统概念在现代包装设计中有下列几层含义：

第一，系统概念被用于包装设计后，就不再把设计对象看成是孤立的个体，而是将其置于系统之中，使结构设计、造型设计、功能设计等不再局限于单一的设计对象，而且考虑它与其他因素之间的关系，考虑在系统环境中被包装产品的需要和人（消费者）的整体需要，这样的设计更符合实际的使用情况。例如，从物流系统角度来考虑包装的安全性设计，从整体包装系统角度来设计产品包装的各个组成部分。在这样的大前提下包装系统概念应运而生。

包装设计开始既考虑设计对象自身各组成元素所构成的基础系统，即功能、结构、材料、造型之间的相互关系及它们各自所组成的统一体的关系，同时又将设计对象整体作为要素或子系统，将其放在社会、经济、技术这样大的宏观系统中去考虑，从而更好地实施设计。

第二，从系统概念出发，将设计对象作为一个系统来进行设计开发。从系统的角度出发，从三维立体系统扩展到四维持续的发展系统，既要从整体与局部的关系考虑问题，又要用发展的思维去把握整体。

第三，考虑物体之间的位置关系，从系统的角度考虑感性工程因素对设计对象的影响，把握系统结构。例如，设计单一的包装容器时，往往不会考虑两个或更多个包装容器之间的关系，但当许多个包装容器放在一起时就构成一个系统，它提醒设计师要考虑它们怎么组合在一起，怎么使用等问题。

1.4.2　包装系统设计的思路

面对产品需求和设计手段的快速发展和迅速变化，现代包装设计已经不再是传统意义上的包装设计了，而是要适应市场的发展，同时更要引导市场的发展。要适应新时代的要求就要有新的系统设计思路。

① 具有有机关系的相关事物通过共同实现特定的目标和功能并通过系统行为的整体协调行为来实现系统功能而形成的集合我们称之为系统。系统整体设计，可以理解为在发掘某种潜在商业目的的条件下，为了达成目标而进行跨行业的统一宏观调配或者跨学科的多元系统的创造与组合，这是在现代设计大背景下的先导趋势。

② 形成形态语义的统一，要通过强烈制式化的关于人造物系列的创造。

③ 在包装设计与开发领域中，系统设计强调产品（包装）必须与市场的销售状况保持协调与平衡。以商品附加值形成的最优达成商品总价值的全体优化，从而增加产品的竞争力。设计活动不再是一种单一的产品活动，而是在市场竞争中和设计互相联系的开发活动。它要求设计部门在包装的开发过程中就要与销售及生产部门密切配合，以便得到既有良好性能又能适应市场的、便于制造销售的优良包装制品。

④ 包装设计在不断开放变化的时代大环境中，其全过程都将受高科技的影响，在包装设计中的设计-生产-市场三者间的时空观念也不再成为障碍，并能真正地实现"个性化"。

⑤ 在对系统设计理论的全面了解下，才能实现将包装作为系统而研究的优化设计。

1.4.3　包装系统设计的内涵与范畴

系统是一个外延甚广的概念，它可以被视为一切相互联系相互影响的事物的集合。在系统设计关键问题的讨论上，我们需要进一步理解系统的内涵及其特性来帮助我们更加准确地领会和掌握系统设计思想和方法从而指导设计实践，而不是在系统的严格定义上。

根据我们对"系统是由相互作用且相互有机联系的事物构成的一种有序的具有特定功能的集合体"概念的领会，包装系统设计的内涵可理解为：包装系统设计是运用系统思想、方法及原理同时集合相关信息与能力要素，处理与研究其局部-整体-环境间动态关系来满足人与产品对包装的特定需求而提出问题解决方案的活动；它是一种形象性的、综合的创造性活动。

这里所指的系统设计是指运用系统论的有关原理和方法，对设计的全过程进行整体、全面的把握；从系统的角度分析设计中可能遇到的问题，有条理、有步骤、系统地开展设计的全过程。

系统论的思想和方法能为设计创造提供必要的理性分析依据，并能在初步设计后从技术与各方面的联系中使设计具体化，进一步完善。从设计的意义上讲，为创造更合理的生存与发展方式的行为，应以包装物所服务的产品和使用包装物的人为核心，形成保护产品、方便消费者、适应现代商品社会的系统。设计的手段包含了系统中人的因素、物质因素和相关联的处理方式，以设计的具体对象为出发点进行各种资源的组织、调配、布置，从组织形式上形成系统。

包装设计的系统思维方式及其系统行为在当今日益复杂化的"人-社会-自然"的系统关系中具有重要的现实意义。

首先，系统设计是维护生态平衡，寻求人-社会-自然可持续发展的有力保证。包装设计的最终目的是更好地服务于人类，让人有更舒适的生活方式，而生活方式必须依赖于一定的自然、社会文化环境，只有协调自然、社会和人相互作用的方式，人类才能实现和谐发展。

其次，系统设计是保证产品包装功能意义实现的有效方法。只有从产品包装的生命周期出发，在不断发展变化的市场与生活方式中挖掘包装与外部环境作用的意义，才能进行合理的包装设计定位，使产品的价值体现达到最优。

最后，系统设计是形成有效产品包装的合理方式。设计定位对包装的最终形式作了有限的概括和定义，但通过系统分析、系统要素和结构的协调可以创出多样化的设计方案。在多种设计方案之间通过系统综合和系统优化，寻求最佳方案，这是形成最合理包装的有效方式。

1.4.4　包装系统设计的基本原则

在理解系统的结构特性、系统的基本特征的基础上，我们在运用系统论的有关原理、规律和方法进行包装系统设计时，需要遵循以下几个基本原则：

1.4.4.1　整体性原则

整体性是指各要素一旦组成了有机整体，这个整体就具有独立的要素所不具有的性质和功能，我们不能将各要素功能及性质的简单相加等同于整体的性质和功能。

在包装系统中观察、处理问题，整体性原则作为重要参考原则，它把研究对象看作由各个要素按照一定方式组织构成的有机整体，要素构成整体，其与环境、整体三者间存在着相互作用、相互联系的关系，在这种关系条件作用下，系统整体呈现出了各独立元素所不具备的性质，从而系统整体形成各组成要素在独立状态下所不具备的功能的规律性；这种理论可以被称为非加和性，即各要素的总和不等同于整体。

着眼于整体观，产品及其包装的存在是以一定的社会、自然、人文环境为基础的，失去其存在的环境，任何产品都没有意义，自然其包装也就没有存在的必要了。产品（包装）的物质和生命是由大环境系统的"存在"决定的，所以整个包装系统设计的完成不是单独的产品包装本身，而是人-物（产品）-环境综合构成的整体形象；从一体化的全局观念出发统筹整个设计过程，由上而下，由总而细，合理安排步骤，合理地处理设计过程中每个部门、每个细节、整体与局部、系统与元素之间的关系，从而正确把握整个设计过程的准确性。在设计包装的每个独立要素的同时，要考虑最终的可行性与整体性。

包装系统的整体性是包装系统设计的基本出发点，即把包装的整体作为研究对象。包装设计的目的既包括人也包括被包装产品，包装件作为实现生活方式的一种手段，它必须在一定的时空环境、文化氛围和特定人群组成的生活方式中通过系统的过程，在各种相互联系的要素的整体作用下，才能实现包装系统的功能意义。因此，在设计之前明确包装设计的系统过程和整体目标，即设计定位，是十分必要的，包装系统的设计将围绕包装的设计定位展开。

1.4.4.2　开放性原则

开放性是指任何系统不断地保持自身与外界进行能量、物质、信息交换从而能够通过抗拒外界带来的侵犯来维持自己的动态稳定的能力。开放性越高系统的适应能力和发展水平就越强。开放性原则的这一特点在系统设计中被运用到观察和处理问题上。

例如自然界的动植物就是开放性的经典体现，他们就是一个不断与外界进行能量、物质、信息交换的系统。植物通过外界获取自己所需的水分、空气和阳光，再通过排放废物来维持自身的生存和发展。此外，太阳系也是一个开放系统，它不仅从其他天体中不断地获得能量和物质来维持自身稳定，同时还会向外界释放、抛射出能量与物质。

人类社会也是一样，我们必须不断地保持与自然界的物质、能量、信息的交换，否则政治、经济、科技、文化等交流是很难得以维持和发展的。

包装设计也是如此，设计前期，设计师新的设计方案是通过大量的调研和信息资料收集带给大脑的信息输入和新旧信息重组产生的。所以，设计人员需要具备捕捉信息的敏感度和对新信息的吸纳能力，这样才能在开放的环境中创新，而不是闭门造车。

1.4.4.3　目的性原则

所谓目的性是指系统与外部环境以及内部各要素之间的相互作用过程中，系统具有趋向于某种预先确定状态的特点。这种目的性代表事物运动状态可能会达到的某一种状态。而目的在未确定前，事物的发展可能存在各种状态，而最终能达到怎样的状态，要视各种因素确定。

事物间相互联系和相互作用的运动结果是目的性，目的性选择其他事物作为参照，是一种将两者运动差异性趋小为零的运动状态。通常将目的限于人的行为，与意识相联系。而这里的目的性原理是广义性质的。用这一观点观察和处理事物开展设计，称为目的性原则。在现代包装设计领域，包装设计的开始阶段，都有设计分析和定位的过程，这就是目的性原则的运用。

包装系统设计中，科学地确定目标是实现目标的重要前提。对不同的被包装产品进行设计分析所要解决的问题是不同的，即使是相同的被包装产品，由于所要解决的问题不同，也必须进行不同的分析，拟定不同的解决方案。设计必须有明确的针对性，要着眼于特定问题和目标，致力于寻求最佳策略，达到最优结果。如图 1-11 和图 1-12 所示，专为残疾人及儿童设计的各种产品包装就是目的性很强的成功设计。

图 1-11　盲人适用的产品包装

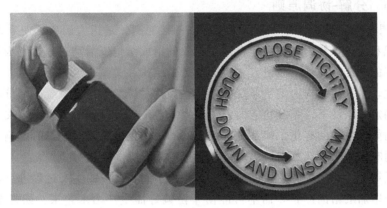

图 1-12　儿童安全包装

1.4.4.4　分层秩序性原则

任何系统都是多级别、多层次的有机结构，层次性是指系统中存在的各要素在系统中发挥的作用和所处的地位是不同的。若干要素或子系统构成了系统，而系统内的各要素又是由若干个子系统或子要素组成。要素在一定的条件下，相对于其组成子要素来说又可被看作成一个系统，上升到更高层次，这种子要素构成的系统在某种意义上，又是组成更大系统的要素。要素与系统之间存在的相对性决定了系统的层次性。这种层次性呈现了不断变得高级的层级式系统。而分层秩序性原则正是运用这一特性步骤性地完成系统设计。

犹如每一座高楼大厦，它都是由多种层次逐阶组织起来的，层次的累积使它成为更高级更庞大的系统。不论在自然界的非生命或生命系统，还是在社会系统中都存在着这样等级森严的关系。比如，自然界中的生物界就是由生物大分子—细胞—组织—器官—系统—个体—群体—生态群组成的一个多层次系统。在整个生物界中有一百多万种动植物包含其中，又可以按照其亲缘关系划分为门、纲、目、科、属、种等不同等级和不同层次的结构。

1.4.4.5　关联性原则

它强调从事物的普遍联系中把握设计行为，正确处理包装内部及与产品、与环境间的内在联系，以确保包装系统的整体性。包装与外部环境有双向的物质、能量、信息的交换，包装与内装产品也存在双向的物质、能量、信息的交换，有相应的输入和输出及量的增减。包装系统设计就建立在这种开放性与关联性的基础之上。

① 产品包装与人和社会的多种不同关系，影响到包装形态的构成。形态是由材料、结构、外观组成的整体。包装与生产者、使用者、流通环节等的各种关系，涉及包装的使用、保护、销售、安全、宜人等性能要求。它们都会成为设计时确定包装形态的因素。

② 因为任何产品包装与其他产品包装可能共处同一空间区域，所以，在设计中就要考虑到包装件之间在性能、形态、色彩、人因等方面的关系，以及它们给人造成的情绪状态。

③ 产品包装与自然的关系，一方面使设计注意气候、温湿度等条件；另一方面可以开拓仿生学设计，例如荷叶表面的疏水性对防水包装的启示，生物的各种功能形态为包装形态提供丰富的启示和联想。

④ 包装设计又与时代、民族、地域特点相关。法律、伦理、管理、风俗、习惯、礼仪、价值观、生活准则、审美思潮等因素，对包装设计都有影响。

1.4.4.6 分解-协调原则

分解-协调原则就是系统的可分解性和可协调性原则。是指人们为了使系统功能达到最优，会在认识和构造系统的过程中，将研究对象的组成结构或活动过程拆解为若干个相互关联、相互衔接的部分，并且不断研究和协调部分的结构和关系。

一般来说，系统的结构决定了系统的功能，当然系统的结构与系统各部分相关联、相协调；在结构确定的条件下，系统功能的强弱受系统各个部分间的协调程度与关系影响。而不能使系统的功能发生质的变化。即系统各部分间的协调程度只能起到量的影响，而不能引起质的变化，同时，系统各部分间的协调受制于控制系统。

如一个纸箱厂，它的生产结构已定，当对各个车间和工段的生产过程进行协调，使其配合很好，只会增加纸箱的产量，而不可能由于协调好而生产出木箱来。如果要改变生产对象，则要对工厂的生产结构进行调整。由此可见，分解-协调原则不能根本改变系统的功能，这种分解-协调原则中的协调是指基于系统定性的保持上，优化和调整系统内各部分的关系；而其中的分解强调的是系统结构内的可区分性。

调整总系统和子系统之间的关系，优化系统的整体功能是分解-协调的目的所在。为了达到这样的目的就会经历一个反复协调的过程，通过这样的协调过程优化各个子系统（局部），它和整体最优化正是设计过程中最艰难的部分。

1.4.4.7 动态原则

这是系统设计方法的历时性原则。系统由于内部构成要素（或子系统）之间的相互联系、相互制约、相互作用及系统与外部环境不断地进行物质、能量、信息的交换，构成自身的动态系统。系统要维持稳定的状态同时向前发展就需要在内外环境交互作用的过程中进行。在设计人员进行设计工作时，应当学会将设计研究对象看成动态的"活系统"而不是静态的"死系统"。

对于设计系统，物质、能量、信息的联系与流通既存在于其内外环境之间，也存在于其内环境各要素（子系统）之间。而人们又通常选用理想化的"闭合系统"或"孤立系统"应用于设计过程中。

因此，设计对象所涉及的系统时刻处于运动变化之中，永远是动态的。设计人员应当把系统发展和设计过程的各个阶段统一加以研究，强调要素间相互作用及在时间、空间中的相互转化。

产品包装形式是材质、结构、外观的总和，产品包装形式与内容的相互转化是设计推陈出新的内驱力。动态原则首先表现为创造性地寻求适合内容的形式，促使抽象功能转化为与之相应的特定形式，即包装的实体或形、色的有序组合。同时，新的概念设计往往可以在包装的造型和结构功能方面推动包装的更新与发展，比较其原有的形式或结构必然有较大的飞跃。

应用系统设计方法的动态原则，要求我们既要把握设计变化的动力、原因和规律，也要研究设计发展的方向和趋势，以把握其过程与未来趋势。

1.4.4.8　优化原则

优化原则是使用系统设计方法的目的和要求。在研究解决问题的过程中，这一原则就要求设计人员在进行综合优化和系统筛选时要本着"多利相衡取其重，多害相衡取其轻"的思想，运用"线性规划""动态规划""决策论""博弈论"等有效方法，从而达到整体优化目的。

优化原则是用科学方法解决复杂问题。它的重点在于分析、设计与其成分全然不同的整体，它坚持多极优化、满意原则、全面地看待问题，考虑一切可变因素和所有的侧立面。

系统的目标可以是单一的，也可以是多目标的。对于多目标系统，往往要求功能、资金、时间及可靠性等同时达到目标。以企业进行新产品包装开发为例，当企业将某一新的包装技术用于被包装产品，它必须设立新产品包装改进这一项目，考虑到新的包装技术应用前市场没有此类包装的产品，对于包装的使用方式、成本控制以及包装内部结构设计安排都成为其目标，并且相互矛盾的方面也存在于目标之间，例如结构重组以及相应配件的增减因技术的使用而导致与成本之间产生矛盾，又比如产品进入市场的时间与新技术运用的进程之间的矛盾等。当这种目标较多而又相互矛盾时，往往需要在确定准则下找出一个合理的折中方案，即优化——通过优化使系统目标实现。

优化原则是系统设计方法的主观出发点或所要达到的总体目标。包装设计的核心是满足被包装产品的需求和使用人群的需求，而需求随时间、空间相应地发展变化，是一个无休止的进程。评价设计的标准自然是相对的，无最佳可言，只有较佳。这就要求设计师从总体出发，研究系统内的人力、物质、设备、资金、技术、信息和任务目标等要素的较佳效果。高质量的设计，反映的是一个企业乃至国家整体的经济、技术、文化、道德和综合管理水平。

在包装设计中，一个新设计的产生涉及功能性、经济性、审美价值等多方面内容，采用系统分析、系统综合和系统优化的方法进行包装设计，就是把诸因素的层次关系及相互联系等了解清楚，发现问题然后解决问题，按预定的包装设计定位综合整理出对设计问题的最佳解决方案。

例如，在对速溶咖啡包装进行设计时，首先要根据产品的外部环境（使用者、使用环境等）确定产品包装规格定位——一次冲泡一杯，尽量避免包装容器反复开启造成咖啡颗粒受潮结块；然后用系统分析的方法确定实现目标的手段——咖啡包装的内外结构和设计要素。采用哪种结构和设计要素来实现该功能，这就是设计方案，基于设计定位限定的方案来说所要考虑的因素很多很复杂，作为包装来讲，通常有造型、构造、连接等结构关系以及材料、色彩、人因学、价格等要素特征，这种将功能转化为结构、要素的过程就是系统分析的过程；结构和要素的变化都能够使方案呈现出多样化的特征，在很多设计方案中，需要在多种结构错综复杂的要素中寻找一种最优的有序结构——特定的"方式"来组合各个要素，用最贴近设计定位的设计方案形成新型包装，这个过程就是系统综合以及系统优化。整个系统设计行为是通过"功能-（结构-要素）"的系统分析和"（要素-结构）-功能"的系统综合和系统优化，形成新型包装的过程。

1.5 包装系统组成

1.5.1 中国包装工业体系

中国包装产业伴随着改革开放，逐渐从无到有，从小变大，但在一段时间内，对包装在产业体系中的类属一直未能明确界定。业界对于包装行业在国民经济中的地位，通常的表述是"配套产业""重要支撑"等。这种对产业角色和其价值的模糊认识，直接导致包装产业建立 30 年后才被当作是一个独立的行业体系。2011 年 3 月 14 日，包装行业第一次被列入《中华人民共和国国民经济和社会发展第十二个五年规划纲要》，而且其中明确提出："包装行业要加快发展先进包装装备、包装新材料和高端包装制品"。这意味着包装行业的制造业"身份"正式得到国家政府层面的承认。

事实上，包装产业包括包装材料、包装装备、包装制品三个大类，无论哪个大类，均以制造为基本特征。《关于加快我国包装产业转型发展的指导意见》（以下简称《指导意见》）首次明确将包装产业定位为"服务型制造业"，解决了长期以来产业属性模糊导致行业定位不准、方向不定、发展失衡等问题。《指导意见》作为国家出台的包装产业发展战略性文件，这一定位将更有利于引导包装产业整体按照制造业的发展方向完善体系、优化布局、提升品质。

1.5.2 包装产业属性新定位

1.5.2.1 服务型制造业的概念

按照《中国制造 2025》的部署，服务型制造是中国制造业转型升级的三个重要方向之一。制造业服务化的发展对中国传统制造业转型升级意义深远。

一种新的制造业发展模式"制造业服务化"在 20 世纪 80 年代末 90 年代初在发达国家兴起。如 IBM 的咨询业务，GE 的财务公司业务，XEROX 的文档管理业务等都属于制造业服务化的范畴，在制造业内部自发演化出服务业务是其显著特点，并逐步地成为企业的重要价值来源。服务化的概念即是从制造业单纯提供物品到提供物品的同时增加服务所构成的"产品"转变。

1.5.2.2 包装产业的属性

包装产业具有鲜明的"制造＋服务"属性。

（1）从包装的定义看 中国国家标准 GB/T 4122.1—2008《包装术语 第 1 部分：基础》中对包装的定义是："为在流通过程中保护产品、方便贮运、促进销售，按一定技术方法而采用的容器、材料及辅助物等的总体名称。也指为了达到上述目的而采用容器、材料和辅助物的过程中施加一定技术方法等的操作活动"。尽管其他国家、国际组织和包装学术界对包装的含义有不同的表述和理解，但基本意思是一致的，都以包装功能和作用为其核心内容，均包括两层意思：①关于盛装产品的材料、容器及辅助物品，即包装物；②关于实施盛装和封缄、包扎等的技术活动。

$$包装 ＝ 包 ＋ 装$$
$$Packaging＝Packing＋Loading$$
包装物设计 包装件盛装工艺

显然，"包装物"是由包装制造装备加工而来的一种产品；"技术活动"则是由人或人与包装工艺装备共同对商品（内装物）实施包裹与装填活动所达成的一种服务。

因此，包装产业是为国民经济各行业的商品或其组件提供包装制品和/或包装解决方案的服务型制造业。

（2）从包装的功能看　包装的自然功能和社会功能共同作用于商品时，将直接影响该商品的市场竞争力。

一方面，保护商品所使用的包装材料和包装器具，需借助包装装备通过一定的加工过程制造出来；同样的，促进商品销售所采用的装潢设计（包括平面的和立体的），需借助包装印刷设备和成型装置以一定的实体形态表现出来，这些都是包装制造业属性的体现。另一方面，包装促销的实际效果（关注度、购买率等），反映的正是包装服务的质量好坏。包装强大的社会功能（商品促销服务），往往导致人们对其自然功能的忽视，比如彩色纸盒包装，在其装潢设计营造的效果或气氛下，消费者很少关注纸盒结构究竟提供了怎样的保护功能。这种忽视，可能导致一种误解，即误认为包装产业属于生产性服务业。

（3）从包装的种类看　包装产品的品种繁多，但概括起来可分为包装材料、包装制品、包装装备三大类。这三类产品均为工业制造过程的产物，其产品的职能和生产目的均为通过直接或间接的方式提供商品包装服务。包装产业的产品构成体系及其社会化服务职能，客观上决定了包装产业"制造＋服务"的属性。

（4）从包装的发展趋势看　在物联网技术的支撑下，伴随生产型制造向服务型制造转变，一场产业供应链重组的变革也将随之而来。由于供应链天然的社会化协作属性，生产商将与供应商、物流商、零售商等一起，以无缝协作的服务型网络化生产模式，共同完成产品的生产、分销和售后服务。这种新形态供应链体系中，包装的社会功能属性将会得到前所未有的充分发掘和有效利用，包装的作用和地位将得到极大的提升。包装将从产品的概念设计开始，在产品全生命周期的各个环节中，全程参与产品设计、加工、储藏、分销、维护和回收过程。在为产品提供全方位服务的同时，包装自身也成为产品不可分割的组成部分。换言之，未来的包装产业将以深度集成制造模式，为生产商提供商品包装定制化服务整体解决方案。

包装产业的服务型制造属性既是其本质所决定的，也是整个制造业体系在转型发展过程中对包装产业的必然要求。随着包装信息传达功能的不断增强，包装将成为制造业延伸服务的重要而有效的工具。

1.5.3　中国包装产业的发展目标

中国包装产业至 2020 年的奋斗目标，一是"技术创新"，二是"绿色生产"。即围绕绿色包装、安全包装、智能包装，构建产业技术创新体系；围绕清洁生产和绿色发展，形成覆盖包装全生命周期的绿色生产体系。

1.5.3.1　持续发展绿色包装

包装产业为国民经济提供支撑并贡献巨大财富的同时，不可避免地也消耗了大量资源，给生态环境带来了巨大压力，进而影响人民生活质量的提高。对包装企业而言，推进生态文明建设，需要构建科技含量高、资源消耗低、环境污染少的绿色制造体系，进而推动企业生产方式绿色化改造。对包装行业而言，需要培育节能环保等战略性新兴业态，才能有利于行业的健康持续发展。对经济社会而言，倡导绿色消费，鼓励商品适度包装，同时需要大幅增加绿色产品供给，保障绿色消费的持续性。由点及面，多方联动，齐抓共管，只有这样才能有效降低发展的资源环境代价。我国作为包装制造大国，尚未摆脱高投入、高消耗、高排放的发展方式，资源能源消耗和污染排放与国际先进水平仍存在较大差距。发展绿色包装，是关系到产业发展可持续性的重要课题。

（1）可持续发展的内涵　可持续发展（Sustainable Development）概念的提出，是对人类几千年发展经验教训的反思，特别是对工业革命以来发展道路的总结。1987年挪威首相布伦特兰夫人在她任主席的联合国环境与发展委员会世界环境与发展委员会的报告《我们共同的未来》中，把可持续发展定义为"既满足当代人的需要，又不对后代人满足其需要的能力构成危害的发展"，这一定义得到广泛的接受，并在1992年联合国环境与发展大会上取得共识。

可持续发展是以保护自然资源环境为基础、激励经济发展为条件、改善和提高人类生活质量为目标的发展理论和战略，是一种新的发展观、道德观和文明观。

可持续发展的本质其实就是"需要"与"限制"的矛盾冲突。关于包装与可持续发展或者包装与环境之间的关系，长期以来，存在两种看似截然不同的观点：

一种观点认为包装是造成环境问题的主要原因之一。公众高度关注与包装相关的资源枯竭及其废弃物回收问题，并已导致全球性的各种立法，以加大包装生产者的责任，并减少进入垃圾填埋场的包装废物量。包装生产企业应对这些关注最常见的方法是包装最小化和提高可回收性。

另一种观点是，包装可以被看作是解决环境问题的推动者。近几十年来，大量的文献佐证了更好的包装设计如何减少供应链影响环境的机会。潜台词是：缺乏包装知识导致"坏包装"的产生；"用过的包装"放到了"错误的地方"。

显然，过度包装消耗了太多的资源；欠包装导致内容物的损坏和腐败，同样是浪费资源。包装消费者，包括整个供应链，都希望以"最小的代价"换取"最大的利益"，而包装供应商正努力以"最少的资源"获得"最大的功能效应"，"通过更好的包装为更多人提供更高的生活质量（Better Quality Of Life Through Better Packaging For More People）"。其实大家的目标是一致的：满足自身需要的同时，尽量减少对环境的影响。因此，这个共识是能够达成的：包装具有巨大的资源节约潜力，是可持续发展的一个重要工具。

（2）倡导绿色包装新理念　国内对绿色包装尚无明确的定义，说明业界对其认知仍在发展之中。国外更是极少使用"绿色包装"一词，而是表述为环境友好包装、环境之友包装、可持续包装、低碳包装等。从文化角度来理解，中国对环保性包装冠以"绿色包装"称谓，既贴切又形象，同时具有广泛的群众认知基础。

从可持续发展的角度来看，绿色包装应包括两个方面的含义：一方面，以保护生态环境为原则，强调生态平衡，以达到生态环境损伤最小化；另一方面，以节约资源能源为目标，重视资源的再生利用，以利于保护自然资源。而绿色包装目的只有一个，即保护环境，这与可持续发展的目标是一致的。

"绿色"一词应该理解为"对环境的影响最小化"，而不是"对环境无影响"。绿色包装实质上是人类为满足自身发展"需要"而进行自我"限制"的一种折中包装解决方案，是对未来与后代主动承担责任的一种承诺和体现。

基于上述考虑，绿色包装的定义，可以理解为一种以可持续发展为理念，设计合理、用材节约、回收便利、经济适用的包装整体解决方案。

它包括三个基本要素："理念"＋"方法"＝"方案"。

理念：绿色包装的发展理念是可持续发展理念在包装领域的延伸。

方法：通过利用和发展科学的包装设计理论和方法，实现包装在结构、资源、使用和成本等方面的整体优化，即绿色包装是一种整体最优的适度包装。

方案：绿色包装是针对特定产品或产品类型，采用系统工程学原理，符合可持续发展要求而设计的一整套包装系统解决方案。

包装设计者将绿色理念融入产品包装中，有利于提高包装消费者的环保意识。绿色包装在满足包装自身持续发展需要的同时，通过选择环境友好型材料，采用安全的包装及其废弃物加工方法，在整个产品生命周期内，将包装对环境的影响降至最低。

从包装全生命周期来看，包装循环路线大体可分为四个阶段（见图 1-13）：包装设计与制造、包装使用、包装回收和包装废弃物处理。

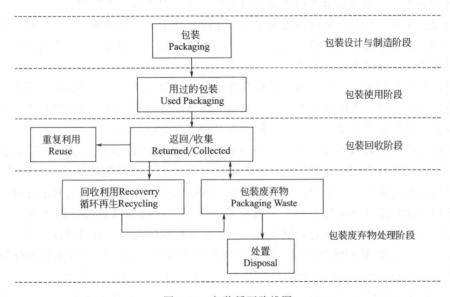

图 1-13　包装循环路线图

① 在包装设计与制造阶段，以满足包装的基本功能和消费者的需求为前提，尽可能减少不利于环境保护的包装材料、包装结构的使用量。世界上很多国家都把包装减量化作为实现绿色包装的一项重要措施和首选途径。我们需要通过科学严谨的实验和检测来指导包装设计从而实现包装减量化的环保目标。并且可以通过实验和检测取得关于产品特性、流通环境以及材料性能等方面的综合数据，再应用于完成的包装设计的客观评估，从而得到最合理、最科学、最经济的包装设计。从事包装设计者需要不断提高设计能力，充分认识科学实验和检测在指导包装设计方面的重要性，从而在节约资源，减少环境污染的同时更深程度地提高我国产品包装领域的总体水平。

② 在包装使用阶段，鼓励包装低碳化，即采用轻质高强包装材料制造轻量化包装容器，

促进包装结构与装潢设计简约化、便利化，同时引导社会理性消费，采用适度包装，反对过度包装。

③ 在包装回收阶段，倡导环境友好化，即鼓励产品制造企业采用轻质高强的集装托盘、包装周转箱等可回收复用包装器具；同时，城镇包装废弃物应健全分类收集、定点定时回收机制，逐渐完善包装物回收体系。

④ 在包装废弃物处理阶段，应积极开发和使用可降解绿色包装材料，无法降解的包装材料应尽可能资源化再循环利用，减少焚烧处置量。

随着工业化、信息化进程的不断发展，包装废弃物的处置问题日益受到社会的广泛关注，我国包装废弃物处理能力亟待提高。包装产业要实现绿色化的可持续发展目标，首先应从包装材料生产源头抓起，只有原材料"绿色"了，包装生产、使用才能实现绿色化。包装要实现可循环利用，既要在产品设计上不断创新，满足循环使用的要求，同时还应加大宣传力度，努力培育广大消费者的绿色消费理念。

(3) 构筑绿色包装新机制 中国未来 35 年的经济增长和产业结构转变，将意味着更为严峻的环境挑战：一方面，快速的经济增长导致资源需求与消耗的大量增加，可能导致环境污染的进一步加剧；另一方面，至 2025 年，服务型制造业和生产性服务业特别是交通运输业的产出份额上升，更具污染性的产业结构将对环境问题形成巨大压力。

所谓绿色包装制造是以资源环境为导向，运用自然生态的物质转化、物质再生循环与生态整合原理，结合系统工程和最优化方法设计的物质高效分层多级利用，充分发挥包装资源潜力，实现源头减废的大工艺系统。

绿色包装材料即生态环境材料，指具有良好的性能和功能，对资源和能源消耗少，对生态和环境污染小，对人类健康无害，在材料的生命循环过程中与环境协调共存的材料。绿色材料是绿色制造的重要基础，也是绿色包装技术的物质基础和核心。

绿色包装技术则是从环境保护和经济可行的角度优化产品包装方案，选择能够循环复用、再生利用或降解腐化，并且在产品的生命周期中对人体和环境不造成公害的适度包装，实现资源消耗和废弃物产生最少。绿色包装技术包括绿色包装的设计、材料的选择、废弃物回收处理和法律调控及环境标志等，关键技术是绿色包装物和绿色材料的先进生产制造技术、降解技术、回收再生和重复利用技术、包装废弃物的处理与综合利用技术等。

① 建立动脉、静脉相结合的可持续绿色包装制造体系。包装生产系统的运行模式与一般工业品基本相同，同样包括动脉、静脉两种系统构成方式。动脉系统指"设计→生产→使用→废除"的生产系统；静脉系统指"收购→分解→挑选→再利用→生产"的资源循环系统。构建可持续绿色包装制造系统的目标就是研究和制定符合我国国情的包装政策、法规与标准，建立动脉与静脉相结合的可持续包装制造体系。可持续绿色包装制造体系主要包括：包装容器和器具使用、回收与再制造政策、法规和标准体系；包装全生命周期相关责任体系；包装及其废弃物回收利用管理方式；包装及其废弃物回收、再制造企业资质与产品认证体系及质量标准；产品制造商对其包装回收、处理责任的立法等。

② 发展清洁生产和包装资源化的生态文明包装循环经济体系。生态化与资源循环利用将成为未来包装工业提高资源利用效率的发展方向。清洁生产与循环经济技术是利用绿色工艺与技术实现资源能源节约与源头减污，利用资源循环利用技术实现工业生态系统构建，其最终目标是实现生产过程、消费过程与自然生态系统的高度和谐共存。注重发展清洁生产与循环经济，其实质是在积极推动经济发展和社会进步的同时，减少资源消耗和污染排放，将

污染控制与经济发展脱钩。德国和日本在发展循环经济方面走在世界前列，但其循环经济发展定位于环境管理模式，侧重固体废弃物的再循环利用。在面向包装污染防治和环境管理方面，基于包装物质循环的环境技术/绿色技术成为今后的核心。这主要包括三个方面：一是包装废弃物资源利用的环境污染评估与控制技术；二是包装资源的高效、清洁转化利用技术即清洁生产技术；三是包装企业共生网络和生态工业共生系统集成技术，发展生态工业共生经营新模式。

发展绿色包装是世界包装业的大趋势，加快建立绿色包装工业体系，是我国包装产业的必由之路。在未来 20 年，绿色包装技术和绿色包装材料的广泛应用将有力地推动我国包装产业与关联产业的深度融合，进而确立包装产业在我国制造业绿色发展进程中不可或缺的主力军地位。

1.5.3.2 深入发展安全包装

（1）安全包装的内涵　包装首先必须是一个安全系统，这是其基本功能所决定的。

从系统论的角度来分析，安全包装系统一般由两个子系统构成：一是包装安全系统，二是安全包装生产系统。其中，包装安全系统有四个基本构成要素，即 4M 要素：人（Men）即人（消费者）；物（Materials）即包括内装物、材料、工具等物质；环境（Medium）即包装内外环境；措施（Measures）即保障体系。安全包装生产系统也有四个要素：人——员工的安全素质，包括心理、生理与文化素质，安全意识与技能等；物——设备与环境的安全可靠性，包括生产环境设计安全性、制造过程安全性、设备使用安全性等；能量——生产过程能源的安全作用，包括能源环境友好性、能源消耗可控性等；信息——充分可靠的安全信息流，包括安全信息获得的完备性和实时性、信息管理共享性和高效性等。

所谓安全包装，就是在产品全生命周期内由包装安全系统和安全包装生产系统共同为各关联要素提供无损和无害的技术手段和方法。

安全包装是一种更高层次的防护包装形式，被赋予了更多的责任和义务，也更具有可持续发展的生命力，是包装科学发展到新阶段的必然产物。

（2）构建安全包装新体系　长期以来，我国包装产业发展外来"植入"性强，自主基础研究不足，底层技术和配套产业基础技术支撑乏力、发展极不均衡。

发展安全包装，关键在于安全包装技术的协同创新和可控的包装安全生产与监管体系的构建。

① 坚持产需结合，重点突破核心技术，巩固和发展包装安全体系建设。

a. 发展新型保质保鲜技术。

食品、药品包装关系民生需求。当前，我国仍处于食品安全风险隐患凸显和食品安全事件集中爆发期，影响药品质量安全的一些深层次问题依然存在，食品和药品质量安全形势依然十分严峻。食品和药品，关乎每个人的健康，包装作为保障和鉴别食品药品质量的重要手段和主要途径，其作用重大、责任重大。目前需要重点突破的是食品药品包装中有害物质识别和迁移检测等技术瓶颈，探索延长、评估和监测商品货架寿命的科学体系，这也是当前国际包装学术界的研究热点。

军品包装关系国防大计。军品包装作为军事装备与军用物资保障的基础和提高保障军队后勤效能的有效途径，直接影响着装备和物资的储存、运输、分发、使用及管理等方式及要求，是各种保障手段的"承受体"、保障力量的"承载体"和保障信息的"承接体"。目前需要重点突破的是大型武器装备防护包装、军用物资软包装、战时联合投送防护包装、军民通用特种功能包装等技术。

b. 发展包装防伪技术。

包装作为商品防伪技术的重要载体，在遏制假冒伪劣商品泛滥，维护商品经济的市场稳定和正常秩序等方面，一直发挥着重要的作用。

由于制造业活动的增加，全球防伪包装市场需求正在急剧扩大，其中，食品饮料、制药和保健行业的不断增长，以及产品制造商越来越关注品牌保护，是防伪包装市场的主要驱动力。

防伪包装技术按使用特征细分，包括跟踪技术、篡改证据、公开特征、隐蔽特征和取证标记等。贸易全球化要求在交付过程中的任何时间均能定位包装，现代物流包装的防伪功能将得到实质性的拓展。因此防伪技术在巩固和发展包装安全体系建设中将发挥独特的作用。

② 推进协同创新，有效加强监控监管，建立和完善安全包装保障体系。

a. 发展生产过程包装在线检测与监控技术。

随着与产品制造过程的深度融合和信息技术、智能技术的发展与应用，包装在提高商品尤其是食品药品包装的溯源性与可追溯性中将发挥越来越重要的作用。同时将为生产制造企业提升产品质量及服务品质，推行包装召回制度，提供基础数据和技术保障。

b. 实施药品食品包装安全化工程。

构建完备的安全包装新体系，需要包装企业与产品制造商密切合作、协同创新。为此，《指导意见》提出：启动实施药品食品包装的清洁安全生产及质量检测监管等重大专项，创建起一批药品食品包装质量检测中心，大力提升现有药品食品包装检测机构的技术水平，建设药品食品质量包装安全追溯管理网络信息平台。

1.5.3.3　快速发展智能包装

推进包装智能制造的目的，一是深度融合供应链的需要，进而满足制造业智能化对包装服务职能提出的新要求，是推进包装产业信息化与工业化深度融合的重要举措；二是实现包装制造过程的"机器代人"，以降低生产成本，灵活应对市场变化，更好地满足客户需求。

（1）智能包装的内涵

① 智能制造。智能制造技术的内涵非常丰富，智能制造的"制造（Manufacturing）"二字是广义的，包含整个产品生命周期，而不仅仅是指生产（Production）和加工（Processing）。

《智能制造科技发展"十二五"专项规划》对于"智能制造"给出的定义是：智能制造技术是智能技术和信息技术与装备制造过程技术的深度集成与融合。它是以现代自动化技术、传感技术、网络技术、拟人化智能技术等先进技术为基础的前提下，通过智能化的感知、人机交互、决策和执行技术，实现设计过程、制造过程和制造装备智能化。简言之，智能制造是指具有信息自感知、自决策、自执行、自学习等功能的先进制造过程、系统与模式的总称。

智能制造具有四个基本特征：

a. 状态感知，即能够准确泛在地感知和响应外部输入的实时运行状态；

b. 实时分析，即能够对所获取的实时运行状态数据进行快速、准确的分析；

c. 自主决策，即按照设定的规则，根据数据分析的结果，自主做出判断和选择，并具有自学习的能力；

d. 精准执行，即能够快速响应外部需求变化，根据决策结果，针对当前企业生产与营销的运行状态，快速给定产品研发与生产调度等应对方案和措施，并准确执行。

实际上，云计算、大数据分析、电子商务、移动应用、物联网和企业社交网络、工业互联网（或产业互联网）等技术都属于智能制造的支撑技术或实现手段，可以说智能制造本身已经蕴含了互联网＋制造业。同时，推进智能制造应当符合绿色制造的理念，围绕绿色设计、绿色工艺、绿色包装，形成绿色工厂与智能工厂、绿色园区与智慧园区有机统一的建设模式。

实现智能制造的核心是数据和集成，即依据准确的基础数据，实现信息系统之间、信息系统与自动化系统之间的深度集成，是对现有制造系统智能化升级。制造业信息化专家宁振波等提出的智能制造"状态感知、实时分析、自主决策、精准执行、学习提升"二十字箴言，揭示了智能制造技术的发展方向。

② 智能包装。智能包装虽已成为研究和应用的热点，但业界对智能包装的定义仍在发展中。明确这一概念对界定智能包装的产业边界及其细分市场非常重要。

我们认为，智能包装应包括包装智能制造和智能包装产品两大部分。

现阶段包装智能制造主要包括包装装备和包装过程的智能化升级改造两个方面，这是比较容易达成共识的。对于智能包装产品的界定则较为复杂，其分类尚不十分明确。关于智能包装概念的理解和使用，无论在学界还是业界也是比较模糊的。

综合相关文献和法规，我们认为：智能包装产品是一种能够执行智慧型功能（包括感知、检测、记忆、跟踪、通信、判断、执行等），具有一定信息处理与决策能力的包装系统。与之对应的英文表达有两个：Intelligent Packaging（IP）和 Smart Packaging（SP），另外一个容易混淆的概念是活性包装（Active Packaging，AP）。按照美国包装专业协会（Institute of Packaging Professionals）发布的包装术语说明，活性包装是指具有积极的、主动的包装功能（比如说吸收释放某些气体，抗菌，抗氧化等），有别于被动、惰性的盛装和保护功能的一类包装。罗格斯大学 Yam 教授认为活性包装是基于传统包装保护功能的扩展和延伸（见图1-14），但并不妨碍活性包装也可以具备和拓展其他的包装基本功能，比如说方便性。

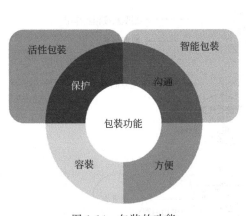

图 1-14　包装的功能

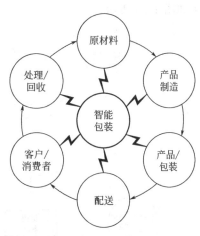

图 1-15　IP 的作用

IP 能够执行智能化的功能（检测、感知、记录、追溯、沟通以及科学逻辑的应用）并且为包括延长货架期、提高安全性、改善品质、提供产品信息和潜在问题预警在内的功能提供决策和帮助。

综合来看，IP是基于包装沟通功能的扩展和延伸，如图1-15所示。

传统包装作为产品的紧密伙伴通过其四大基本功能来促使产品在循环上流动（箭头）。智能包装则为产品在循环过程中的信息流（闪电）提供了平台和保障。

大体上IP和SP在概念上是可以互换的，但是随着行业的不断发展，二者在概念上还是产生了一些差别。

根据2016年一份来自ROCK LAMANNA的资深咨询公司的调查报告，SP被业界认为是AP和IP的整合，即SP是比IP范畴更大的概念。

比利时根特大学的Mike教授认为SP一方面需要监控产品和环境的变化（IP的功能），另一方面根据这种变化来对包装产品进行积极干预（AP的功能）。

所以，智能包装产品的任务主要是监测包装内容物的质量状况，反馈质量影响因素的变化信息，响应系统维护与修复的控制指令。智能包装产品的目的是在商品流通周期内，延长保质期、增强安全性、保证商品质量（跟踪、溯源、预警、防伪）。智能包装产品由智能组件、工业互联网和包装件等三个要素构成，而智能组件则为由若干智能材料、智能元件、通信单元和中央处理单元（CPU）等构成的信号（发生、记录、储存、发送）处理器和控制器。其中：

a. 智能材料包括各种功能油墨和涂料（导电、温敏、湿敏、气敏、光敏、磁敏、压敏等材料）、形状记忆材料、气体选择透过材料、印刷电子材料等；

b. 智能元件包括各类指示器（如时间-温度指示器、密封性指示器、新鲜度指示器等）、各类传感器（如重力传感器、加速度传感器、pH传感器、生物传感器、气体传感器、基于荧光的氧传感器等）、条形码和射频识别标签（RFID）等；

c. 通信单元包括用于信息获取、存储、通信网络等的嵌入式接口、逻辑电路、天线等器件；

d. 中央处理单元（CPU）包括各类嵌入式电子型、纳米型、有机型、生物型等微型芯片。

上述智能材料和智能元件构成基本的智能包装产品链。未来智能包装系统与物流系统的关系如图1-16所示。

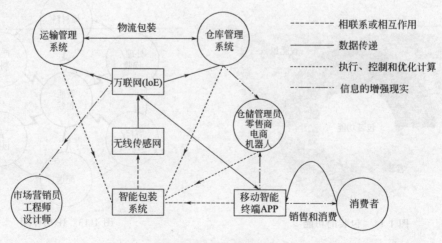

图1-16　未来智能包装系统与物流系统的关系

作为示例，图 1-17 演示了由瑞典皇家理工学院（Royal Institute of Technology）与中国复旦大学学者共同开发的一种智能药品包装盒及其基于物联网和 RFID 开发的应用平台。

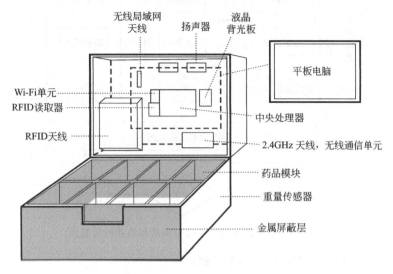

(a) 智能药盒的组成及接口

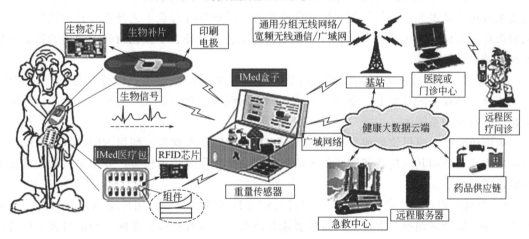

(b) 智能药盒在智能家居-物联网系统中应用

图 1-17　智能包装应用系统示例

（2）把握智能包装新方向　《中国制造 2025》提出"智能制造"的根本目的是：利用智能化技术，强化基础能力，加快轻工等传统行业生产设备的升级改造，提高精准制造、敏捷制造能力。定制消费趋势预示着个性化消费时代的到来。这既是一种新的消费现象，也蕴含着深刻的经济背景，它将引发传统产销模式的重大变革。

我国包装制造业虽然体量比较大，但存在能耗高、产业附加值低等诸多问题。产业传统竞争力正在不断被削弱，原有的依靠廉价成本要素投入、产能规模优势的扩张模式将落下帷幕，生产方式将进一步趋于扁平化。如果叠加智能化升级，提高产品质量和定制化程度，就可以向微笑曲线更高端方向发起挑战，实现变道超车，获取更高利润率。未来智能包装系统与商品制造业的信息流如图 1-18 所示。

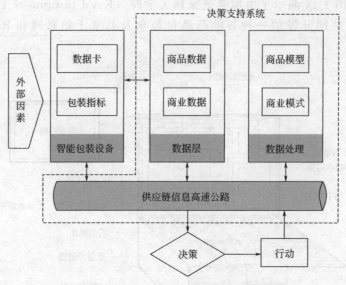

图 1-18 未来智能包装系统与商品制造业的信息流

针对智能包装，应重点关注以下四个方面：

① 优先发展智能包装装备。推广数字化、网络化设计制造模式，发展以数字化、柔性化及系统集成技术为核心的智能包装和印刷装备。鼓励发挥行业工艺技术专长的优势，研发试制市场急需的智能传感器大面积高速印刷制造工艺及设备、小型化组合式快递业智能分拣派送自动包装设备等。

② 重点发展智能包装产品。推动包装产业供给侧结构性改革，在优化传统产品结构、扩大主导产品优势的基础上，重点发展基于移动物联网与北斗卫星导航集成的食品药品智能包装产品与应用系统。

中国包装产业应尽快形成具有自主知识产权的 RFID 产业链，利用 RFID 的技术成熟度和功能优势，带动其他包装智能元件的研发和产业化，促进我国包装产业尽早占领全球智能包装市场制高点。

③ 鼓励发展智能生产。注重包装设计与信息技术的结合，应用环境感应新材料，实现包装微环境的智能调控，推进生产过程智能化改造，提升智能包装车间、智能包装工厂的建设基础能力。

智能生产的侧重点在于将人机互动、3D 打印等先进技术应用于整个工业生产过程，并对整个生产流程进行监控、数据采集，便于进行数据分析，从而形成高度灵活、个性化、网络化的产业链。生产流程智能化是实现包装智能制造的关键。

④ 加速构建包装制造资源协同共生网络平台。长期以来，包装产业为制造业提供的是单一的产品包装服务，而进入智能制造时代后，包装的服务方式也应随之发生变化。包装产业依托互联网与各行各业开展融合创新，所产生的化学反应和放大效应，将不断衍生产品设计、生产制造和营销服务的新模式，成为包装产业转型升级的新引擎。传统包装产业有望借助电商、大数据等手段来优化运营模式，通过网络零售、网络分销环节的数据化和生产方式的大规模个性化定制等促进产业转型，从而给企业带来全新的业务增长与效益增值。

（3）构造智能包装新业态　通过功能材料、先进制造、人工智能、互联网络等新兴技术与供应链的集成与融合，利用网络化、协同化的生产设施，可以形成具有感知、推理、决策、执行、自主学习及维护等自组织、自适应功能的智能生产装备和系统，这些智能化装备将成为包装产业转型升级的基础能力。

包装产业需要智能化加速升级的主要方向有：

① 多层复合型包装废弃物材料高效分离、功能化和高值化加工制备、改性成套装备；

② 小型化果蔬产品智能分拣自动包装成套装备；

③ 瓶装/灌装液态产品无损包装品质检测关键技术与装备；

④ 快递商品自动包装智能配送装备；

⑤ 产品包装生命周期分析与货架寿命评价公众服务平台；

⑥ 高速智能包装设备；

⑦ 包装制造资源协同共生网络平台。

1.5.4　包装的系统组成

包装的系统组成主要可分为产品子系统、消费者购买子系统、包装设计子系统、制造商子系统、物流子系统、销售/零售子系统、包装废弃物回收子系统等几个主要部分。图 1-19 中，细化展示了包装设计子系统（设计系统）、制造商子系统（生产系统）、零售子系统（销售系统）、包装废弃物回收子系统（恢复系统）几个主要部分的下级组成成分及其所涉及的技术领域。

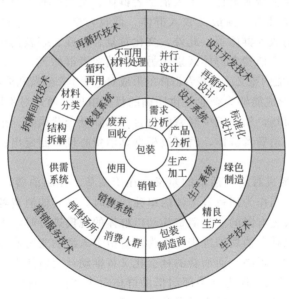

图 1-19　包装的系统组成

1.5.4.1　产品子系统

产品子系统主要由被包装产品组成，根据包装功能和最终目的不同，对产品系统的研究程度也不尽相同。

1.5.4.2　消费者购买子系统

消费者购买子系统是在消费者洞察的基础上建立起来的，它把人的购买行为分为六个阶段，分别是：动机、考虑、寻找、选择、购买、使用经验。消费者复杂多样的购买行为通过该系统变得条理化、清晰化，这更有利于人们切实有效地分析购买行为并采取相应的市场策略。

循环且不断更新的有机体是消费者购买系统的一个特征，消费者的消费经验通过从购买动机到使用经验的过程不断积累，同时他们累积的消费经验会影响下一次的购买动机，并最终成为下一次购买行为的起点。整个消费过程必然会受消费者购买子系统中任何一个环节变化的影响，这种情况就要求商家与设计部门要全面洞察消费者，为消费者提供全程的满意服务，只有这样才能有效地赢得消费者并形成自己的品牌忠诚度。

（1）消费者群体形成的原因　消费者的内、外在因素共同作用的结果形成消费者群体。

① 消费者因其心理、生理不同的特点导致形成了不同的消费者群体。消费者群体多样性的形成是由于消费者之间在心理、生理特性各方面存在的多种差异促成的。例如，性别的差异就区分开了男性消费者群体和女性消费者群体；再者，年龄的差异促成了儿童消费者群体、青少年消费者群体、中年消费者群体以及老年消费者群体。

② 不同消费者群体的形成还受一系列外部因素的影响。这些外部因素包括生产力发展水平、文化背景、民族、宗教信仰、地理气候条件等，它们对于不同消费者群体的形成具有重要作用。例如，生产力的发展对于不同的消费者群体的形成具有一定的催化作用。随着生产力的发展和生产社会化程度的提高，大规模共同劳动成为普遍现象，因而客观上要求劳动者之间进行细致的分工。分工的结果，使得社会经济生活中的职业划分越来越细，如农民、工人、文教科研人员等。不同的职业导致人们劳动环境、工作性质、工作内容和能力素质不同，心理特点也有差异，这种差异必然要反映到消费习惯、购买行为上来。久而久之，便形成了以职业划分的农民消费者群体、工人消费者群体、文教科研人员消费者群体等。又如按收入不同，消费者群体可划分为最低收入群体、低收入群体、中低收入群体、中等收入群体、中高收入群体、高收入群体等。此外，文化背景、民族、宗教信仰、地理气候条件等方面的差异，都可以使一个消费者群体区别于另一个消费者群体等。

（2）消费者群体形成的意义　消费者群体的形成对企业生产经营和消费活动都有重要的影响。

① 消费者群体的形成能够为企业提供明确的目标市场。通过对不同消费者群体的划分，企业可以准确地细分市场，从而减少经营的盲目性和降低经营风险。企业一旦确认了目标市场，明确了为其服务的消费者群体，就可以根据其消费心理，制定出正确的营销策略，提高企业的经济效益。

② 消费者群体的形成对消费活动的意义，在于调节、控制消费，使消费活动向健康的方向发展。任何消费，当作为消费者个体的单独活动时，对其他消费者活动的影响及对消费活动本身的推动都是极为有限的。当消费活动以群体的规模进行时，不但对个体消费产生影响，而且还有利于推动社会消费的进步。因为消费由个人活动变为群体行为的同时，将使消费活动的社会化程度大大提高，而消费的社会化又将推动社会整体消费水平的提高。

③ 消费者群体的形成，还为有关部门借助群体对个体的影响力，对消费者加以合理引导和控制，使其向健康的方向发展提供了条件和可能。

1.5.4.3　包装设计系统

包装系统中的包装设计子系统是个相对独立的体系，包括了包装设计活动中的所有环节。例如包装材料的筛选与改进、包装造型与结构的设计、包装表面的装饰设计、包装可复用/可循环设计思想的推进、包装标准制图、包装研发技术的革新等。该子系统的顺利运转需要与产品子系统、物流子系统、消费者购买子系统、制造商子系统、包装废弃物回收子系统等其他包装系统相配合，处于整个包装系统的核心位置。

1.5.4.4　制造商子系统

包装系统中的制造商子系统包括产品制造商和包装制造商。

1.5.4.5 物流子系统

两个或两个以上的物流功能单元构成了物流系统，它是以完成物流服务为目的的一个有机集合体。在一定的时间和空间里，由所需输送的物料和包括有关设备、输送工具、仓储设备、人员以及通信联系等若干相互制约的动态要素构成。物流系统又由商品的包装、储存、运输、检验、流通加工和其前后的整理、再包装以及配送等下层子系统组成。

作为物流系统的"输入"就是采购、运输、储存、流通加工、物流信息处理、包装、装卸、搬运、销售等环节的劳务、设备、材料、资源等。配送技术的未来发展将以网络化、智能化为特征。

① 运输作为物流系统的一个重要功能，也是物流的核心业务之一。

运输手段的选择在物流效率方面具有非常重要的意义，必须权衡运输系统要求的运输服务和运输成本之后，再决定运输手段。可以从运输机具的服务特性作判断的基准：运费，运输时间，频度，运输能力，货物的安全性，时间的准确性，适用性，伸缩性，网络性和信息等。

② 仓储和运输一样在物流系统中是非常重要的构成因素。进入物流系统的货物进行堆存、管理、保管、保养、维护等一系列活动都包括在仓储功能中。

仓储的作用有两个方面的主要表现：一方面是能够完好地保证货物的价值和使用价值，另一方面是为最终将产品货物配送到用户手中，在物流中心必要加工活动时而进行的保存。伴随着经济的发展，仓储功能从重视保管效率逐步向重视如何顺利地进行发货和配送作业转变，物流也实现从大批量、少品种进入到多品种、小批量时代。流通仓库作为物流仓储的服务基地，在流通业务中发挥重要作用，不再以仓储为主要用途。流通仓库包括挑选，配货，检验，分类等业务，具有更多品种、小批量、多批次、小批量配送等功能，如附加标签，分装等加工功能。仓库的形式可根据使用目的分为：配送中心（流通中心）型仓库（具有发货、流通加工和配送的功能）；存储中心型仓库（仓库以存储为主）；物流中心型仓库（具有存储、发货、配送、流通加工功能的仓库）。

现代物流系统仓储功能的设立，将为相关企业提供稳定的备件物资供应，形成生产辅助仓库，逐步将企业承担的安全储备转移到社会承担的公共储备，降低企业经营风险，降低物流成本，促使企业逐步形成生产物资管理模式的零库存。

③ 随着运输和保管而产生的一个必要物流活动"装卸搬运"是衔接运输、保管、包装、流通加工等物流活动的中间环节，以及在保管等活动中为进行检验、维护、保养所进行的装卸活动。比如装货和卸货，转移，分拣，分类等。

集装箱化和托盘化是装卸作业的代表形式。装卸机械设备包括起重机、叉车、输送带和各种台车等。在物流活动的全过程中，频繁发生的装卸搬运活动是产品损坏的重要原因之一。装卸的管理主要是搬运，装卸搬运机械设备的选择，合理配置和装卸搬运合理化，尽可能减少搬运装卸次数，以节省物流成本费用，获得更好的经济效益。

④ 流通加工功能是在货物从生产区流向消费领域的过程中，为了促进产品销售、实现物流效率化和维护产品质量，对物品进行加工处理，改变货物的物理或化学功能。

这种商品在流通过程中的辅助加工，可以弥补企业、物料部门和商务部门在生产过程中加工水平的不足，更加有效地满足用户的需求，更好地把生产和需求环节相互衔接，使流通过程更加合理化，是物流活动中一项重要的增值服务，也是一个现代物流发展的重要趋势。

装袋、定量小包装，捆绑品牌，贴标签，拣选，混装，刷标记是流通加工中的内容。流通加工处理功能主要表现如下：初级处理，方便用户使用；提高原料利用率；提高加工效率和设备利用率；充分发挥各种交通运输方式的最高效率；改变质量，增加收益。

⑤ 配送是现代物流的一个最重要的特征。配送功能可以设定为关注物流中心集中库存、共同配送形式，使服务对象或客户实现零库存，通过物流中心按时配送，而不必保持自己的库存或只是保持少量的保险储备，减少物流成本投入。

⑥ 现代物流是需要依靠信息技术来保证物流体系正常运作的。

物流系统的信息服务功能，包括进行与上述各项功能有关的计划、预测、动态（运量、收、发、存数）的情报及有关的费用情报、生产情报、市场情报活动。物流情报活动的管理，要求建立情报系统和情报渠道，正确选定情报科目和情报的收集、汇总、统计、使用方式，以保证其可靠性和及时性。

从信息的载体及服务对象来看，该功能还可分成物流信息服务功能和商流信息服务功能。商流信息主要包括进行交易的有关信息，如货源信息、物价信息、市场信息、资金信息、合同信息、付款结算信息等。商流中交易、合同等信息，不但提供了交易的结果，也提供了物流的依据，是两种信息流主要的交汇处；物流信息主要是物流数量、物流地区、物流费用等信息。物流信息中库存量信息不但是物流的结果，也是商流的依据。

物流系统的信息服务功能必须建立在计算机网络技术和国际通用的 EDI 信息技术基础之上，才能高效地实现物流活动一系列环节的准确对接，真正创造"场所效用"及"时间效用"。可以说，信息服务是物流活动的中枢神经，该功能在物流系统中处于不可或缺的重要地位。

信息服务功能的主要作用表现为：缩短从接受订货到发货的时间；库存适量化；提高搬运作业效率；提高运输效率；使接受订货和发出订货更为省力；提高订单处理的精度；防止发货、配送出现差错；调整需求和供给；提供信息咨询等。

1.5.4.6　销售/零售子系统

销售（零售）包含四个方面，即 FABE 模式，这是由美国奥克拉荷马大学企业管理博士、中国台湾中兴大学商学院院长郭昆漠总结出来的。它通过四个关键环节，巧妙地处理了消费者关心的问题，从而可以顺利地实现产品的销售。

F 代表特征（Features）：产品的特质、特性等最基本功能；以及它是如何用来满足我们的各种需要的。

A 代表由这特征所产生的优点（Advantages）：即（F）所列的商品特性究竟发挥了什么功能。是要向顾客证明"购买的理由"，即同类产品相比较，列出比较优势；或者列出这个产品独特的地方。

B 代表这一优点能带给顾客的利益（Benefits）：即（A）商品的优势带给顾客的好处。利益推销已成为推销的主流理念，一切以顾客利益为中心，通过强调顾客得到的利益、好处激发顾客的购买欲望。

E 代表证据（Evidence）：包括技术报告、顾客来信、报刊文章、照片、示范等，通过现场演示，相关证明文件，品牌效应来印证刚才的一系列介绍。所有作为"证据"的材料都应该具有足够的客观性、权威性、可靠性和可见证性。

1.5.4.7　包装废弃物回收子系统

包装废弃物泛指产品在整个生产、流通生命周期内所产生的相关废弃物。在传统意义上，各种类包装在其生命周期内的循环系统包括以下几种。

（1）纸张/纸板回收系统　废纸作为一种可循环利用的资源，对其进行回收利用可以减少环境污染、节约资源及能源、保护森林资源，并且具有巨大的经济、环境效益。废纸回收利用是实现造纸工业可持续发展、社会经济可持续发展的一项必不可少的措施。

一般来说，废旧纸张/纸板的回收处理过程如图 1-20 所示。

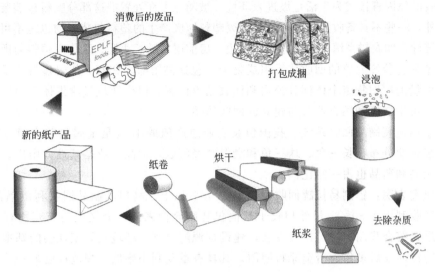

图 1-20 废旧纸张/纸板的回收处理过程

（2）塑料包装制品回收系统 近 20～30 年来，塑料包装材料的使用范围不断增加，但因其难回收、难降解而产生的环境污染越来越严重，尤其是绝大多数铝塑复合包装混入生活垃圾，以填埋或焚烧方式处理，造成了资源浪费和环境污染。未来塑料包装废物的产生量将随着塑料使用量的增加而继续增加，并由城市扩大到农村，环境压力日益加大。

我国塑料包装废物造成塑料污染的方式和渠道主要是流向城市生活垃圾填埋场。通过加强管理塑料包装废物的回收再利用过程，明确其回收量和利用率，可以使这一部分废塑料成为可控部分。如图 1-21 所示是塑料材料与包装制品回收处理的一般过程。废塑料在塑料制

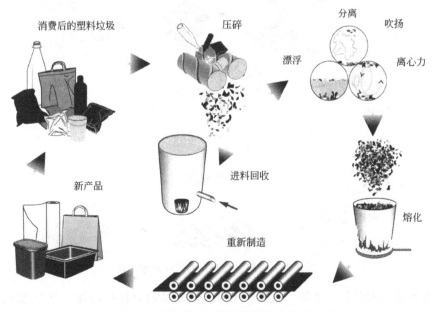

图 1-21 塑料材料与包装制品的回收处理过程

品的生产加工、物流和消费过程中均有产生，但都是可再生利用的。前两个过程中产生的废塑料具有品质好、回收价值大等特点，在生产或流通环节就会被循环利用；在消费过程中产生的废塑料一部分可经过回收、集中、分类后作为再生原料再利用，另一部分因尺寸小、超薄不易回收的原因直接成为生活垃圾进入环境。被随意丢弃处置的这部分塑料包装废物是不可控的。另外，一些不具备收集、处置、利用废塑料地区产生的塑料包装废物也是不可控的，且数量无法统计，如农村乡镇等普遍存在在路边、房前屋后随意丢置、焚烧废塑料的现象。

我国塑料包装废弃物的回收体系组成复杂，包括供销部门和商业部门参与建设的物资回收体系、大量的废旧物资个体回收公司和回收站点体系、以生活垃圾收集体系为依靠建立的回收渠道、再生资源利用企业参与建立的回收体系。

（3）金属包装制品回收系统　我国包装工业总产值的10%是金属包装产值。70%以上的金属包装企业分布在长三角、珠三角和渤海湾经济区，食品工业是其最大用户，化工业为其次，化妆品和药品也占一定比例。

相关研究表明：铝制易拉罐回收利用率在90%以上，马口铁制品回收利用率在75%左右，钢桶回收利用率80%。虽然相较于其他包装废弃物来说，金属包装废弃物有更好的回收利用效果，符合我国经济可持续发展，建设资源解决型、环境友好型社会的基本国策。但金属包装物被回收后多作为冶金原料使用，其具有重复利用率低、规范程度差和总体技术水平低等特点，金属包装材料回收水平急需提高。

不能重复利用的钢铁包装废弃物可以作为废铁回收到钢铁厂进行重熔（见图1-22）。但某些采用镀锡板的金属包装罐和含有铝、铅、锡等低熔点金属的钢铁包装容器，在回收时熔化炉的耐火材料会和这些材料反应，对炉壁造成损伤，降低钢材的质量，导致回收产品的质量不高。马口铁作为包装材料，尤其是有锡、铅等焊剂的金属包装废弃物回收价值低，目前无人回收。饮料、八宝粥等包装罐很少进行回收利用，造成资源的巨大浪费。

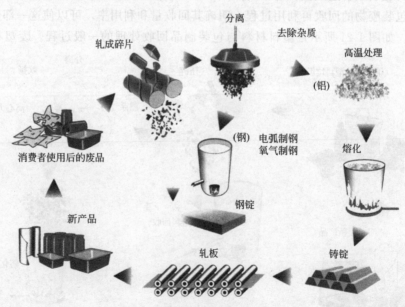

图1-22　金属包装制品的回收处理过程

（4）玻璃包装制品回收系统　石英砂作为玻璃制品的原材料，每生产1t玻璃就有1.2t原料石英砂的需求，所以，通过废旧玻璃的回收利用就能大量减少原料砂的开采量，从而实质性地保障了地球环境。同时，废旧玻璃的回收利用还省掉了前期玻璃生产的工艺流程，大大降低了能源消耗。由此可见，在毫不起眼的废弃玻璃回收利用背后隐藏着巨大财富。

我国玻璃包装制品平均年产量约为 $4.3×10^6$ t。目前，罐装食品、药品、化妆品等瓶子大部分几乎全部被丢弃，除了一些用于饮料和啤酒的玻璃瓶可以重新使用，没有人或任何部门、组织购买，造成极大的资源浪费。数据显示，加入 1t 碎玻璃重熔炉比使用原料节约纯碱 25kg，能耗降低 1.5%，降低成本 260 元。

目前主要有原型再利用、回炉再造、原料回收和转型升级利用这四种类型用于废旧玻璃包装制品的回收利用。

① 废旧玻璃器皿包装的原型再利用是指回收利用时玻璃器皿仍然用作包装容器。原型再利用消除了制造新瓶所消耗石英材料的成本，避免了大量废气的产生，值得推广。但是，主要的缺点是消耗了大量的水和能源，这些方法的成本必须包括在成本估算中。

② 废旧玻璃包装产品的回炉再造是指回收各种包装玻璃瓶进行相似或类似包装瓶制造，这实质上是为制造玻璃瓶提供原材料回收半成品。回炉再造，适用于各种难以重复使用或不能重复使用的玻璃瓶。这种方法比原型再利用方法消耗更多的能量。

③ 废旧玻璃包装产品的原料回收是指玻璃包装废弃物的再利用，可作为玻璃制品生产中使用的各种原材料，如图 1-23 所示。目前，玻璃容器行业在生产过程中使用了大约 20% 的废玻璃，以促进与石英砂、石灰石和碱等原材料的熔融和混合。

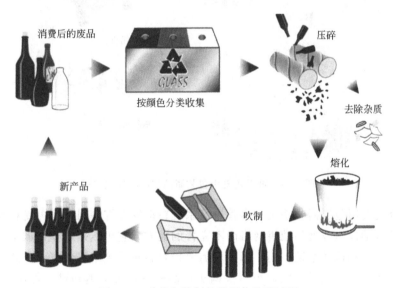

图 1-23　玻璃包装制品的回收处理过程

④ 包装制品的废弃回收玻璃的转型升级利用是指将回收的玻璃包装制品通过直接加工，转型为其他有用材料的利用方法。

（5）可返还复用包装回收系统　随着消费者的环保意识日益增强，同时垃圾填埋的空间也日趋紧张，造成可返还包装的逐渐兴起。另外，商业市场也越来越认识到，从经济利益角度来看可返还包装系统有较大的发展空间。此外，通过设计、材料以及制造工艺的改进，轻巧包装技术也获得巨大进步，可持续反复使用包装对环境产生的影响也日益得到了改善。通常有两种重复使用包装的方法。一种是财政投入的需求，用来鼓励消费者将包装退还至商品销售处，供销售商回收归总后持续使用；另一种是足够大的市场需求，标准化的包装，例如牛奶厂、软饮料公司或者啤酒销售系统等。

从包装领域的全局来看，包装容器的回收使用有利有弊。按照"化解、重用、回收"这个优劣次序排列，重复使用的包装通常被认为优于包装的回收，因为它可以避免回收系统中材料处理时的能量消耗。只需投入最初产品生产时的部分成本用在包装上，直至包装销毁或被回收。与此相对，另有观点认为，可回收包装一般分量较重，这些包装从生产商到消费者、再从消费者到生产商，其中要花费大量人力、物力，另外还要加上清洗过程中消耗的人力和化学物质。

包装的返还需要完整的收集、运输环节。包装在产品销售处就地回收后，被运送到工厂逐一进行内外清洗。清洗过程中要去除各种杂质以及污染物，如标签、黏合剂、残留液体等。随后，容器内重新装入产品、密封，重新粘贴标签后等待出售，如图1-24所示。最为理想的情况是，某种容器达到它使用寿命的终点时，仍旧留存在这个企业中，经回收和再处理后成为另外的包装。材料仍旧留存在企业中，而不会流入废物环节。

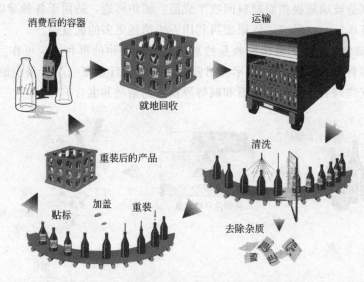

图 1-24 可返还复用包装制品的回收处理过程

（6）可重复使用包装回收系统 尽管重装系统在世界上许多国家不再受欢迎，但在有些地区，尤其是基础设施或食品销售网络尚不完善的地方，它仍然是商业领域中重要而且基本的一部分。该系统和返还系统不同，消费者需要把容器拿回到销售地点，从商店的大型容器中重新装满液体产品，这样可以避免每次购买产品时都需要另购包装，如图1-25所示。但是这个系统很难真正对环境有益，因为可重装容器物体沉重、体积庞大，比抛弃型包装消耗的资源更多。

可重装容器在19世纪到20世纪初用途广泛，曾用于销售基本的食品、化妆品、药品等各类商品。但是，该系统现在只在小规模的零售店内存在。所售商品的类型非常重要，因为可重装容器要求像奶制品等高速周转的产品，或者要求是一些不会腐烂的产品等，这样就不会造成包装的大量浪费。由于现在对健康的要求以及对食品安全的规定，同时也由于个人对食品要求的提高，诸如药品或某些食品等许多敏感的商品都不允许再使用可重装容器。

（7）可降解包装材料的腐化处理 作为一种回收方式，大规模的腐化处理尚未在多数国家流行，德国、澳大利亚、美国是最早采用这一方式的国家。经过工业腐化处理的大量材料

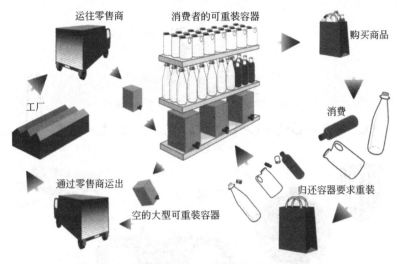

图 1-25　可重复使用的包装制品的回收处理过程

应该妥善存储，以便于腐化肥料的使用。进入腐化处理厂的原料，以及处理完毕后的材料，运送路途不宜过长，因为这样会增加对环境的压力。就所有垃圾处理方式而言，腐化处理应该选址在距离适当的、离原材料和终端用户都较为接近的地方。

腐化成熟的肥料会提高土壤的有机成分、增加养分，并能改善土壤结构、增加湿度。经过热能转化的腐化过程，其中杂草、种子等都不复存在了。有些树木是为满足纸浆和建筑材料的可持续生产种植的，腐化肥料的用途之一就是为这些树木提供养分，如图 1-26 所示。

图 1-26　可降解包装材料的腐化处理

（8）包装废弃物的再利用　如果以上这些材料的回收系统还不能满足重新使用包装的某些要求，还可以将收集获得的包装材料重新制作后生产出其他的产品，这样不仅可以避免材料的永久流失，还可以为其他市场提供廉价材料来源，塑料、玻璃、钢和铝都适用重制方式（见图 1-27）。这些市场尚待大力开发，连接这些产业的各个部门之间的合作也有巨大潜力。图 1-28 是废弃玻璃包装容器用于建筑的另一种思路。

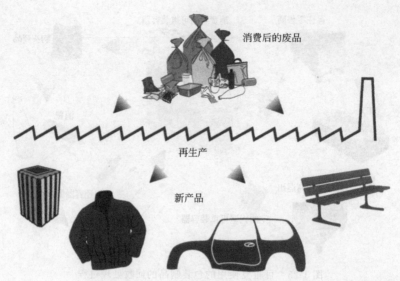

消费后的废品

再生产

新产品

图 1-27　包装废弃物的再利用

(a) 利用啤酒瓶完成的建筑物　　　　　　(b) 银川西部影视城中的建筑

图 1-28　废弃啤酒瓶的再利用

（9）国外典型包装废弃物回收系统

① 德国 DSD 废弃物回收系统。德国 DSD（Duales System Deutschland）整个系统中负责对所有的废弃物进行组织回收、分类、处理及循环使用，它是欧洲各国目前所使用的回收系统的代表。

德国政府 1991 年 6 月颁布的《废弃物分类包装条例》及 1997 年颁布的《产品循环与废弃物管理法》是此系统运行的基础。上述相关法律强制要求各生产商对其产品包装物负责，并要求从事运输、代理、销售、包装的企业及批发商回收他们所使用过的包装物。政府规定相关企业可以在支付相关费用之后将回收责任委托给社会或私人回收机构，DSD 就是专门承接回收责任委托的机构，双方在达成协议之后，由产、销方付费，DSD 将许可证明"The Green Dot symbol"（见图 1-29）印附在包装物上，表明使用方已向 DSD 交纳了委托回收费用，凡有此标志的废弃物就需要 DSD 对此全部进行回收并负责处理，具体机制如图 1-30 所示。

图 1-29 The Green Dot Symbol（绿点标志）

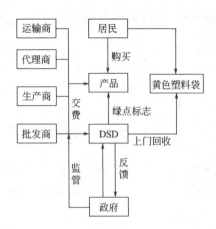

图 1 30 德国 DSD 废弃物回收系统运行机制

② 奥地利 ARA 废弃物回收系统。奥地利 ARA 废弃物回收系统于 1993 年正式进入强制执行阶段，系统主要是针对包装物以及其他相关生活废弃物的回收而设计的。

ARA 的目的在于建立一个使废弃物能得到有效管理，并能减少环境污染的密闭循环处理系统。机构由来自制品厂、分销厂、零售厂商等 230 家会员单位组成，会员单位持有该机构所有的股份。回收系统每年回收处理的包装废弃物比率在 67% 左右，目前该机构已与国内所有市政单位、上百个废品管理公司和众多回收公司签订了合作协议，形成了1000 个回收站点、88 万个回收容器的回收网络，具体机制如图 1-31 所示。ARA 废弃物回收机构强调所有下属机构都必须执行不盈利原则，盈余不进行分配，只用于抵减企业相关费用的支出。

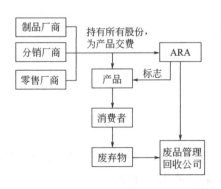

图 1-31 奥地利 ARA 废弃物回收系统

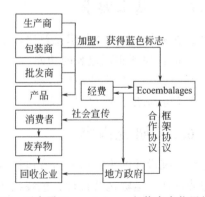

图 1-32 西班牙 Ecoembalages 包装废弃物回收系统

③ 西班牙 Ecoembalages 包装废弃物回收系统。由政府组织西班牙回收集团 Ecoembalages 对整个包装废弃物回收系统进行管理。地方政府需同时对回收企业和西班牙回收集团负责。在此系统中回收废弃物的主动权转移至地方政府的手中，具体机制如图 1-32 所示。

④ 法国 ECO Emballages SA 包装废弃物回收系统。法国政府于 1992 年颁布了《包装条例》，进而由政府指导组建了废弃物回收公司 ECO Emballages SA，要求在先前的政府处理废物垃圾的模式下，生产制造企业需要对其产品以及产生的衍生品负责回收。

该机构为 36560 个地方政府提供财政支持，同时在废物回收系统中进行监督。每年地方政府需要制订地方包装废弃物管理计划，并在此基础上出示环境指标。地方政府可以选择不同的废弃物回收方式，但必须经过地区分会的讨论，研究最佳的服务和组织形式，具体的机制结构如图 1-33 所示。

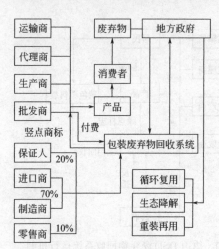

图 1-33　法国 ECO Emballages SA
包装废弃物回收系统

这些国外包装废弃物回收系统的鲜明特点主要有：

① 高度强制的政策。国外的包装废弃物回收系统是通过强制性的法律规定，对生产者责任界定清晰，强调生产者必须对其产品造成的污染负责。

② 明确的社会责任。绝大多数回收组织是独立的非政府组织（民间组织）承担回收包装的法定义务并负责相关运营成本的公司组织。

③ 完备的监督机制。

④ 合理的系统结构。

⑤ 显著的内控效果。在上述所有国家的回收体系中，各方面都紧密联系，各级间签订了大量的协议，责任分工清晰明确，因此，这些回收系统都产生了显著的内部控制效果，由此为相关行业高度回收包装废弃物提供了良好的保证。

1.6　包装系统设计的基本要求和研究内容

1.6.1　基本要求

包装系统设计的基本要求是解决以下三个问题。

① 功能：保证实现包装的功能。

② 效率：尽量提高劳动生产率。

③ 经济：适度把握包装经济性。

1.6.2　研究内容

包装系统设计的主要研究内容包括需求分析、包装总体方案设计、包装防护方案设计、销售包装设计、运输包装设计、包装经济分析和方案评估几个部分。

1.6.2.1　需求分析

① 被包装产品的性能分析，包括其物理性能、化学性能、生物性能、机械性能及储存时间（保存期、保质期、使用寿命等）等，以确定产品对包装的具体需求。

② 产品生产者对包装的需求分析，主要包括生产、销售、储运模式等方面的需要。

③ 消费者对包装的需求分析，主要从消费心理、购买动机、包装使用要求等几方面进行分析。

④ 物流系统各环节对包装的需求分析。

⑤ 销售零售方式对包装的需求分析，主要包括仓储形式、货架方式、促销方式、包装要求等。

1.6.2.2 包装总体方案设计

① 商品的销售定位，确定包装的设计定位。

② 产品生命周期评估。

③ CPS 系统方案设计。

1.6.2.3 包装防护方案设计

在确认设计对象的前提下，对被包装产品的防护方案进行分类设计研究。

① 生鲜类产品的防护原理：保鲜膜/涂层、冷冻或干燥处理、控制气氛包装（MAP）、保质期计算、力学防护、生物防护、理化防护等。

② 电子类、易损类产品包装内托设计：塑料材料内托结构、纸浆模塑缓冲与容装结构、瓦楞纸板折叠与层叠空间结构、发泡塑料的成型与保护等。

③ 通用日常产品的内包装设计：选材方法、内包装容器结构设计（盘、瓶、罐、盒）、内容空间划分、产品主体与配件放置方式等。

1.6.2.4 销售包装设计

销售包装与产品直接接触，并随商品进入销售网点，直接面向消费者和用户，因此在包装结构形式上要便于陈列、识别和流通使用，包装装潢设计中的文字、图案、色彩等元素能吸引并激发消费者的购买欲。所以，销售包装是陈列、销售产品的包装。在流通过程中，销售包装是"一种浓缩了的销售学"，是生产与消费之间的桥梁。销售包装设计，采用实用与审美相互依存的合理设计方式。包装系统中的销售包装设计是要将营销包装、艺术设计和工程设计进行整合应用的设计方式，包含选材、结构与造型设计、装潢设计、人因要素设计等方面。

1.6.2.5 运输包装设计

运输包装系统作为现代物流体系的重要组成部分，它对供应链物流的成本和绩效有一定程度的影响。随着物流成本的不断增加，环境保护监管力度日趋严格以及包装技术的提升，运输包装在供应链管理中的角色越发重要，已成为影响现代物流产业的基础因素之一。运输、储存是运输包装的主要目的，运输包装具有保护产品安全，便于储运、装卸、加速转运、点验等作用。根据运输包装的基础，将一定数量的产品和包装进一步组合成集装箱运输单元，形成适用于现代物流运输要求的大型运输系统。

现代物流的运作效率很大程度上由运输包装决定，物流过程中货物保全与减损程度直接受运输包装设计的合理性影响。运输包装从产品生产终点开始一直贯穿于之后的整个物流过程，因此，运输包装作为物流始点远比作为生产终点的意义大，运输包装系统与产品整个供应链物流及其绩效紧密相连。

在包装系统设计中，运输包装设计的主要设计参数包括车厢、托盘、温湿度、冲击振动等；运输包装的初始方案设计包括纸箱选型、内包装排列方式、尺寸设计、堆码方式等；集装运输的装载方设计包括包装模数选择、托盘表面利用率、车辆空间利用率、载货量等计算。

1.6.2.6 包装经济分析

包装经济分析的核心内容是对包装系统活动中涉及的经济效益问题进行分析。

经济效益是通过商品和劳动的对外交换所取得的社会劳动节约，即以尽量少的劳动耗费取得尽量多的经营成果，或者以同等的劳动耗费取得更多的经营成果。经济效益是资金占用、成本支出与有用生产成果之间的比较。所谓经济效益好，就是资金占用少，成本支出少，有用成果多。提高经济效益对于社会等具有十分重要的意义。

对于经济效益的评价，不仅要考虑劳动和自然资源的占用与消耗，更要考虑其对于自然生态以及整个自然生态平衡的影响。在合乎预定的经营目的的前提下，经济效益是对劳动节约程度的评价。一般表现为两种类型：一种是充分运用既定的人、财、物，求得最大的劳动成果；另一种是为实现既定的劳动成果，合理地使用人、财、物，使之达到最大程度的节约。前者是成果最大值评价，后者是耗费最小值评价。

在经济效益与环境效益中，追求环境效益是商品包装中应有的价值取向。然而在现实生活中，包装设计者往往只重视商家的经济效益，而忽视了这一设计给生态环境带来的损害，直接威胁着人类的生存和发展。由于商品包装的求利性特征，导致了目前包装行业中单纯追求经济效益的主体的多元化和复杂性，产生了大量只顾效益、不顾环境，将商品包装经济演化为追求单一经济效益的经济活动。

所以，基于系统设计的理论，包装系统中的经济效益分析是全面的成本分析与衡量，包含了包装成本、物流成本、回收成本等多方面的因素。

1.6.2.7 方案评估

一个产品包装方案的设计，需要充分考虑不同客户群、不同使用者（消费者）、不同的包装材料制造商、不同的物流运输环境等因素。正是这些因素使得同一个产品的包装方案设计的基本条件是复杂的、不断变化的、是主观与客观因素相互交织的。

这些变化使得对于一个产品的包装方案进行评估与评定时，往往需要借鉴成熟的或成功的类似规格的产品包装方案作为设计依据，依靠包装设计师丰富的设计经验进行设计，往往会出现的问题就是不同的人去评估同一个包装方案，其判定的依据或评估的标准是不一样的，无法使用量化的、客观的标准来判定一个包装方案的优劣。

所以从终端用户的需求出发、结合包装供应商的能力，基于生命周期理论，利用整体包装解决方案的概念，将产品包装方案设计中主要考虑的因素作为方案评估的主要项，同时配以价值（或成本）的量化核算，构造一个包装方案评估方式。主要包括以下几个方面。

① 包装方案分析（外形尺寸、主要材质、物料部件数、包装成本）。

② 对各个包装方案对产品的保护性能进行评定。

③ 对包装方案中可量化的评估指标分别进行计算：

a. 产品运输效率；

b. 产品包装装配效率；

c. 包装成本；

d. 包装仓储效率；

e. 包装运输效率；

f. 产品包装拆卸效率。

思考题

1. 系统的思想对现代包装设计所具有的指导性意义主要体现在哪里？请举例说明。
2. 系统结构的主要特点有哪些？请举例说明。
3. 包装系统包括哪些子系统？请结合之前的专业课学习情况加以解释说明。
4. 包装系统设计的概念是什么？进行包装系统设计应遵循哪些基本原则？
5. 如何理解包装产业属于服务型制造业？
6. 中国包装产业的发展目标是什么？
7. 包装系统设计的主要研究内容是什么？

第2章

包装系统设计的需求分析与资源配置

需求分析指的是在建立一个新的或改变一个现存的系统时描写新系统的目的、范围、定义和功能时所要做的工作。在包装系统设计之前和设计、开发过程中对用户需求所做的调查与分析，是包装系统设计和完善的依据。

2.1　包装系统设计中用户的需求层次

马斯洛需求层次理论是行为科学的理论之一，是一种关于人的需求结构的理论，由美国的心理学家马斯洛（A·H·Maslow）于 1943 年提出。马斯洛把人的需求分为五个层次（见图 2-1）：生理、物质需求，安全需求，情感和归属需求，尊重需求和自我实现需求。5 种需求由低层次到高层次呈金字塔状排列。基于需求层次理论，马斯洛提出了人类满足各层次需求的先后顺序及人类行为的激励机制。主要观点包括：①在多种需求未被满足时，首先满足迫切的需要，也就是较低层次的需求；②人们在满足较低层次的需求后，总会追求更高

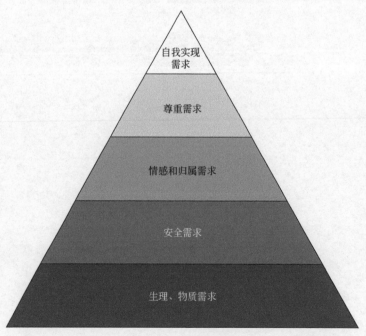

图 2-1　人的需求层次

层次的需要；③各层次需求次序不是完全固定的，相互之间有依赖和交叉，在某一时期，人们会同时存在多种需求，但决定人类行为的只有其中一种占主导地位的需求。

（1）包装系统设计中需求的主要层面　对于包装而言，因其是同时为人和产品服务的人造物系统，所以，在人们不同的需求阶段，对包装设计工作的要求也不同。参考马斯洛层次需求理论，根据包装类产品对于用户的意义可以将消费者对包装设计工作的需求进行多个层次的划分。

①可用性需求。可用性指包装能够顺利完整地保护商品直到被消费者打开，并且在生命周期内包装的保护功能持续稳定。可用性包括对包装的两个层面的需求，即功能性和稳定性。

②易用性需求。满足了功能稳定的需求后，消费者对包装的需求上升到易于理解，可以简单、自然地使用、开启包装。这就要求包装的造型结构和相关信息要适应人的普遍认知和行为，比如包装上的易开启结构和辅助的文字说明（见图2-2）。

图2-2　包装易用性的需求实现

③体验性需求。在满足了消费者对包装在物质层面（可用性）和行为层面（易用性）的需求后，情感层面上的需求体现在消费者与包装产品的交互层面。

包装不仅应该有吸引用户的个性化设计，还应能够适应消费者的使用习惯，使其更加符合消费者的使用需求。在必要时，包装还应该具有"可达性"和本地化的特性，能够满足特殊人群和不同地域文化的用户的需求。

包装的交互操作界面基于直观易用的需求，其设计的理念及开启过程带来的体验能够带给人愉悦的操作感受。

例如，笔者的学生在参与企业真题真做的包装设计竞赛中，按照出题方对于高端产品的定位需求（"中国的五粮液，世界的五粮液"）提出的设计目标设计出满足消费者向往成功巅峰的情感需求的方案（图2-3），设计达到物质层面的"易开启"体验需求与精神层面的"文化与品质追求"的双重属性。

图2-3　包装情感体验的需求实现（学生作品）

（2）包装设计应满足不同消费需求　在包装设计过程中，不同的消费者需求、不同类型的设计对象和不同阶段的设计周期，设计者所面临的设计重点都不一样，因此，理解各层次需求的意义，根据每个包装产品的特点需求调整设计的重点，对于包装设计的完成具有实际意义。

① 高层次需求的满足以低层次需求的实现为基础。马斯洛需求层次理论和人类激励行为相关理论提出，人们总是先追求低层次需求的满足，之后再追求高层次需求的满足。相应的，在包装设计的交互体验中，人们总是在较低层次的功能已经相对完善的基础上追求更高层次需求的满足，因此在包装设计过程中，应该将包装功能的良好实现作为设计的首要任务。在保证包装的基础功能完整稳定后，使包装的使用过程更加人性化，用户能够轻松自然地开启并且充分发挥包装的功能；在包装功能能够满足目标群体的普遍使用要求后，还应使包装具有针对性，能够满足特定消费者的个性化需求，进一步适应不同用户的具体需求；在用户对包装功能的实现具有较高满意度后，进一步增加包装的附加价值，使包装除了"可用""易用"外，还能在使用过程中带给用户愉悦美好的体验，让用户"想用"。

② 各层次需求需要统筹考虑。马斯洛需求层次理论中提出，各层次需求的顺序不是固定不动的，而是相互交叉和重叠的，能够相互支持和补充，在设计中这种交叉体现在，如包装满足用户的个性化需求也能够提高包装的易用性和流畅性。同时，在设计中高层次需求的满足要以低层次需求的完善为基础，并不意味着在包装设计过程中对用户需求的满足一定是层层向上的。在包装设计过程中，应使各层次需求适当融合来提供良好的整体体验。如在进行包装装潢平面的视觉设计时，要兼顾易用性和审美性，若在设计初期没有把视觉设计纳入整体考虑，而是在设计后期只将视觉设计作为实现审美需求的手段，会导致其效果肤浅，甚至影响包装的可用性。对设计进行统筹时，用户低层次的需求应优先考虑，高层次需求的满足不能以牺牲低层次需求为代价。高层次需求的满足能够给客户带来更高的满意度，但其缺失不至于引起反感，但若低层次需求没有得到满足会引起客户的不满甚至放弃使用。

③ 不能忽视高层次的需求。虽然用户在包装的使用过程中会存在多种需求，但并不意味着每个包装产品都必须满足用户所有层次的需求。对于一些简单的"实用型"应用，如包装容器的开启功能，通常用户只需要快速地打开并能够方便取出内装产品即可，并不需要特别的个性化设置，也没有太多的交互过程，因此只要很好地满足了用户的可用性需求就算是成功的设计了。

对于大部分包装设计产品，用户在低层次的需求满足之后会继续追求更高层次的需求，因此用户的高层次的需求应该被设计者有意识地统筹考虑。各包装生产商无法在包装产品的可用性和易用性等低层次需求上形成竞争优势，因此通过满足消费者对良好交互体验的需求，能够产生差异化优势，成为生产商提高市场竞争力的有效手段。

另一方面，消费者的满意度随着需求层次的增高而增高，其带来的辐射影响力也越大，使得用户对包装的交互体验也更深刻和持久，这有助于提高用户与包装产品之间的黏性。所以，包装设计的一个重要目标就是为用户创造良好的交互体验，包装系统设计超越传统意义上的包装设计在于设计的包装应具有良好的交互功能，即用户在使用包装的过程中，包装和人之间有双向的信息交流，带给用户一种强烈的情感体验。

2.2 包装系统设计的需求分析

2.2.1 产品对包装的需求分析

2.2.1.1 包装内装产品的性质对包装的需求

包装内装产品也就是我们通常所说的商品,它们的特性包括:

(1)化学性质 内装产品在外界因素(环境)的影响和作用下(如光、热、氧、酸、碱、盐、温度、水分等)改变其本质或相关性质的化学变化及其表现。如易燃性、腐蚀性、毒性、霉变性、爆炸性、氧化性等。

(2)物理性质 内装产品在一般环境中表现出来的形态、结构、重量、相对密度、光泽、颜色、弹性、塑性、荷重、应力、强度、厚度、密度、熔点、沸点等特性,或是在湿、热、光、电、温度、压力等外界因素作用下,发生不改变商品本质的相关性质。

(3)机械性质 内装产品在外力作用下表现出来的一些物理性质。如弹性与塑性、负荷与应力、强度、韧性和脆性等。

(4)生物学特性 内装物品是有生命活动的有机体商品,如粮食、果蔬、鲜鱼、鲜肉、鲜蛋等,在存储过程中受到外界环境的影响而发生一系列的生理变化,这些变化主要表现为呼吸作用,萌发与抽薹(发芽)、僵直、软化、胚胎发育、色素变化等。

进行产品特性分析时首先应考虑上述特性。根据所包装的产品所具有的特性,抓住其不同性质选择合适的包装材料、包装形式、包装结构、进而确定合理的包装工艺等。

2.2.1.2 内装产品的形态对包装的需求

内装产品的形态指产品在一般环境条件下表现出来的外形结构,常见的有固体、液体和气体。而固体又分为成型的、颗粒的和粉状的等,产品形态见表2-1。

表2-1 产品形态

产品形态	固体	成型	单件	包装结构与产品形状相适应
			多件	包装结构可多样化,强调刚度与强度
		颗粒		包装结构可多样化,强调密封性或透气性
		粉状		包装结构可多样化,强调密封性
	液体			包装结构可多样化,强调密封性
	气体			包装结构多为圆柱形,强调防渗密封、强度与刚度

不同形态的产品都有相应的包装结构,有些形状不规则的产品,在包装设计时需要根据其所占体积和平面而重新造型。有些产品在容器中有固定位置的要求,而有些则不作要求;对液体、气体或无规则形态的颗粒状物品,在包装中无位置要求,而在封口结构上有严格要求;对于多件或单件产品的包装,其结构要与产品形状及装入存放方位相适应。

2.2.1.3 内装产品的功能/使用性能对包装的需求

内装产品的功能性特征,例如某些电子仪表仪器,其性质有很多要求不能倒置或斜放(倾斜角度有限制),如冰箱、瓶装酒类及饮料等在包装中均不能倒置。再如灯泡等则要求其包装容器为锥体或立柱状，还有热水瓶这样的产品，包装均为立柱体且要求有防震功能。

另外，还应注意包装空间利用率和稳定性，所以一般包装容器横断面多为方形或圆形，同时立柱盒下部均大于上部，而且底部均为平面。

2.2.1.4　内装产品的用途对包装的需求

根据产品的用途不同，其对包装的需求也不同。如礼品包装需要高雅大方、携带方便；家庭或自己消费品的包装则应注重简单实用与开启方便。产品属于耐用品要求其包装有更高的强度，坚固易开、易封；产品属于一次性使用的，则要求简单、价低。

2.2.1.5　产品的运输条件对包装的需求

产品的运输条件主要指运输距离与运输工具，如长途、短途、水运、陆运、空运等。现代运输业的发展，促使各种运输工具现代化和运输装备标准化。如国际上通用的集装箱（货柜），这就使得设计的包装要与各类集装箱的规格、容腔和式样相匹配，尽可能利用其空间容积，以减少空隙和提高运输中的稳定性（不晃动）。

2.2.2　产品生产者的包装需求分析

产品生产者面对包装有许多难题需要解决，有自己的包装研发部门的企业可以通过包装专业人才的招揽来解决自己产品的包装问题；而纯粹的产品生产企业往往会将产品的包装交给专门的包装企业来做。对包装企业的包装人员来说，应该全面了解产品生产者对包装的要求，并积极提供相应的包装服务。

2.2.2.1　产品生产者对包装的专业知识缺乏

就对包装的专业知识的了解而言，产品生产者显然要弱于包装生产者，在这种知识不对等的条件下，产品生产者对包装进行委托时，会对自己需要什么样的包装没有十分明确的概念，更多的是参照市场上的已有包装或者复制其他相似产品的包装。包装工程是一个涵盖众多专业知识面的综合应用项目，一个产品的完美包装，是包装机械、包装结构、包装工艺、包装装潢、包装印刷等子系统结合的产物。因此，产品生产者希望包装系统设计人员提供合理到位的服务，最好能有一个通晓包装各方面知识的人或团队来全方位地为产品解决包装中遇到的问题。

2.2.2.2　产品生产者对包装的要求

将产品生产者从包装难题中解脱出来。包装服务于产品的方式可以有多种，可以是单个的服务，例如纸箱生产企业的服务、包装机械生产企业的服务等；也可以是综合的服务，例如产品生产者将产品的包装问题完全委托给一个包装系统设计团队来完成。总体来说，产品生产者对包装的要求主要有以下两点：

（1）降低包装成本　降低包装成本是产品生产者的不断追求，通过包装系统服务，产品生产者在时间和精力方面的投入显而易见地减少，但是包装成本是否会随之上升，这是产品生产者普遍比较担心的事情。这种担心源于一般经验，因为按照常规推理来说，每增加一个环节，成本上升是不可避免的，在纸箱生产者和使用者之间增加一个中间人，可能会在环节上增加费用，导致整个包装费用的增加。而事实上，随着包装系统服务的加强，单个环节费用的增加远低于系统节约的资金总量。包装系统的理念在降低包装成本方面是可以满足产品生产者的期望的。

（2）及时满足包装要求　由于包装涉及很多专业，其协调性要求比较高，在恰当的时间和确定的地点提供包装物品，并能完成产品的包装甚至分发，是产品生产者对包装系统设计服务的另一个要求。

2.2.3　消费者的包装需求分析

2.2.3.1　包装的消费与使用的愉悦体验

一个包装就是一项服务，尤其是日用消费品的包装，更是直接服务于消费者，取悦于消费者的载体。保护商品是包装的主要功能，但在市场经济发展到一定时期，促销就成了主要内容，因此包装的服务功能变得更加重要。

从消费者心理分析和产品包装本身的特征来看，包装对消费者心理具有影响的因素主要是构成包装的基本设计元素，包括材料使用、造型结构、色彩信息、让消费者感觉便利等。

（1）材料使用　材料是进行包装设计的物质基础，也是实现包装功能，体现形态结构基本要素。除了考虑所选材料的性能特点外，还要考虑材料的感觉特性对消费者心理的影响，主要包括粗糙与光滑、粗犷与细腻、华丽与朴素、温暖与寒冷、沉重与轻巧、浑重与单薄、粗俗与典雅、透明与不透明、坚硬与柔软等基本感觉特性。

（2）造型结构　相对于被包装产品本身的形态而言，包装的造型结构要简单得多。包装应尽量简化包装结构，少采用或者不采用烦琐的形式或复杂的造型，减少包装层数和包装空间，层数和空间要与被包装产品的质量和体积相适应，降低包装材料的用量。设计时应研究消费者在包装使用过程中的操作动作及心理过程，通过合理适度的造型结构满足消费者使用方便与舒适的需求。

（3）色彩信息　心理学测试的结果表明，进入大脑的信息有 85% 来自眼睛，10% 来自耳朵，其余 5% 来自其他器官。在眼睛所接收到的信息中，色彩是首要的信息要素。包装信息主要包括商标、图形、文字等，它们是消费者了解产品，获得精神内涵和文化价值的主要途径。

（4）让消费者感觉便利　包装为消费者服务，还要考虑舒适的持续性，如方便携带的提手设计、塑料包装袋的开口设计、瓶盖的连体设计、废弃物的分类方便等，都可使消费者产生愉悦的情感体验。

2.2.3.2　货真价实、包装能够反映产品质量

货真价实是人们对包装的第一诉求，但是人们首先感受的是包装的外观，而不是其内部的产品，当人们被包装的外观吸引继而购买以后，接着就是对产品的质地进行享受或者感受，往往人们希望获得与包装外观一样的愉悦感，这就要求产品要有良好的质量、品相、足够的重量等，因此包装就应避免给消费者带来内外不相称的感觉，影响其再次购买的欲望。

2.2.3.3　包装废弃物的方便处理

包装废弃物的处理越来越成为包装系统的重要事务之一，按照包装废弃物处理法则，消费者有责任将包装废弃物合理分类，因此包装设计就要考虑包装废弃物的易识别性，让消费者很容易识别是可回收物品还是不可回收物品，方便分门别类地处理废弃物。

2.2.3.4 推陈出新的包装

喜新厌旧是人的本性之一,人们对包装产品的喜好也不例外,消费能力越高的人越容易表现出对新产品的浓厚兴趣,不断更新和完善包装,能够满足人们对新产品的需求。

2.2.4 物流的需求分析

2.2.4.1 以产品生产为核心的物流与包装的关系

包装与物流的关系,在不同的架构下有着较大的差异。传统商业模式下,物流、包装、产品生产三个环节是一种以产品生产为核心,物流和包装为辅助的架构,这种架构中,包装和物流从属于服务;而在包装系统架构中,产品生产、包装、物流三者形成了梯次服务关系,因包装造成的损失风险从产品生产方转移到了包装和物流上。

随着产品集约化程度的提高,不仅包装业得到了繁荣发展,物流业也跟着繁荣起来,包装和物流是相互依存和共同发展的两个行业。物流业要想很好发展,离开包装业是很难的,同样的道理,包装好的产品如果没有物流业很好的配合,不仅产品不能按时送达目的地,而且有可能产生野蛮装卸、损坏产品等后果,所以,物流和包装两个行业需要协调发展。图2-4 所示是在以产品生产为核心的架构下,产品生产企业、物流企业、包装企业、消费者的关系,物流和包装为并联关系,同为产品生产服务,产品生产企业分别与包装、物流谈判并合作,共同为消费者服务。在这种关系中,任何一个环节出了问题,都会引发包装与物流双方责任推诿的情况。

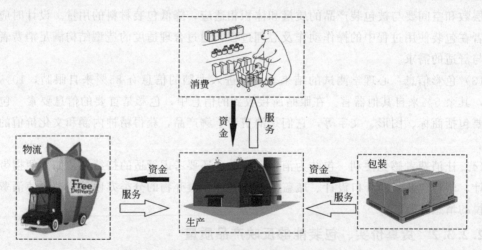

图 2-4　以产品生产为核心的物流与包装的关系

例如,一旦出现包装箱破损的情况,物流企业会抱怨包装设计的强度不够,而包装企业会抱怨物流部门野蛮装卸,产品生产企业难以拿出充分的数据归责于任何一方,只好默默接受造成的损失。

2.2.4.2 以包装系统服务为核心的物流与包装的关系

在包装系统服务理念下,消费者和产品生产者是最大的受益方,而包装企业和物流企业也在提高责任方面有了动力,可以极大地降低产品的损失比例,各方都可从中受益。如图2-5 所示,产品生产者将包装及运输完全委托包装承包商来完成,责任的划分就非常明显,再出现包装箱破损导致的产品损伤,责任就完全由包装承包商来承担,包装承包商会根据实际情况，划分责任的范围，该物流公司承担的方面就由物流公司承担，包装需要改进的地方就立刻改进。

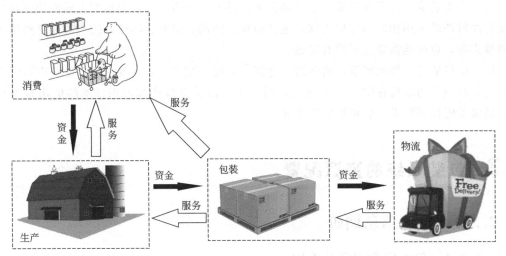

图 2-5　以包装系统服务为核心的物流与包装的关系

物流是为包装业服务的相对独立的行业。在以产品生产为核心的市场环境里，包装企业急于推销自己的包装产品，物流业等客上门，而因为火车垄断，汽车运费高，包装企业只好求助于物流。但是在以包装系统服务为核心的环境下，不仅产品生产过剩，包装和物流都处于过剩状态，产品生产者、包装服务者、物流从业者都开始打服务牌，那么服务的次序和格局也会跟着发生变化，产品生产者为消费者服务、包装系统同时为产品生产者和消费者服务、物流为包装系统服务，大家共同为社会的繁荣服务。

包装与物流是相互依赖的关系，没有包装的产品，物流难以进行；而离开物流，包装也难以及时送达消费者手中，但是在不同的包装架构下，物流和包装的关系有可能发生一些变化，这些变化会让产品生产者对产品安全运达消费者手中充满信心。

2.2.4.3　物流系统是从属于包装系统的一个子系统

在包装系统中，物流成为包装系统的一个子系统，这个子系统是相对独立的机构，有独立承接项目的能力，但是依靠包装系统的调节，包装和物流行业会协调得更好，责任划分较为明确。

当产品发生运输安全事故时，包装系统会通过包装技术和包装设计的改进或者物流运输的优化来解决问题。

2.2.4.4　包装设计应与物流系统相适应

包装设计会直接影响物流活动的效率，合理的、科学的包装可以将单个分散的产品成组化和信息化，可以促进现代的物流系统的高效运行。在产品从生产到消费的过程中，先有包装后有物流，包装在先，物流在后，也就是先包装后运输。但是为了快速和安全地运达，物流系统对包装材料、包装尺寸、集成方法、信息传递方式、缓冲程度等方面都做了相应的规范，产品包装必须符合这些规范，才能被物流系统接纳和传送。包装与物流相适应，主要包括以下 3 个方面：

（1）尺寸适应　物流的对象是包装后的产品，要将成千上万件不同的产品通过不同的运输工具运往全国各地、世界各地，没有标准化的包装支持是难以想象的。包装要满足集装箱的尺寸要求，要满足铁路运输的宽度要求，要满足飞机货舱门的要求等，这些尺寸方面的适应是产品包装首要考虑的。

（2）保护适应　为了保证被包装产品在物流环节的安全，包装要根据不同的物流环境和产品特性对产品采用相应的保护措施。包括防霉、防潮、缓冲、防锈、防虫等。这些措施可能单独实施，也可能需要几项同时实施。

（3）信息适应　物流环节包括装卸、仓储、运输、配货、分送等内容，这些内容需要准确、高效地识别物品所在的位置和状态，因此相应的信息载体和识别技术的应用是不可少的，例如条码识别技术、射频识别技术等。

2.3　包装系统的资源配置

2.3.1　包装信息调研

2.3.1.1　包装信息调研的原则

任何一件产品的包装设计都不是设计师凭空创造出来的，每一项设计工作都需要考虑经济、技术、材料、需求、审美、文化等多个问题。而且，不同的设计所涉及领域的专业知识、深入程度都各不相同。因此，设计师需要学会科学、有效地搜集信息、资料。设计信息资料收集需遵循以下的原则。

（1）目的性　必须事先明确目的，围绕目的去搜集，这样可以提高工作效率。

（2）完整性　这样才可能防止分析问题的片面性，从而才有可能进行正确的分析判断。

（3）准确性　不准确的情报常常导致错误的决策，有可能导致设计工作的失败。

（4）适时性　适时性也就是要求在需要情报的时候就能够及时地提供情报。

（5）计划性　为保证以上四点原则，需要有计划地搜集情报。通过制订搜集计划、使情报搜集的目的、内容、范围更加明确，并掌握适当的时间和情报的可靠来源，从而保证情报搜集工作高质量地完成。

（6）条理性　对搜集到的各种产品信息，最后要将这些产品信息整理成系统有序、便于使用、分析的手册。

2.3.1.2　包装信息调研分析的内容

调研分析是一种有目的、有步骤地对产品包装认识与分析的过程。设计资料整理及分类，在包装设计中是十分重要的一环。要想得到理想的设计构想，必须有足够的设计资料。如果资料不全，或没有经过必要的分类整理，将会对设计造成障碍。

在设计之前，首先应将问题分析清楚后，再根据分析的结果，按一定方向收集一切有关的资料。收集资料必须要明确目标，否则将造成不必要的浪费，同时也难以真正把所需资料收集全面。概括起来，设计资料包括设计环境、技术状况、消费者、市场、企业生产制造、物流环境、废弃物和回收系统等多方面的内容。

（1）被包装产品用户市场需求情报调查

① 被包装产品的调查（规格、特点、寿命、周期、现有包装等）；消费者对现有商品的满意程度及信任程度；商品的普及率；消费者的购买能力、购买动机、购买习惯、分布情况等。

② 被包装产品对包装的功能、性能的要求。

③ 消费者使用现有产品包装的使用环境和使用条件。

④ 消费者对包装的可靠性、安全性、操作性的要求。

⑤ 消费者对包装外观方面的要求。

⑥ 消费者对产品的价格、包装的档次等方面的要求。

（2）商品的销售调查　对商品经营情况的调查，主要包括产品性能分析、销售与市场调查、企业投资调查、企业资金分析、包装生产情况调查、成本分析、利润分析、技术进步情况、企业文化、企业形象及公共关系情况等。根据包装系统开发的需要可选项调查，并将调查结果制成图表。分析目前同类产品产销情况及市场需要量预测，市场价格的变化趋势，需求与价格的关系，产品销售价格与包装成本的关系，产品销量与包装设计的关系，企业的定价目标、中间商的加价情况、影响价格的因素、消费心理等，以制定合理的价格策略。

（3）对竞争者的调查　竞争对手的组织架构、企业宗旨和长短期目标；竞争企业对其他企业的态度；竞争对手采用的战略（低成本战略、高质量战略、优质服务战略、多角化经营战略）；竞争对手的长短板（市场保有率，产品质量和成本，设计开发能力，对市场变动的应变能力和财务基础，领导层的团结和企业的凝聚力，采用新技术、新工艺、开发新产品的动向等）。

（4）国际市场的调查　应收集国际市场的有关商情资料、进出口和劳务的统计资料、主要贸易对象的国情、产品需求与外汇管制、进口限制、商品检验、市场发展趋势，国家和地方经济中，同类企业和同类产品的发展规划、重新布点和调整情况等，本企业的市场占有率情况。

（5）科技情报调查　需要了解与本企业的产品同类的国内外包装产品的设计历史、演化过程和技术发展。了解技术集中和分布的情况，特别是技术上空白的情况。了解与本企业产品相关的同类产品的国内外技术资料，如图纸、说明书、技术标准、质量调查。了解国内外同类企业的技术资料，如三废处理、标准化、新材料、新工艺、新结构、新产品以及相关的专利资料和价格等。在研发过程中，这些情报有利于对人员和资金进行重点投入。有不少发明创造和专利，当用到生产中时还要进行技术开发，这也是要重视的。

（6）生态环境调查　环境问题日益成为设计师瞩目的一个问题，目前世界各国关于环境保护与包装制造的相关政策法规不断推出，市场中各类商品包装都纷纷加入各种组织标贴各种标志来向消费者传达安全信息，例如日本的生态标志"eco-mark"和德国的"绿点标志"。凡是印制或标贴有这些标志的商品，不会在生产、使用以至废弃的过程中对生态环境造成污染。环保功能正日益成为产品包装评价的重要指标。

（7）生产情报调查

① 目前生产同类产品的厂家所使用的设备、原材料、检验方法、包装工艺方法、运输方式及实际产量。

② 本企业的生产能力、生产工艺、生产设备、检验标准、检验方法、废品率、厂内物流路线、包装方式等。

③ 企业的设计研发能力、设计周期、研制条件、试验手段等。

④ 原材料及外协件、外购件种类、数量、质量、价格、材料利用率等。

⑤ 供应与协作单位的布局水平、成本、利润、价格等。

⑥ 厂外运输方面的情况。

（8）费用经济情报生产情况调查

① 不同厂家生产同类产品包装的各种消耗定额、利润、价格等情报。

② 本企业的包装部件、零件的定额成本，工时定额，材料消耗定额，各种费用定额，材料、配件、半成品成本以及厂内计划价格。

③ 本企业历来的各种有关成本费用的数据。

④ 产品包装的寿命周期费用资料。

（9）方针政策调查

① 政府有关环境保护的政策、法规、条例、规定；能源使用方面的政策；废弃物治理方面的政策。

② 政府有关劳保、安全生产方面的政策。

③ 政府有关国际贸易方面的条规。

2.3.1.3 包装信息的搜集方法

（1）询问法　将想要调查的内容告诉被询问者，并请他认真回答，从而获得能够满足需要的产品包装信息。询问的方式包括：网上调查问卷、书面询问、电话询问、面谈等。

（2）查阅法　通过查阅大量论文、刊物、书籍、报纸、专利、专刊、目录、样本、录音、网络资料等，获得有关的产品包装信息。

（3）观察法　通过派遣调查人员到现场直接观察搜集产品包装信息。必要时可采用录音、拍照等工具协助搜集。

（4）购买法　这要求调查人员十分熟悉各种情况，并要求运用这种方法可以搜集到一些第一手资料。花一定的钱去购买样品、模型、科研资料、设计图纸、专利等，以获取有关的产品信息。

（5）互换法　用自己占有的资料、样品等和别的企业交换自己所需的产品信息。

（6）试销试用法　将生产出的样品尝试性地销售给试用单位或个人，并同时将调查表随产品发放，试用单位或个人试用产品后将使用情况和意见填写在调查表上，按规定期限寄回。

2.3.1.4 调研对象的选择

（1）全面调查　这是一种一次性的普查。

（2）典型调查　这是以某些典型单位或个人为对象进行的调查，以求由典型推断普遍。

（3）抽样调查　这是从应调查的对象中，抽取一部分有代表性的对象进行调查，以推断整体性质。

2.3.1.5 调研的步骤

（1）确定调查的目标　这是调查的准备阶段，应根据已有产品信息，进行初步分析，拟定调查课题和调查提纲。在准备阶段也可能需要进行非正式调查。这时调查人员应根据初步分析，找有关人员（管理、技术、营销、用户）座谈，听取他们对初步分析所提出的调查课题和提纲的意见，使拟定调查的问题能找准，能突出重点，避免调查中的盲目性。

（2）实地调查

① 确定产品包装信息来源和调查对象。

② 选择适当的调查技术和方法，确定询问项目和设计问卷。

③ 若为抽样调查，应合理确定抽样类型、样本数目、个体对象，以便提高调查精度。

④ 组织调查人员，必要时可进行培训。

⑤ 制订调查计划。

（3）包装信息的整理、分析与研究　将调查收集到的包装信息，应进行分类、整理。有的信息还要进行数理统计分析。

2.3.1.6　调研结果的分析报告

调查的目的在于通过对竞争对手及包装市场做出相关的综合分析，以确定目标产品的包装设计定位。在获取有关的信息以后，就要按课题需要，选择适当的系统分类方法，将信息分类整理出来。在包装系统设计中，可用表格和图像等视觉化处理的方法进行信息分类整理，这将有利于表达一些语言难以说明的因素，同时又能使参与设计的有关人员有效地理解和记忆有关信息。

设计调查分析报告要重点将竞争者产品的现状、优缺点及动向，产品包装发展的沿革，企业过去包装的特征及现在的风格，同类产品的市场价格和成本，可供利用的生产设备，材料供应与限制等在报告中论述清楚。

调查报告要有充分的事实，对数据应进行科学的分析，切忌道听途说和一知半解。分析报告应达到以下4点要求：

① 要针对调查计划及提纲的问题回答；

② 统计数字要完整、准确；

③ 文字简明，要有直观的图表；

④ 要有明确的解决问题的方案和意见。

分析报告包括以下内容：

（1）国内本产品市场、现状及发展状况竞争分析调研

① 产品市场分布调研；

② 产品价格定位调研；

③ 产品包装使用状况调研；

④ 用户的一般与特殊需求分析；

⑤ 用户建议及反映信息收集统计。

（2）竞争对手及其产品包装综合分析

① 使用状况及功能优势分析比较；

② 外形及材料工艺优势分析比较；

③ 购买对象及其动机与要求分析比较；

④ 色彩及视觉处理分析比较。

（3）人因学应用状态数据分析采集与测绘调研

① 生产技术人员操作状态及程序分析；

② 消费者使用状态及心理反应和要求分析；

③ 测绘及人因学数据模型统计。

（4）材料、工艺结构调研分析

① 涉及包装外观的表面处理工艺调研；

② 涉及包装结构制造材料与工艺技术调研；

③ 涉及运输（物流环节）的结构及其有关方式调研。

（5）国际行业标准和调研论证

① 调研和收集上述标准规范；

② 建立产品包装相应的标准规范。

（6）调研手段

① 问卷发放及统计分析；

② 数据综合及电脑统计分析；

③ 异地调研；

④ 测绘、拍照及信息综合；

⑤ 调研报告书及有关结论分析。

2.3.1.7 专利检索

专利信息的主要载体形式是专利文献，专利文献覆盖面宽并快速反映科技发展状态。专利文献是集法律、科技、经济于一体的文献。专利文献中的专利公报可以反映出各国专利申请或专利权的法律状态，专利文献中的权利要求书是国家授予专利权人对其专利在一定期限内享有独占权的法律文件。从专利文献中可以得出技术开发的热点、动态、产业发展方向和市场发展动向，可以分析出专利权人对市场的企图。这些信息是政府和企事业单位制定科技、产业和外贸政策及策略的决策依据。

专利文献中的说明书及附图可得到有关发明创造的具体情况，是一种标准化的科技信息资源，可以为科技人员学习、借鉴各国的先进技术提供重要的参考。据世界知识产权组织统计，若能运用好专利文献，则可节省 40% 的科研经费，同时可节省 60% 的科研开发时间。

如果在科技立项之前没有进行广泛的国际专利检索，确立一条高起点的技术创新路线，其结果肯定是低水平重复，或者国外已经在中国申请或获得专利权的技术，因没有新颖性这一条就不可能穿上知识产权的法律外衣，那么产业化更无从谈起。

2.3.2 包装功能识别

2.3.2.1 包装功能是包装设计的本质

包装功能系统的设计是结构设计的前提和纲领，包装设计就是探索符合功能要求的结构形式。包装设计的已知条件就是包装的功能。

一项新产品的包装设计步骤总是在一个创新"意念"的主导下，确定出产品包装的总功能。然后通过总功能的层层分解，确定子功能，从一级子功能出发，根据"用什么办法实现"，形成下位子功能，即构成二级子功能。由此继续往下，以二级子功能为目的功能，寻找下位子功能，构成三级子功能。设计到三级子功能时，大多数主要技术方案已基本显露，整个功能分解系统构成若干功能元的有序组合系统，成为包装设计完整的构思。同时，结合对各组成部分功能的定义，有关结构方面的构想也随之逐步形成。最后，通过功能评价，形成最佳方案。评价与选择也随之进入考虑范畴。

例如：包装的一个重要功能就是信息传递。对于包装物品识别的跟踪和管理，信息传递日益重要，已成为物流渠道通畅的必要和重要的一环。

当实用的目的达到后，包装的另一个重要任务就是力求使该商品从同类商品中脱颖而出。在同类商品越来越同质化的今天，赋予了包装新的使命，即通过包装强化商品的差异性。

不同的商品有不同的特点，这是由商品自身的特性、性能、功用、消费对象等因素决定的。包装要突显其识别功能，就是当具有共性的商品摆放在一起时，能突显其独特的包装个性，让消费者一眼就能发现它，记住它，并能迅速从包装质感，造型以及图文中领悟到商品信息，从而产生购买的欲望。

最明显的信息传递作用是识别包装的物品。信息通常包括制造厂、商品名称、容器类型（如盒、瓶等）、个数、通用的商品代码等数字。在收货入库、拣选和出运查验过程中，箱上的信息用来识别商品。信息易识别是主要要求，同时操作人员应能从各个方向的合适的距离看到标签。唯一的例外是高价值商品，它们的箱上标签很小，以减小被盗的可能性。目前，信息技术在包装上的应用日益广泛，例如已经成熟的条形码技术和RFID射频识别技术，已经不需要传统识别手段中的标签了，可以在不接触商品的情况下读取相关信息，用以快速识别包装物品。如图2-6所示的运输包装用的"冲击指示器"不干胶贴，贴到包装件上后，在装卸和搬运环节一旦出现较大冲击，冲击程度达到或超过设定的临界值时，内嵌的管道中液体会变成红色，用户可识别出该包装件的防护已经出现问题，内装产品有损坏的可能。

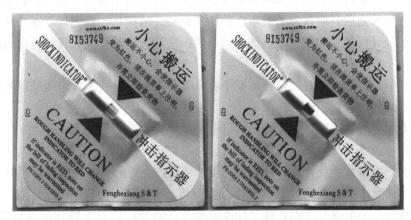

图2-6　运输件冲击指示器

2.3.2.2　包装的功能表现

包装的功能一是自然保护功能，即自然物质功能，如防压、防震、防变质等；二是社会识别功能，即社会精神功能，如经济价值、伦理作用、生产方式、生活水平、审美爱好、历史文化、心理需求、流行时尚等不同信息。因为包装过程是生产领域在流通领域的延伸，所以在现代市场营销中，社会识别功能有着很重要的作用。具有复杂的社会识别作用的包装对于某些生活消费品和以推销为目的的商品来说，能够达到满足社会需求和促销的目的。一个有效地自然包装能够延长商品的保存期，也就扩大了商品的市场销售半径，可以将商品扩散到更远的市场领域；包装还具有促进商品流通的物流催化作用。包装需要同时考虑到运输的特点，包括降低运输成本，加快商品的市场流转速度，使商品便于、易于运输。因此，在市场营销的包装策划中，需要认识到包装功能具有的系统性、复杂性、信息性、层次性、时空性等特点。传统的一种商品固有一种包装的旧模式，应该被现代的一种商品多维包装、多需求、多功能包装的新模式所取代。在保证包装的自然物质功能的前提下，尽量发挥它的社会精神功能的作用。经济功能发挥得好，就能相应地扩大市场供给，同时，可以促进商品的营销，争取获得最大的经济效益，为物质文明和精神文明建设做出贡献。

2.3.2.3　商品包装的特殊功能——收藏价值

有些商品的包装，因其装潢考究，印刷精美，被人们作为一种艺术品收藏起来。现在收藏界有一支异军突起，就是包装的收藏。例如有些烟壳收藏者本身并不吸烟，但为了获得烟标会花钱购烟，只将烟壳留下而其中的烟赠与亲友。这样的"买椟还珠"增加了企业的消费者和商品的消费量。再如一些高档消费品类包装（酒类、保健品、化妆品、文化用品等）采用人物造型、动物造型、植物造型乃至其他工艺品类造型，或做工精细，巧夺天工；或用料考究，造型奇特；或神态万千妙趣横生；或典雅高贵、具有传统文化色彩。

2.3.3　包装基准选择

2.3.3.1　包装基准

基准就是研究这样一些现有产品包装，它们的功能与正在开发的产品包装的功能相似；基准能够揭示已用于解决某一特殊问题的现有概念，揭示竞争加剧与削弱方面的信息；在设计或开发任务开始之前，应该熟悉竞争性产品和最相关的产品。我们可以准确判断同类产品包装中的最佳设计以及它的相关组成情况，一般做法是选择同行业公认最领先的作品作为设计基准。

所以，包装基准是通过对比最强的竞争者或者公认的行业领先者来衡量包装设计、包装服务和实践的持续的过程。

由于行业领先者在不断发生变化，所以包装基准的设定过程也要持续进行并不断调整。当然，基准的选择也与产品或设计定位有关。有些企业定位于高端产品，所以基准选择公认的行业领先者，但多数企业并不是行业领先者，那这些企业的包装基准则是相对于地区、国家或产品市场消费水准而言的行业领先者。

包装基准是个标准或参考点，这个标准或参考点随着社会的发展是在不断发展变化的。另外，人们的认识也有一定的局限性，信息的交流、信息的掌握以及自身对技术的控制能力都会影响对包装基准的选择。

2.3.3.2　包装基准设定流程

包装基准设定主要完成下述任务：根据设计任务描述，研究相关案例，分析包装产品的功能和技术结构，了解竞争对手的功能列表，研究包装产品生产成本，分析包装产品市场潮流趋势，设定包装基准层次，检测参数，明确包装性能规格，制定性能规格参数。

一般可以通过以下几个步骤：将设计要点列成清单、将具有竞争力的或相关的包装产品列成清单、进行包装基准信息调查活动、拆解多种同类产品包装、根据功能确立包装基准。

（1）将设计要点列成清单　这个包装系统开发的设计要点清单必须根据相应的基准（竞争对手的同类型包装产品）生成，并在设计过程中不断修订和更新。有效的包装系统开发应该将重点放在基准的设立上，从而节省时间和资源。设计要点清单主要包括包装功能、性能参数、成本、价格、尺度等包装系统研发的目标要求。

（2）将具有竞争力的或相关的包装产品列成清单　需要列出同类产品包装的主要竞争者及其不同的包装系统模型，因为这些信息能够体现竞争对手所着重占有的市场部分，及对其他市场部分所采取的折中措施。竞争对手对每种包装产品的某些方面使用相同组件，而对满足特定要求的包装产品使用不同组件。

一般根据企业名字和产品名称来进行罗列。有了不同包装产品、不同卖主和不同供应商的完整信息，可以采用清单的形式将其显示出来。在显示中对最重要的特殊竞争对手做上着重标记，以便于设计团队的全面理解。

（3）进行包装基准信息调查活动　在开始任何设计之前，设计团队必须了解包装产品特性的市场需求及该做什么来满足这些需求。一般需要收集如下信息：①该类包装产品和相关包装产品；②它们所执行的功能；③目标市场。形成所有与此3种类别相关的关键字，并用在信息调查中。

关键信息包括销售、商品成本、费用、收入、支出的细目分类以及产品包装系统运作信息。其中，商品成本和支出的细目分类有助于确定单位生产成本。包装系统运作信息则有助于确定该商品包装的生产地点以及生产过程。

（4）拆解多种同类产品包装　进行信息检索之后，可获取在市场中获得成功的包装产品清单和用于拆解产品包装的设计问题清单。接下来需要完成拆解包装的工作，这是设立基准行动的核心步骤。

从这一步可产生每种产品包装的材料清单、功能模型、分解图和功能与组件间的功能形状映射。每个功能的水平应该经过测量，对每一种拆解的包装都要进行这些测量。还要绘制基准包装的详细图、分解图、装配图和工艺流程图。

在包装系统设计的视觉化未完成之前，要确定相近的产品包装，特别是竞争对手的产品包装，进行详细剖析、检测，以便进一步明确包装系统设计目标。

（5）根据功能确立包装基准　首先可以根据产品包装的外形总结出对应关系。例如，对相同种类产品的包装，我们可能会根据容器外形、使用材料或者开启方式的所有不同样式为每个包装列出一个清单，然后根据清单进行比较。

这种方法可能出现的问题是，一个包装系统的任何组件都不能跟另一个包装系统的相同或相近组件在功能上对应起来。例如都是盒装的食品包装，一个利用拉链结构撕开后还可以再封口，而另一个在拉链撕开后却没有封口功能（见图2-7）。一个产品中的附件可能需要另外的"对应物"。

所以我们应采用功能等价法来确定基准。在一个新包装系统的开发过程中，我们首先建立新的包装系统功能模型。然后，对模型的每一个功能，都在其他包装系统的功能模型图中找到相同的功能。对于某项功能（相同功能），在相应的解决方案中找出它的各种物理形式（技术结构），并在每个方案下列出其性能测量值，以后可用于比较。典型地，所列出的每一种方案都是来自每个包装系统的组件的集合。

列出实现每个功能的各种解决方案之后，就可以运用比较法分析了。因为功能是包装系统存在的依据和本质。对于每一项功能，具有最好性能的方案可以称为"同类最佳"方案。同样，最便宜的方案可以称为"同类最便宜"方案。对于一个新的设计团队来说，这两方面（性能与价格）是很重要的。

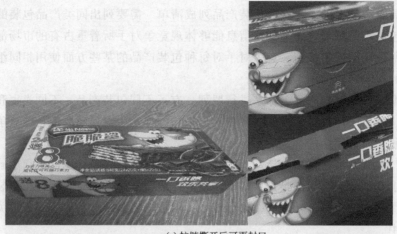

(a) 拉链撕开后可再封口

(b) 拉链撕开后不可再封口

图 2-7　食品包装盒的纸拉链开启结构

2.3.4　包装结构分解

2.3.4.1　包装结构分解的意义

针对设置的包装基准进行包装结构分解。执行包装结构分解的一个首要问题是要明确需要达到什么目标，新包装系统开发的意义是什么，通过包装结构分解我们能够发现什么。拆解一个东西的过程往往显得新鲜有趣，但是，如果最终没有收集到有关的重要数据，那么这一过程将毫无意义。

① 获得包装基准的基本信息。为了深入理解当前的产品包装而运用包装分解及相关方法，我们可以获得包装基准的基本信息。

② 了解到包装核心功能的实现方式。通过不断深入地分解一件产品包装，我们最终将了解到包装核心功能的实现方式，而分解过程越是全面、细致和具体，所获得的能够产生新概念的基础信息也就越多。

③ 对同类竞争性包装进行检测分析。为了保持包装的竞争力，必须将自己的研发概念和同类竞争性包装做出比较，以找到其他包装获得成功的原因。

④ 了解竞争性产品包装的成本。通过这种方式，可以直接了解产品包装所用的核心技术、结构以及工艺，也可以了解竞争性产品包装的成本。如果在竞争性产品包装中发现了手工操作痕迹，包装表面印刷图文没有对齐，或该热封的位置使用了劣质胶黏剂等，则由此可

以断定该包装制品必定是在一个低劳动力成本的作坊类生产部门进行组装并经过运输到达的。相反，如果发现竞争性产品包装使用了昂贵的原材料，并且包装结构与内容物放置又都是为自动化生产设备而设计的，则由此可以得到竞争性产品包装是在某个大型的、自动化水平较高的企业生产的这一结论。

由此，竞争对手的某些产品的研发和生产策略就一目了然了。

⑤ 简化理解包装制造与核心工艺技术原理。

⑥ 为包装系统的发展寻找到新的策略。购买竞争者的产品包装拆卸和分解，进行成本评估，根据先后出现的多款产品来分析发展趋势，预测市场需求，与其他设计团队合作来判断对手的竞争能力。这些工作将通过分解并分析来评估其可复制性、对环境的影响程度、可回收性、可维护性等。在新的法律、规章制度以及市场需求等因素不断加快包装产品更新速度的情况下，企业必须要为包装产品的发展寻找到新的策略。

2.3.4.2　包装分解过程

基于功能的包装分解过程不仅仅是拆分某个包装件并研究其结构与组合方式，我们必须对这个包装系统展开分析，并将这些分析的结果转换为信息，用作新设计的一部分。

包装分解的步骤包括：列举设计系目、分解预备、营销策略评估、组件数据获取，最后生成包装分解报告。

（1）列举设计条目　如果是一个新的包装系统开发项目，设计者所面对的设计条目可能是全新的。这时任何关于消费市场、竞争对手、竞争性包装特性等方面的信息都是有价值的。这些都将成为影响包装性能的重要指标，因此必须加以详细研究，一般说来，它们都与消费者的需求相关。

如果设计团队所面对的项目是一个现有包装的改良设计，那就需要了解一些关于先前设计团队的情况，包括：他们曾经面临一些什么样的困难？他们所解决的认为最有成就感的设计难题是什么？他们所感兴趣的相关技术是什么？

（2）分解预备　在明确设计条目之后，我们需要确定出用来完成包装分解任务所需的工具，如相机、各类测试仪、测量工具等。

（3）营销策略评估　在包装系统研发的决策过程中，包装及其他组件如何实现从制造装配、产品置入、物流运输、市场销售的过程，是需要着重考虑的环节和内容。对这项内容的检验也是包装分解过程中不可分割的一部分。

（4）组件数据获取　对包装结构各组件进行物理拆解、测量和数据分析。

① 对每一个结构组件进行拆分，拆分时尽量不进行暴力破坏，应遵循其固有的包装结构特点进行。

② 在分解状态下进行拍摄记录，或制作出关于包装实物模型的装配图，即包装结构剖析图。

③ 对各包装组件进行测量并制成数据表格。

（5）生成包装分解报告　根据包装结构拆解结果，列表明确新的包装系统中包装结构的可行性开发目标。

2.3.5　包装系统设计的测试

针对包装系统设计的测试在相关的包装标准中有明确说明，一般包括四个方面：一是包装材料选材检测，二是包装结构品质检测，三是包装系统工艺性能评估检测，四是包装系统性能评价检测。

2.3.5.1　包装材料选材检测

（1）包装材料物理性能检测　用于检测包装材料自身的物理机械性能。

主要涉及项目包括：纸板材料力学性能、塑料薄膜力学性能、塑料板材力学性能、金属材料力学性能、木制品材料力学性能等。

（2）包装材料阻隔性能检测　用于检测包装材料及容器阻隔水蒸气、氧气等气体的能力。

主要涉及项目包括：水蒸气透过量/率、氧气透过量/率、二氧化碳透过量/率等。

（3）包装材料的加工性能检测　用于检测包装材料的可加工性是否符合包装制造要求。

主要涉及项目包括：塑料薄膜热封性能、热收缩性能、金属材料的延展性能、塑料材料的流变性能、胶黏剂的黏合性能等。

（4）包装材料生物安全检测　用于包装材料的微生物检测，和包装材料的生物指标。

主要涉及检测菌种包括：大肠菌群、沙门菌、志贺菌、金黄色葡萄球菌、溶血性链球菌、霉菌和酵母、大肠杆菌、蜡样芽孢杆菌、单核细胞增生李斯特菌、致泻大肠埃希菌检验等。

（5）包装材料卫生安全检测　用于检测包装材料成分、材料中有害物质含量及与产品接触时的迁移量。

主要涉及卫生安全项目包括：材质蒸发残渣量、高锰酸钾消耗量、重金属含量、重金属迁移量、材料添加剂含量、材料添加剂迁移量、荧光性物质、脱色试验等。

2.3.5.2　包装结构品质检测

（1）包装容器力学强度检测　用于检测包装容器结构强度性能。

主要涉及各种材料制作的包装容器：纸盒、纸箱、金属两片罐、三片罐、钢桶、钢提桶、中性散装容器、吹塑桶、注塑桶的力学强度等。

（2）包装容器容装性能检测　用于检测包装容器保护产品的能力。

主要涉及包装容器阻隔性能、密封性能、耐压性能、防开防盗性能等。

（3）缓冲包装结构缓冲性能检测　用于检测缓冲包装缓冲保护性能。

主要涉及缓冲材料的静态缓冲性能、动态缓冲性能、振动性能检测等。

（4）物流器具性能检测　用于平物流器具产品的性能检测。

主要涉及产品：托盘、料架、周转箱等。

2.3.5.3　包装系统工艺性能评估检测

用于评估包装制造和包装过程的工艺流程的合理性。

主要涉及项目包括：真空与充气包装抽充气系统工艺性能评估、填充包装称量系统工艺性能评估、包装容器制造热封系统工艺性能评估、泡罩包装泡罩板成型工艺性能评估等。

2.3.5.4　包装系统性能评价检测

用于评估包装件（包装＋内装物产品）在运输过程中经受各种运输伤害，对内装物的综合保护能力，主要从环境温湿度、压力（堆码）、振动、冲击（跌落）等方面进行相关项目的试验，最终通过对试验后包装件整体破损情况进行评估。

主要涉及项目包括：温湿度模拟试验、压力试验、堆码试验、振动试验、冲击试验、跌落试验等。

（1）包装可靠性检测　用于评估包装产品在使用过程中的可靠性（使用寿命）。

主要涉及产品：可重复使用包装箱、共用系统托盘、料架、周转箱等。

（2）功能包装检测　用于评估包装的使用功能性。

主要项目包括：防潮包装、防锈包装、防霉包装等。

（3）包装系统检测报告的生成与样本。

2.3.6　包装系统设计的目标说明书

不管是否进行了基准设定，指出未来包装产品的功用性能，进行说明都是必要的。因为新的包装系统设计拟定目标说明书是在基准设定过程之后产生，所以根据客户和技术标准为竞争包装设定基准之后，开始应用这些信息设立新包装系统开发的目标。

目标说明书一般采用说明性文字、图片、图表等多样形式，以期达到最好的设计说明效果。

包装系统设计目标说明书的内容大体包括：设计的目的和意义，主要技术参数，结构选型及原理，参数计算说明，物流运输建议，创新及应用前景等。

2.3.6.1　建立目标说明书的过程

目标说明书是从需求调研中得到或抽取出来的，大体包括如下内容：①需求调研；②基准设定；③整体包装设计性能说明；④设想阶段的目标；⑤开发过程各个阶段目标；⑥各阶段审核评价指标。

新包装系统设计目标说明书要考虑整体包装系统的说明、单个组件与包装装配的说明等。有定性说明和定量说明，但一般都包含定量的说明，即包装设计应该达到何种满意程度的可度量标准。项目组有确定的可度量目标。

说明书中使用的尺寸量纲应恰当。带有单位的量也称为工程需求；除单位之外，说明书还应指定目标值。目标值也标有尺寸单位，达到该值表示达到需要的性能。目标值可以是确定的值，也可以是一个范围。

在设想阶段的目标与具体阶段经过提炼的目标是不一样的。设想阶段的目标项目少，参数范围不太确定。经过提炼的目标项目相对完整，参数范围比较肯定。

说明书中应对于客户的需要进行必要的整理和分类：分清有用功能、可选功能、无用功能及不可实现功能。对于用户来讲他可以说出他想要的很多功能，但这些功能间的关系有时是清晰的，有时就不清楚。所以，要从用户的需求中分清有用功能和无用功能和可选功能，进行区分处理。

在包装系统开发过程的每个阶段，对目标说明书都应该加以修订（测试或验证），而不只是在已经完成设计或制造产品的最终阶段。测试是测量包装系统（和子系统）性能的方式，应该提前陈述并得到认同。

2.3.6.2　功能性需求与约束

包装系统开发项目的工程需求分为两类：功能需求和约束。

（1）功能需求　功能需求是对于设计的具体性能的说明，应该集中于描述性能，采用逻辑关系术语表述，并且在最初时应该采用"中性方案"术语。

在设计中给出功能的清晰定义是必要的。为了解决技术问题，需要用清晰的、可复用的方式描述每个可用的（或确定的）输入和每个期望的（或要求的）输出之间的关系。再由这些输入/输出之间的关系建立系统的功能。功能的文字性（或口头）描述通常由动词和名词组成，如"方便开启""单手开启""折叠成平板状"等。功能需求应该用这些术语表示，其后跟适当的量化词以度量说明。

（2）约束　约束是一些外部因素，以某种方式限制了包装系统或子系统特性的选择。约束与系统的单项功能（或功能目标）没有直接关联，但是会影响系统的整个功能体系。约束一般是由设计者所不能控制的因素引起的。成本和开发日程时间是约束，尺寸大小、重量、材料性能和安全问题（如无毒、非可燃材料）等都是约束。有一些说明也可以看作约束，但不是绝对的。例如，纸包装容器设计时在选择纸板材料的表面光泽度、适印性能等的说明可以看作约束，但对某些纸包装容器来说，特殊的表面磨光或粗糙度就应该看作一项功能需求，而不是约束。

约束能够推动很多包装系统解决方案，尤其是对一些较大规模的系统。为此，应该给予约束足够的重视。除非约束实际存在，否则不能随意添加。

① 只有在评估危险之后才能确定约束。

② 除了识别功能需求和约束之外，还可以根据功能分解策略指导生成说明书的过程。也就是说，当若干更详细的说明书同时相关联时，每份说明书也可看作是关联的。通过这种淹没方式，说明书会与特定的子系统和组件更直接地关联，从而可能更有用。

2.3.6.3　不同设计任务的共同要求

（1）包装定位明确　在进行了充分的市场调研分析之后开展设计工作；分析产品的市场、用户、竞争对象，选择包装基准；明确包装产品用户定位、包装产品竞争定位、包装功能定位和包装造型定位。

（2）功能定义清楚　进一步明确和细化设计项目的功能，主要功能定义叙述清楚；设计方案的功能比较齐全、使用操作维护方便；规格参数详细（根据设计项目，讨论分析研究约束条件，结合现有技术的分析及人机工程分析，给出具体的设计规格参数）；明确设计目标。

（3）结构科学合理　结构能很好地满足功能要求，符合力学要求；材料及装配工艺先进科学、符合市场流行趋势；有利于批量生产，成本适中。

（4）使用及交互符合人因工程学要求　使用安装拆卸方便；高效、舒适、安全、健康；信息界面设计新颖时尚，操作功能完备，使用的图标语意醒目明确。

（5）艺术造型要求　形态刻画细腻，结构合理、选材考究、做工精细、不落俗套，有艺术情趣；色彩表现时尚与和谐；比例尺度能够满足社会群体的使用需要。

思考题

1. 包装系统设计中用户的需求层次有哪些？如何理解？
2. 包装系统设计的需求分析主要包括哪几个方面？请举例说明。
3. 包装信息市场调研的主要内容有哪些？
4. 制定包装系统设计的目标说明书的重要性是什么？

第3章

包装系统的分析方法

包装设计产生的重要根源是消费的需要。这个需要的内容是功能，需要的形式是包装，所以包装设计的本质就是消费需要。同时，包装设计对消费需要也有反作用。所以说包装设计是一种探寻满足消费需要的人造物活动。

作为消费主体的人，其消费需要具有以下几个特点：

① 具有特定的内容，指向某种具体产品的需要；

② 需要具有多样性和层次性，对于事物的需要表现出差异和不同档次；

③ 需要具有周期性，许多需要能重新产生、重新出现；

④ 需要具有时代性和变化性，这是需要发展的最一般规律，也是导致设计无限的根源所在。

从设计系统的角度看，包装设计活动另一个源起是设计任务委托。包装设计活动需要明确的目标，需要制定确定的开发计划和经费预算，还需要对各阶段设计方案做出选择和决定。这些环节都需要委托者的参与和决策。

因此设计不仅需要从策划、管理、生产、销售、市场等环节考虑，同时还要求设计者具备一定的管理、生产、销售等方面的知识能力，参与到被领导与决策或管理之中。设计活动应以委托方的要求为基础，从消费者利益出发，结合委托方负责的设计职业道德进行设计活动，达到在满足消费者和委托方各自需求的前提下，完成解决方案。

3.1 包装系统的宏观分析

3.1.1 包装系统的人因因素

人是包装的创造者，包装也是为人服务的，因此，人与包装形成了极其密切的关系。从系统论的角度看，人对包装的影响表现为三个层面。

（1）人因层面 包装需要人来操作，人与包装之间会形成不可分割的人因关系。所以，在包装系统开发中要考虑人的因素，将人的身体尺寸、反应特性、施力状态与劳动心理纳入具体的包装设计当中，这就是人因工程学上的人的因素问题。

（2）消费者与商品层面 包装系统开发的目的是将包装好的产品销售给顾客，包装也就成了人类消费的对象，人与包装就形成了消费者与商品的关系。所以，在这个层面上，在包装系统开发中要考虑消费者的因素，将人的消费行为、消费习惯、消费心理纳入包装定位当中，这就是消费者的消费行为对商品的选择问题。所以，解决包装定位问题一定要考虑人的消费行为。

（3）市场与营销层面　这也是包装系统开发的宏观战略层面，要分析判断被包装产品的市场区域优势、营销的品种问题、规模问题，确定包装系统开发的时机和入市时间，被包装产品投放市场的节奏和数量等。这就形成了市场与营销的关系，解决营销问题要研究人类的市场行为。

3.1.1.1　人的需要由生理层次上升到心理层次

消费者购买行为首先是为了满足必需的生理需要，这个购买动机不会因包装的改变而改变。但是在社会生产、科学技术和文化艺术等日益发展的今天，消费者希望提高物质和文化生活水平，各种心理需求也不断产生。消费者心理需求的特点越来越鲜明地显示出来。人的心理需求具有伸缩性。表现在消费者对心理需要追求的高低层次和强弱程度。

此外，民族传统、宗教信仰、生活方式、文化水平、经济条件、兴趣爱好、情感意志等方面存在的不同程度的差异，也对消费者的心理需求产生着不可忽视的影响，从而造成对主观需求的判断不尽相同。例如，目前商业销售部门采用的礼品箱、礼品盒、礼品袋等经营方式，就是适应消费者以相互馈赠礼物进行社交活动的需求。

3.1.1.2　包装对不同年龄、性别的人群消费心理的影响

（1）对少年、儿童心理的影响　少年、儿童是一种典型的感性消费群体，他们会被产品包装所迷惑，进而产生对商品的主观印象。其后，随着年龄的增长，模仿性消费逐渐被有个性特点的消费所代替。

（2）对青年消费者心理的影响　青年的自我意识是青年个性发展的最集中的表现之一，青年的独立意向非常强烈，内心丰富，热情奔放，富于幻想。为此，青年人对商品的需求是时尚和新颖，而商品包装则是吸引他们的首要因素。他们是新产品的尝试者，不落后于时代、追求新时代潮流是他们大部分人的共同心理。

（3）对老年消费者心理的影响　老年消费者不同于其他年龄段，有着更加稳定的消费态度，注重实际价值，对其他附加价值较少幻想。他们选择商品往往看重方便实用、注重性价比，在购买的过程中，要求商家能够提供服务上的便利。此时，包装表面上的花哨与个性化是不起什么作用的，而在购买过程中的方便体验则成为老年人的最大需求，成为消费生活变化的自然走向；随着年龄的增加，老年人的消费经验不断积累，逐渐成了理智型消费者。因此，老年消费者将商品的实用性和购买过程中的便利作为主导因素，包装等外部因素影响较小。

（4）对女性消费者心理的影响　女性消费群体的审美观影响着整个社会消费潮流。女性消费者不仅关注商品的实用性和具体效益，还注重商品的便利性以及生活中的创造性，因此女性消费者是一个综合型的消费群体。设计者在对产品进行包装设计时更多地针对现代女性的心理特征以及变化趋势，通过对包装色彩、款式等的调整激发女性消费者的情感，能够极大地促进销售。因此，可以说掌握了女性消费者的购买动机和需求、消费决策的心理活动过程，就掌握了整个消费市场的变迁和发展动向。

消费者的心理需求的产生和发展，与客观现实的刺激有着很大的关联。随着消费群体生活和工作环境的变迁，社会交际的启示，广告宣传的诱导，教育培养的激励等因素，都可以促使消费者产生新的心理需求，或由此项需求向彼项需求转移，或由潜在的需求变为显在的需求，或由微弱的欲望变为强烈的欲望。所以，消费者的心理需求也是可以通过引导和培养形成的，也可以因外界的干扰而受到削弱或变换。

3.1.1.3 消费者的购买动机

消费者对商品的购买动机，包括预期购买决策、执行购买决策和购买后评价三个阶段。

（1）预期购买决策　消费活动的开始是预期购买决策阶段，消费者根据自身的需要选择购买目标。

（2）执行购买决策　执行购买决策则是消费者通过对包装的感知来获取商品包装信息，通过包装外部信息的传达对消费者进行指示，消费者结合预期购买决策最终进行购买行动。

（3）购买后评价　消费者对所购买商品进行使用，并将实际感受与包装外部信息进行比较，进行购买评价。消费者根据二者的相符程度，进行判断，并影响以后的购买决策。

消费者对商品的预期购买决策、执行购买决策和购买后评价是连续的链条关系，彼此渗透、相互作用。包装系统设计在各阶段都应重视消费者认知和购买行动时进行的心理活动。

日本千叶大学工业意匠学科计划讲座曾对 16 种具有代表性的材料做了感觉特性方面的调查：调查设计师常用的描述材料感觉特性方面的用语，如高级感、精细感等。共收集了84 条，通过分析后归成 3 大类，即温暖感、高级感和放心感。然后由研究者进行扩展补充，加入了美感、深沉感、光泽感、对人的抵抗感这 4 个因素，与前面说的 3 类结合在一起进行评定，最后以"有"或"没有"的评价作为测定的基准。表 3-1 是被选定评价材料的顺序情况，图 3-1 的立体坐标图是材料感觉特性的结构示意。

表 3-1　被选定评价材料顺序

序号	材料名称	序号	材料名称
1	天然纤维	9	热固性树脂
2	化学纤维	10	工程塑料
3	皮革	11	玻璃钢
4	纸	12	玻璃
5	高分子薄膜	13	陶瓷
6	木材	14	铜
7	天然、合成橡胶	15	铝
8	热塑性树脂	16	铁

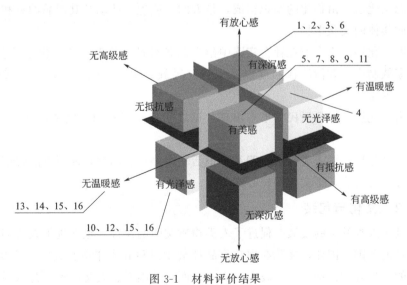

图 3-1　材料评价结果

3.1.2 包装系统的社会因素

人类社会的出现产生了商品市场，进而衍生出了商品的包装。伴随着人类社会的进步，任何一种新材料、新技术的出现都是对人类文明的推进和发展，并逐渐渗透到各个领域。不管是经历了原始社会、奴隶社会、封建社会等漫长历史的传统手工制造包装，还是目前机械化生产的商品包装，都成了社会文化不可分割的一部分。人们讲求实用的同时，又用包装来标榜社会等级、权利和尊严。

商品中与"物质"相联系的是产品，与"精神"相联系的则是包装。

随着包装在国际商品市场中的竞争力的提高，以及对社会环境的不断影响，确立了其在现代包装设计中的突出地位。包装是一个被物化的社会文化载体，同时为人和产品服务的包装，其最终目的是提升人的生存质量。因此，包装系统应以了解消费者的生理与心理需求为前提，通过对需求的调查和分析，归纳出包装系统的约束条件。

社会心理是一种普遍的社会现象。以满足人的多元化需求的包装系统开发，应该通过调查研究，了解和掌握社会心理的动向及其变化原因，为包装系统的准确定位提供心理依据。研究社会心理，归纳出社会消费的趋势、社会消费的特点、了解社会生活方式变化趋势和变化程度，对于包装系统开发来说，是极为重要的。

3.1.3 包装系统的文化因素

3.1.3.1 文化

文化广义的解释，是一个群体（可以是国家，也可以是民族、企业、家庭）在一定时期内形成的思想、理念、行为、风俗、习惯、代表人物，及由这个群体整体意识所辐射出来的一切活动。文化狭义的解释就是传统意义上所说的一个人有或者没有文化，是指他所受到的教育程度。

广义的文化，着眼于人类与一般动物，人类社会与自然界的本质区别。它包括4个层次：

（1）物态文化层　由物化的知识构成，是人的物质生产活动及其产品的总和，是可感知的、具有物质实体的文化事物。

（2）制度文化层　由人类在社会实践中建立的各种社会规范构成。包括社会经济制度、婚姻制度、家族制度、政治法律制度以及家族、民族、国家、经济、政治、宗教社团、教育、科技、艺术组织等。

（3）行为文化层　以民风民俗形态出现，见之于日常起居动作之中，具有鲜明的民族、地域特色。

（4）心态文化层　由人类社会实践和意识活动中经过长期孕育而形成的价值观念、审美情趣、思维方式等构成，是文化的核心部分。

3.1.3.2 文化与包装

文化促进了人类社会的发展，促进了人类物质文明的建设，也促进了人类创造工具的动力和使用工具的范围。因此，文化在现代商品社会中对科技水平的提高、人文思想的继承、艺术变现里的发挥等方面都产生了较大的影响，而科技因素、人文因素、艺术因素作为包装系统的组分之一，它们的发展也必然推动包装设计向前发展。

对包装系统的开发，不仅要从经济的角度、科技的角度来考虑，更要从文化的角度，准确地估价文化的差别，包括亚文化。包装与人的衣、食、住、行、用密切相关，包装与道德、伦理、社会、民族、时代、艺术等的复杂联系，构成了包装丰富的文化内涵，增加包装的文化含量，是包装提高附加值，取得成功的重要方式。

3.1.3.3 包装的文化环境

文化环境是指在一种社会形态下已经形成价值观念、宗教信仰、风俗习惯、道德规范等的总和。针对不同社会文化环境的包装系统研究一般包括以下几个方面：

（1）受教育状况 消费者对产品的功效、包装、款式以及服务需求的差异性受到教育程度的制约。一般来讲，文化教育水平较高的国家或地区的消费者对商品包装的品质、附加功能等外部因素有着更高的需求。

（2）宗教信仰 宗教是构成社会文化的重要因素，宗教对人们消费需求和购买行为的影响很大。不同的宗教有自己独特的对节日礼仪、商品使用的要求和禁忌。为此，包装系统研发过程中要注意到不同的宗教信仰，以避免由于矛盾和冲突给委托方带来的损失。

（3）价值观念 价值观念是指人们对社会生活中各种事物的态度和看法。人们的价值观根据不同的生活环境，文化背景等因素的制约有着很大的差异性，包装系统的研发在一定程度上也要充分考虑这些差异性对包装的影响。

（4）消费习俗 消费习俗是指人们在长期经济与社会活动中所形成的一种消费方式与习惯。充分了解和尊重消费市场的禁忌、习俗、避讳等是包装系统设计的重要前提。消费习俗会直接影响到消费者对包装的要求，充分地研究消费习俗，才能更好地进行生产销售活动，正确、积极地引导消费行为。

3.1.3.4 文化对包装的影响

（1）民族传统文化对包装的影响 民族传统文化是指一个民族中能代代相传的东西，这种代代相传的东西表现在创造物中，形成了共同的风格和心态。民族传统、民族审美观念与审美心理等是文化背景的反映。

德意志民族具有长于思辨、思考、理性化的民族特征，他们将设计与理性化和秩序化联系起来，产生了生产的标准化，从而促进了设计的逻辑化、理性化与体系化风格的产生。

美国是一个由世界各地移民形成的国家，各民族共存的竞争使它具有较大的包容性，在市场竞争机制的制约下，美国的设计一开始就呈现出强烈的商业色彩。美国的世界工业设计大师罗维（Raymond Loeway）就曾在回答记者的问题时，直率地表明："对我来说，最美丽的曲线是销售上涨的曲线。"

日本对民族传统文化非常重视，特别是在包装设计中表现得尤为突出。轻便耐用是日本文化的显著特征，在包装材质上也很好地显示了这一点，人们非常擅长挖掘天然材料的独特品质，例如草编篮包装、樱桃树叶包装以及竹子包装等。日本对于包装的理解不仅仅体现在基本功能上，同时还结合了独特的文化特点，这种哲学式的观点对日本的包装发展产生了深远的影响。

（2）我国传统文化对包装的影响 我国是有丰富文化传统的文明古国，我国的文化集儒、道、佛之大成，对周围国家和地区的思想观念影响极大。

传统文化中提炼出来的传统文化元素是人类历史长期发展过程中的积淀，借鉴和利用传统文化元素有助于我们更好地丰富现代包装的表现能力，使其拥有更为深厚的文化底蕴和更为广阔的发展空间。例如，传统图形是一个部落或一个民族表达文化观念的综合体现，是一种对文化观念的传播载体，传统图形与现代包装设计理念的融合，也被赋予了全新的文化内涵。

但是传统图形有着很强的历史局限性，如果直接按照原始形态生搬硬套则很难与当今时代相适应，同时也会陷入言语的贫乏和思路模式老化、形式化的尴尬。因此传统图形的使用需要结合产品的特点，根据具体的使用环境对传统图形元素加以重构。例如，板城烧锅酒运用传统"龙纹"图案，以及与中国青花瓷相结合的图案设计，带有浓郁的中国味道，同时结合现代的设计手法，在视觉上有着强烈的冲击力，刺激了消费者的购买欲望（见图 3-2）。

图 3-2 板城烧锅酒包装

（3）艺术文化对包装的影响 艺术文化中对包装设计影响较大的，主要是造型艺术。造型艺术涉及的"形"与"色"的创造，与包装设计涉及的造型与装潢的"形"与"色"的创造，有着密切的关系，两者就在"形"与"色"等造型要素上产生了交叉点，因而前者对后者产生很大的作用。

① 绘画对包装设计的影响。绘画对包装设计的影响，表现为绘画这一种造型艺术为包装设计提供了最基本的表达设计意图的手段，使设计师的设计构想从观念形态转变为可视形态成为可能。

尽管设计中的表达手法与传统绘画的概念有一定的差异，但是对造型的刻画表达，色彩与肌理的处理等基本理论还是由绘画所提供的。

② 雕塑对包装设计的影响。雕塑是在三维空间中以立体形式再现生活，用物质性的实

物来塑造形象。

现代工业产品的形态，基本上都是抽象的形态，相应地，为现代工业产品服务和配套的包装设计的外在形态也基本上以抽象形态为主。所以，包装设计所面临的物质功能与外在形式的巧妙结合问题，和现代雕塑注重"内在形式"的要求不谋而合，因而，现代雕塑的理论与表达手法，对包装设计产生了较大影响。

③ 建筑对包装设计的影响。建筑由于其体积布局、比例关系、空间安排、结构形式等本质特征对建筑形态的影响，成为了一种建筑艺术。而建筑又因自身的实用性、物质性和特殊的表现手段等因素所限制，实际上与其他造型艺术又有着本质的区别。

现代包装设计的发展，正在受到建筑艺术的影响。这个影响主要体现在包装物外形与造型结构的设计方面。包装造型设计的一些风格开始以建筑设计风格为榜样，建筑设计风格的发展在逐渐地影响着包装设计的风格（见图3-3、图3-4）。

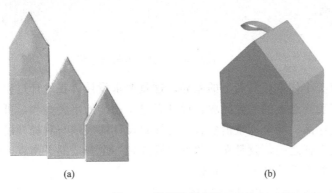

(a)   (b)

图 3-3　房屋造型包装

图 3-4　仿中国古代建筑门窗造型包装

④ 审美观念对包装的影响。包装设计不能将包装容器的形式美设计作为自己的唯一目标，以免追求形式美而造成形式与内容的脱离。但是，形式美的设计在包装设计中，仍然是一个重要的组成部分。因此，研究审美观念对形式美创造的作用，是十分必要的。审美观念直接指导着人们的审美实践活动，制约着人们对美的创造，规定着人们审美的方向（见图3-5）。

审美观念具有共性，也存在着个性。由于时代、民族、个性、年龄、环境及职业等差异

图 3-5　包装审美（农夫山泉新包装）

的存在，导致了审美个体审美判断上的差异。这就要求设计者在设计过程中，慎重地处理设计者与消费者在审美观念上的差异问题：设计者过于超前的审美观念，可能会导致惊世骇俗或为人不屑一顾的作品；完全迁就消费者，将导致设计的失缺与对提升民族审美情操责任的放弃。包装设计的责任之一，就是在这两者之间找到一个合适的平衡点，既能反映某一群体的审美观念，又不放弃设计师的社会责任。

3.1.3.5　文化对包装设计的作用

文化是一个大环境，它制约着包装设计，给包装设计的影响是无形的，设计者不可能超越具体的文化环境（科技、经济、艺术、社会等）进行包装设计。同时，优秀的包装设计又可以创造和影响人类的生活文化。文化在产品和企业两个层面，深刻地影响着包装设计创新的结果和进程。

人创造了文化，文化也创造了人。包装设计作为包装产业发展过程中的创造性活动，本质上也是人类的一种文化活动。因此，研究包装设计与文化的关系，研究包装设计的文化性质、文化特征、文化构成与文化要素等，将在本质上揭示出包装设计活动的动机、目的与原则。

3.1.3.6　发展中国独特的包装文化

以科技为主导的工业产品，在相同的技术条件下它们之间的区别就在于设计，对于为产品服务的包装系统而言，这种影响是有亲缘关系的。发达国家的工业产品及其包装组件，都有自己的特点，它们所蕴含的民族精神、性格，反映出本国的文化传统。日本产品的"轻、薄、小、巧"的风格，其灵巧、清雅、精致、自然的气质，融东方文化和高科技于一体，是日本文化的产物。德国产品的高级感，来自其民族的科学、严谨、精密、认真、高雅的精神，是其技术文化的反映。意大利产品风格多样，体现出了技术与文化的协调，生活与艺术的结合，这是植根于文艺复兴的艺术传统，反映意大利民族热情奔放的性格。北欧各国由于具有功能主义的传统，加之战后建设福利国家的要求，其产品浸透着温雅、柔和、明朗、质朴和清新自然的文化气息。

包装设计属于器物文化领域，是有别于自然物的人工创造物。中国文化蕴含着丰富的人生哲理，贯注着积极向上的民族精神。"天行健，君子以自强不息；地势坤，君子以厚德载物"便是对这种中国文化的生动写照与概括，也对器物文化的发展提供了深刻的启示。天人合一、刚柔相济是中国文化在发展与探索过程中，把人的造物看作是人与自然相契合、以规律求自由的创造活动的重要思想，这是一种大智慧，为今天的包装系统设计奠定了深厚的哲学基础。

3.1.4 包装系统的生态因素

3.1.4.1 生态

生态一词源于古希腊字"oukoq"，意思是家庭关系及其维持，古希腊的生态并不是指自然，而是借家庭构成比喻事物存在的整体性和关联性。简单地说，生态就是指一切生物的生存状态，以及它们之间和它与环境之间环环相扣的关系。

1869年，德国生物学家 E. 海克尔（Ernst Haeckel）最早提出生态学（Ecology）的概念，他认为，生态就是自然有机生命物与周围世界的关系，生态学就是研究这种关系的学科。如今，生态学已经渗透到各个领域，"生态"一词涉及的范畴也越来越广。

3.1.4.2 生态系统

生态系统指在一定空间范围内，植物、动物、真菌、微生物群落与其非生命环境，通过能量流动和物质循环而形成的相互作用、相互依存的动态复合体。生态系统多种多样，相互交错，彼此独立，又相互影响。包括生物圈——最大的生态系统；热带雨林生态系统——最复杂的生态系统；人工生态系统——以城市和农田混合的人类生活区等。生态系统由于其开放性的特定，需要不断地输入能量来维系自身的稳定；许多基础物质在生态系统中不断循环，其中碳循环与全球温室效应密切相关。生态系统作为生态学领域的一个主要结构和功能单元，是生态学研究的最高层次。

3.1.4.3 生态包装设计

生态包装设计是在保证包装功能的前提下，充分考虑包装生命周期过程对矿产资源、生物资源、能量资源、生态环境和人类健康的影响，以维护自然资源可持续发展和促进生态环境良性循环为核心的现代包装设计技术和方法。

生态观念的引入，对包装设计产生了巨大影响，首先表现在减少包装使用量。所谓包装的减量化（Reduce）原则，即包装在满足其保护、储运、销售等功能的条件下，尽量减少不必要的多余包装物的产生；其次是"绿色包装"理念的提出。

"绿色包装"理念的提出，标志着现代包装设计在理念上开始被提升到了关乎人类未来健康生存发展的高度。在"绿色包装"原则的制约下，现代包装设计在材料选择上开始凸显以下几个方面的特征：

（1）减量化特征 即尽可能地减少材料用量，倡导简朴包装，避免过度包装，以达到节约资源的目的。

（2）环保化特征 使用绿色包装材料，延长包装的使用寿命，以便减少包装废弃物对环境的影响。

（3）单一化材料 在满足包装基本性能的前提下，尽量不掺杂其他包装材料，以便于回收利用。

（4）安全化特征　禁止使用或减少使用某些含有有害成分的包装材料，并规定重金属允许含量。

（5）多功能设计　包装不仅具有保护商品的作用，还能作为其他用途使用，从而减少包装废弃物。

3.1.4.4　促进保护生态环境的包装系统设计

（1）设计绿色消费商品包装　理想的绿色消费商品包装应当是在生产中不造成污染，产品废弃时可以回收，且取材有利于综合利用资源。

设计者在设计中应考虑到包装的造型易于加工生产，节约能源减少材料消耗；提高包装的使用寿命；要摒弃不必要的装饰和过分包装；选用无毒、易分解不危害环境的材料。因此，使用自然的包装材料成了最佳选择，像天然的木材、竹、麻、芦苇以及农作物茎秆等再生材料及生物降解材料作为包装材料，不仅使包装成本降低，而且包装材料可在使用后在自然环境下自行分解；同时还可给消费者带来亲切、原始、健康等感受。

目前，企业面临着两难的抉择，一方面为了提高产品包装的档次和消费者的价值需求，不得不选用具有金属光泽和高光度等特性的不易降解材料，这类材料的优点是表面光滑、色彩鲜艳、防潮性和抗氧化性好，但是此类材料不易降解；另一方面选择这类材料做包装材料，其降解时间很长，易增加环境的负担。所以企业必须在两者之间做出一定的取舍，在保证经济效益和消费需要的同时，尽量使用可降解的新型生物材料。总的包装材料选用的趋势应当是包装材料无毒化、包装材料回收利用化、包装材料原生态化、包装材料可降解化、包装材料纳米化。

例如，英国伦敦开发了一种仅利用天然材料制造的波祖生态鞋，这种生态鞋采用了椰丝纤维、天然乳胶、生态黄麻、纯羊毛和真皮等材料加工而成，不含任何有害化学成分和重金属，因此在使用后可以很好地降解；设计者考虑设计的整体化、系统化，对包装盒也进行了相应的设计（见图 3-6），同样采用椰丝纤维材料进行设计，不仅节约了成本，同时也塑造了该产品整体系统的生态形象。另外，该鞋盒在使用后还可作为培育花盆继续使用，直接将种子包含在产品之中，消费者可以将鞋盒连同种子一同栽种到土地里，继续传递生态精神。不仅如此，设计者在鞋油的包装外盒上还标注了该包装 8 种不同用途的标识，进一步深化了生态内涵。

图 3-6　英国伦敦波祖生态鞋与鞋油的包装

（2）设计可回收的环保包装　包装产品在生命周期中的最后过程是废弃或破坏。这个过程可以分为能回收和不能回收两部分。

如果一种包装产品，在完成保护和使用的任务后，继续保留它已为环境所不允许，那么设计时就应当考虑易于拆除和销毁（焚烧、压碎、熔化、切割等）。材料、组件和子系统若能回收，则应易于拆卸，或能分解。对于资源消耗的量，应尽量减少，并减少其对环境的污染。应开展废弃物再资源化的设计。

例如，柏林的离子设计工作室开发了一款"一体包装"的塑料瓶［见图 3-7(a)］。该塑料瓶（包括瓶盖）由一整块材料通过模具一次浇注成型的方式制成，极大地节约了原材料和生产成本。由于简化了成型工艺，因此也相应地节省了生产中所消耗的电能，对于再次回收利用来说还具备了一般塑料瓶所不具备的优点。这种包装可以承装粉末状物品、粗颗粒物品、乳液等。

关于节约的理念，德国设计师汤姆森·迪克森也将其做到了极致，他为鳄鱼品牌设计了一款限量版的 T 恤衫。这款 T 恤衫由生态棉制成，染料也选用了天然靛蓝。为了保证产品的整体性和系统性，迪克森还为其设计了同样环保的包装［见图 3-7(b)］，由回收的鸡蛋盒（纸浆模塑制品）加工而成，充分进行了循环利用；采用了无印刷设计，文字和图案通过冲铸工艺直接压印到盒体。不仅节约了原材料和印刷材料，同时还达到了别样的视觉效果。

(a) "一体包装"的塑料瓶　　　　　　(b) T恤衫纸浆模塑包装

图 3-7　可回收的环保包装

（3）设计可重复利用的包装　重复利用这种方法既能控制污染，又可保存资源。它能使本来已成废品的东西重新变为有用的产品。重复利用的水平和程度由各种经济因素决定。比如当矿藏资源减少且土地占有费用增高时，重复利用就可能增加，并成为最终的解决办法。用于重复利用的包装设计包括以下两个方面。

① 通过改造重复利用。"弹性"一词在物理术语中是指在外力作用下发生的应力变形和运动，具有应变属性。在包装设计领域被引申为能够满足多样需求的包装设计形式，在生态包装设计中创造这种弹性的过程被称之为"富有弹性的包装设计"。弹性设计强调设计中的弹性思维，不仅考虑标准的即时使用，还要考虑包装未来的改造和利用。

弹性设计将对资源的有效利用与人性化设计相互结合，由常规设计范畴扩展到了环境和社会的整体领域。在原生态包装设计中提倡富有弹性的设计。富有弹性的设计主要是指让包装设计有更多的灵活性，最大的利用可能，追求包装效用的最大化，来适应包装的循环利用。因此，包装设计要具有开放性、动态性、可塑性，使用者可以根据自己的需要，随意地调整组合，达到灵活应用的目的，还可以灵活应对环境问题。这是一种动态的设计思想，可以适应不同的需要，包装设计师甚至可以设定好它的变身过程，直至其价值耗尽，分解消亡。这也是整体系统的设计观的一种体现，是系统思想的应用和体现。对保证物尽其值，实现资源的可持续利用有很强的生态意义。

图 3-8 所示为适应电商快递业使用而设计的体积可变的快递运输箱，可根据订单数量的多少调整纸箱体积，并配以模块化的衬垫结构，可以满足电商销售过程中快速装配发送货物的需求。

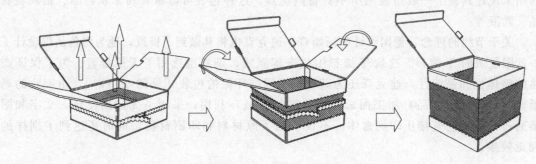

图 3-8　体积可变的快递运输箱（自有专利）

② 利用功能转换重复使用。许多包装可通过功能转换重复利用。当它们完成预定功能后，可以移作其他用途。例如：荷兰设计师温迪·普鲁姆利用废弃的纸板盒包装设计了"临时地毯"（见图 3-9）。

图 3-9　废弃纸盒包装再设计

该设计的最大特点是在纸板盒上将不同风格的图案（包括阿拉伯风格、墨西哥风格、斯堪的纳维亚风格和非洲风格的图案）进行单独分块设计，就像拼图一样根据编号还可以组合成图案完整的地毯。该地毯充分考虑了不同人群的使用环境和需求，如流浪者、朝圣者、流动商贩等，专门为这些人群设计出可以提在手里的临时的家。

（4）设计减量化的包装造型结构　满足对包装的基本保护功能和方便销售的前提下摒弃包装上多余的装饰，简化包装的附加物，争取少而精地用到包装材料，将包装的成本降低，成为用量最少的适度包装。

另外，设计者要考虑包装结构的合理性，包装的结构直接影响到包装材料的使用量和产生了多少的废弃物。一般来说，单体产品的包装应根据自身产品的体积、属性，选择合适的外包装材料以及包装内的填充物，在结构上利用结构力学的知识，提高材料的利用率，降低用量。同时还要使包装结构贴合单体产品造型，这样在大批量地运输和储存产品时，才能够减少运输、储存堆放时的空隙，减少资源浪费和运输的能耗。

包装的造型及结构设计一般遵循两个原则：一是对于单一选材的包装结构，尽量采用可复原的结构形式，以便回收和重复利用；二是对于复合型选材的包装结构，尽量采用可分体式结构，使其容易拆卸、转换，既可以延长包装自身的生命周期，还可以实现包装部件的回收再利用，从而减少废弃物。

3.1.5 包装系统的科技因素

科技的发展在一定程度上推动了包装产业的发展，新工艺、新技术、新材料的出现使得包装在更好保护商品、促进销售的前提下，显著地降低了对包装材料的使用，符合当前环境保护的大环境要求。例如采用新技术生产的三层瓦楞纸箱，替代老工艺生产的三层瓦楞纸箱，可节约纸张 20% 以上。又如，利用新型聚乙烯（LLDPE 和 mLLDPE）为原料生产的 $120\mu m$ 厚的三层共挤出重包装薄膜袋，可以成功地替代利用传统的低密度聚乙烯生产的 $200\mu m$ 的单层重包装薄膜袋，节约聚乙烯原料 30%，且新型薄膜袋具有更佳的码垛性和抗穿刺性。

3.1.5.1 科技创新有助于增加包装产业自身的附加价值

科技创新推动产品升级，包装行业自身的发展也经历了一个渐进的阶段，不同的发展时代顺应当下发展背景。在包装行业兴起之初，包装行业的运作主要依靠手工机械操作，操作简单，经济效率低下。随着行业累积资金不断扩大，由原来的手工操作逐渐发展到简单的机器操作，提高了生产技术水平。随着生产规模的进一步扩大，行业内部积累资金的进一步增加，行业将更加重视科技的使用，采用更先进的机械设备，采用更先进的管理技术。利用这项技术可以提高包装行业产品的附加值，提高产品的市场占有率，促使产品不断更新，不断提升自我，提高企业自身的经济效益。

3.1.5.2 科技创新有利于提升企业的市场竞争力

科技创新企业在激烈的市场竞争中处于领先地位，现在我们正处于激烈的市场竞争环境中，任何一个企业、行业要想在激烈的市场竞争环境中立于不败之地，必须不断地去提高自己的创新和使用先进的科学技术发挥企业、行业的竞争优势作用。包装行业要保持进一步发展，要高度重视技术的使用理念，不断更新设备，吸引先进人才，提高员工素质，保持自身核心技术，不断提高产品质量和附加值，以知识经济的发展模式为核心，带动包装业做大做强，在竞争中保持领先地位。

3.1.5.3 科技创新是包装产业适应经济全球化趋势的必经之路

目前，我国的包装工业总量已经跃居到世界第二位，走向世界成了必然的发展趋势。这需要我们自身不断地提高附加价值，提升产品的技术含量。努力借助于当今发达的科学技术武装包装产业，学习和利用国内外先进的管理理念加深我们对行业的认识，吸引更多的技术人才投入到包装产业的发展之中。只有这样，才能充分地利用地理优势，占据包装市场的制高点，让我国的包装产业跻身于国际领先地位。

3.1.6 包装循环经济

随着资源环境与经济发展的矛盾日益突出，21 世纪人类正面临着经济发展方式的新变革。包装行业作为商品经济发展程度一个标志性行业，对经济和社会的发展起到了积极的推动作用，但由于自身的特性，存在着资源消耗、环境污染等问题。随着经济的发展，工业生产和生活包装废弃物日益增多，已经成了一个亟待解决的问题，主要包括自然资源的大量消耗、包装废弃物的处置、废弃物管理压力的增加及废弃物的环境影响等。因此，如何有效控制包装废弃物的污染，把我国包装业纳入循环经济轨道，全面推广绿色包装，已成为公众关注的社会焦点，也是一个急需解决的课题。因此国内外众多学者提出了"低碳经济"和"循环经济"的概念。

"低碳经济"是通过更少的自然资源消耗和更少的环境污染，获得更多的产出收益。"循环经济"则是以物质能量梯次和闭路循环使用为特征，把清洁生产、资源综合利用、生态设计和可持续消费等融为一体，运用生态学规律来指导人类社会的经济活动，因此本质上是一种生态经济。

3.1.6.1　包装循环经济的组成

根据循环经济模式的特点，包装循环经济包括包装工业实施清洁生产、包装资源循环利用和包装废弃物高效回收利用3个部分。清洁生产就是要求制造企业利用最少的绿色包装材料和清洁能源，尽量避免在生产过程中"三废"的产生和对环境的污染，确定将污染程度降到最低；资源循环是指加强对包装产品的循环利用效率，尽量避免对一次性包装的使用，对于结构复杂的包装制品采用标准化模块进行设计，以便维修更换；废弃物的高效回收是指包装废弃物的重新加工再利用过程，采用分类回收的手段，将包装废弃物重新进行生产的过程。

3.1.6.2　包装循环经济的运行

包装循环经济运行应强调3个运行原则，即减量（reduce）、再用（reuse）、循环（recycle）。减量是指从源头减少对包装资源的消耗和包装废弃物的产生，包括对包装资源的开采量的减少和使用量的降低；再用是指延长包装的生命周期，提高包装的使用次数，增加使用频率，进而增加使用的时间；循环是将包装进行循环利用的过程，通过一些手段将其再次进入到市场或者将其变成其他再生资源，比如进行焚烧处理等手段，将其转化为热能再循环到社会当中，但要注意的是，这种方式必须要以清洁生产作为首要前提，避免产生二次污染。

3.1.6.3　包装循环经济的联系

包装工业作为一个基本产业，将其与企业内部层面以及企业间层面进行沟通，加强之间的相互联系，促成包装循环经济的形成，正确协调它们之间的关系成为关键。

首先是在企业内部循环层面，必须以发展清洁生产型的包装企业，加快实施ISO14000国际环境管理体系认证，生产达到环境标志的包装产品为共同目标齐心努力。

其次是企业间的循环层面。要着力发展产品上下游间的生态工业链和生态产业园的建设，将上游企业的废弃物整合为下一个企业的可利用资源，而下一个企业再通过相同的操作整合到另一个企业，通过这样的循环建立了整个生态工业链体系，就可明显地降低环境污染和资源消耗问题。例如广西贵港生态工业园的做法可为建设包装工业生态园区所效法。它将制糖产生的蔗渣用来造纸，又把造纸过程中的碱高效率地回收用于造纸；对制糖过程中产生的严重污染物废糖蜜，不轻率排出，而是将其浓缩制成甘蔗复合粉，用来作为种植甘蔗的肥料，从而形成了清洁生产的闭路生产循环。

最后是企业与社会整体间的循环层面。这就需要大力发展包装资源的回收再利用产业，同时着力推广对环境的保护意识，重视节约资源的观念，建立相关的法律法规，从政府层面进行约束。同时采用适度包装盒简化包装，培养对包装废弃物的分类回收的绿色消费观和绿色消费市场。

在"低碳经济"和"循环经济"环境下，提出"绿色包装"的包装理念，体现在包装产品不对生态环境和人体健康产生危害，并能实现循环利用，使人类社会实现可持续发展。绿色包装改变了原来"发展—包装—消费"之间的单向作用关系，能够抑制包装对环境造成的危害，促进经济发展与环境保护之间的良性互动，符合低能耗、低污染、低排放的低碳经济理念，是包装产业今后发展的必然趋势。

3.2 包装构造解析

3.2.1 包装形态种类及其构造特点

3.2.1.1 包装容器类型

日常使用的包装容器极其繁多，常见的就有盒、箱、罐、桶、盘、筒、管、杯、袋、包、架、瓶、坛及壶等各类制品。如果以不同角度进行分类，则容器类型的划分可能会更多，现在就以实际应用比较重要的分类方法为主，作以下包装容器的类型归纳。

（1）按容器材料分类 一般情况下，包装容器的常用制作材料是纸张、纸板、塑料、金属、玻璃、陶瓷、木材等，目前各种新型材料正在不断研究之中，各种复合材料以及功能材料、仿生材料和智能材料都已有所开发，有的已经进入试用阶段。由于涉及不同性质的材料引起容器的不同设计方法及制造工艺的问题，本书将按照传统的制作材料划分容器，即纸包装容器、塑料包装容器、金属包装容器、玻璃（陶瓷）包装容器、木质包装容器和复合材料容器等。

（2）按容器构造分类 由于要讨论容器的结构设计问题，当然就要关心容器的构造及其组成。总的说来，包装容器具有以下几种类型的结构。

① 构架型容器。这类容器以木质包装箱为主，具体结构又可以分为两类：框架型容器，如钉板箱、木托盘等；桁架型容器，如条板箱、集装架等。

② 面板型容器。这类容器常以纸质容器和塑料容器为主：平板型容器，如纸盒、塑料盒等；楞板型容器，如瓦楞纸箱、蜂窝纸箱等。

③ 薄壳型容器。这类容器将以金属容器和塑料容器为主：罐型容器，如饮料罐、塑料瓶及玻璃瓶等；桶型容器，如钢桶、方桶、塑料桶等。

④ 柔性型容器。这类容器主要是以软、半软包装和集装袋容器为主：例如塑料袋、纸袋、饮料盒、编织袋和集装袋等。

3.2.1.2 造物意识的包装形态

人类群居洞穴生活需要有一定食物储存以防范因天气变化造成的食物缺乏，促使人有意识地利用大自然中的材料制作生活所需的器具。这种用于保护、储藏和携带食物为目的的器具是包装的最初形态。随着人类对自然的认识不断深入，人类利用自然和改善生活的能力也不断提高，同时对器具功能的追求从单一的实用性到实用性和审美性结合发展。

安化黑茶的"千两茶"包装就是一个典型的例子。如图 3-10 所示，"千两茶"具有安化黑茶原生态的特色，它很好地传承了传统的制作工艺和包装形式，采用蓼叶裹胎、外包棕片、竹篾捆压箍紧等方式，经过绞、压、踩、滚、锤几道工艺制备而成。这种传统古朴的造型虽然带来了亲切感和怀旧感，但是它单一雷同的包装形式使其逐渐远离了现代消费者的视线。

第一层棕叶
第二层棕叶
第三层篾篓

图 3-10　安化黑茶的"千两茶"包装

3.2.1.3　商业语境中的包装形态

（1）促销包装形态　包装不但要保护产品品质和便于产品的储运，更重要的是使产品具有明确的卖点和良好的品相吸引消费者的注意力，达到扩大销售的目的。

就像上述的安化黑茶的包装形式，为了方便运输、销售和饮用等需求，采用了茶砖、茶饼、小茶块等多种包装形式。因此根据不同的需求，出现了从原始包装到小规格的"百两茶"和"十两茶"等多种包装形式。安化黑茶通过这样的包装形式，将普通的一根绳原始简陋的概念包装变成了适应于多层次、多途径的市场化营销的多元化包装，使其商业价值增高的同时，也便利了消费者的使用。

（2）标准的包装形态　标准的包装形态是包装业标准化的产物。一方面，有助于包装从生到死的终身度量，实现全过程、全方面的规划和监控，提高包装的储运效率和质量水平。另一方面，标准的包装适合自动机械化生产线的批量生产，增加生产效率。

（3）媒介的包装形态　包装除上述功能外还是信息传递的重要媒介——一种广告工具。承担产品信息、文化信息、商业广告和其他公益事业推广信息等职能。

3.2.2　包装功能分析

3.2.2.1　现代包装的基本功能

现代包装有四大基本功能：保护（protection）、容装（containment）、沟通（communication）和方便（convenience）。

传统包装的功能主要有两大方面：一是自然功能，即对商品起保护作用（又称保护功能）；二是社会功能，即对商品起媒介作用，也就是把商品介绍给消费者，吸引消费者完成购买行为，从而达到扩大销售、占领市场、提升价值的目的（又称促销功能或信息传达功能）。现代包装正在不断地对这两种功能赋予越来越丰富的内涵，尤其是智能化趋势和智能技术应用将包装的传达功能提升到了前所未有的高度。

（1）保护功能　它是产品包装的基本功能，它保证产品在流通及储存过程中不受损害。产品由生产者手中转移到消费者手中要经历许多流通环节，如装卸、运输、储存、销售等，在此过程中不可避免地要受到挤压、碰撞、跌落以及风吹、日晒、氧化、污染等，要避免或尽量减轻这些因素对产品质量的影响，就需要适当的包装来保护商品。

（2）容装功能　包装必须满足产品的合理容装要求，既要有一定的间隙空间以配合缓冲保护，又不能无限制扩大体积追求视觉上的"豪华""大气"。所以，表面上看起来最简单的包装容装功能却是最容易被忽视的。

（3）沟通功能　它指商品在被从包装容器中取出之前，包装与消费者之间的一种交流与情感互动，它在一定程度上可以影响消费者的购买心理，也具备促进销售的功能。产品留给消费者的第一印象常常就是包装。好的包装会使人赏心悦目，产生强烈的购买欲望（不良的包装则会拒人于千里之外，内在质量再好，也没有人能了解它）。因此，包装应具有较好的沟通功能，通过与消费者之间无声的沟通，以得到消费者的认可。

（4）方便功能　它指方便装卸、运输、储存、销售、使用、携带、收藏等方面的功能，即便于流通及使用的功能。包装极大地影响着产品的流通效率。据有关资料表明，机械工业每吨产品的搬运费用约占产品成本的三分之一左右，流通效率低下严重地制约着企业的发展。从改革包装入手提高产品的流通效率已成为人们的共识。因此，在产品设计开发之初就应考虑使产品的尺寸、形状、重量单元化、标准化，以便于标准化包装，促进装卸作业机械化，提高运输工人的运输能力。同时，标准化的包装也便于堆码、摆放、点验，提高仓储工效率。

分析包装功能，从包装内部发生的关联来看，其功能是包容产品（或内容物），且技术内涵是定量的；从它与流通环境产生的外部关联来看，其功能是保护产品（或内容物），且技术内涵是全方位的。因此定量容装和防护是包装的基本功能。

3.2.2.2　包装功能系统

包装功能系统由各种构成单元组成包装的结构系统形成。功能系统与结构系统共存于设计对象这一共同体中，缺一不可，但它们的确有着本质的区别。

包装的功能可以通过不同的技术、结构、工艺实现。不同的设计者为同一功能会提出不同的结构造型方案。

包装的结构系统是设计对象的硬件，反映了设计对象是由什么零部件构成和怎样构成的。不同的功能，结构技术各不相同。

包装功能主要有以下一些分类方法。

① 按功能的性质分为：物质功能与精神功能。

② 按功能的用途分为：使用功能、美学功能和沟通（交互）功能（也可称为信息功能）。把包装的交互功能从精神功能中细分出来是系统设计方法的特点，这样更有利于包装细分和包装定位。

③ 按功能的重要程度分为：基本功能和辅助功能。

④ 按用户的要求分为：必要功能和不必要功能。

⑤ 按需求满意度分为：不足功能、过剩功能和适度功能。

⑥ 按功能的内在联系分为：目的功能和手段功能。

⑦ 按照功能相互关系分为：上位功能、下位功能和同位功能。

（1）使用功能　使用功能就是包装给予使用者直接的物理、生理作用的所有功能。使用功能包括与技术、经济用途直接有关的设计对象的适用性、可靠性、安全性和维护性等功能。

包装产品的使用功能除去保护功能外还有包裹装填（容装功能）和支撑功能。

（2）美学功能　美学功能也称精神功能或心理功能，是在使用功能基础上，对产品包装起美化、装饰作用的功能，一般是指包装的外观造型及包装的材质本身所表现出的审美欣赏效果。包装的美学功能影响使用者心理感受和主观意识，对人类心理、人体感官产生作用。

包装的美学功能主要通过调节形态的视觉感受、视觉张力的平衡、比例关系的处理、色彩的搭配来实现。使用者往往是通过包装的样式、造型、质感、色彩等产生不同感觉。

随着物产的丰富和生活水平的提高，人们对包装的美学功能要求越来越高。

应注意，人的舒适性、安全性、信息等的易读性，视觉、触觉等因素，均是与人的心理状态、感受有关。人因工程学之所以成为包装设计的一种应用基础，其原因亦在于此。

（3）必要功能　必要功能是指用户所需要的功能，包括基本功能和辅助功能。如果产品包装满足不了消费者的需求，说明它的功能不足；反之，如果包装的功能中有些不是消费者需要并承认的，则说明它是不必要功能。我们进行功能分析的目的，就是要保证设计对象的必要功能，排除不必要功能。

功能不足是指必要功能没有达到预定目标。功能不足的原因是多方面的，如结构不合理、选材不合理等。

（4）过剩功能　过剩功能是指超出使用需求的功能。过剩功能包括功能内容过剩和功能水平过剩两个方面。其中，功能内容过剩是指附属功能多余或使用率不高而成为不必要的功能；功能水平过剩是指为实现必要功能的目的，在安全性、可靠性、耐用性等方面采用了过高的指标。当然，有些消费者购买产品时不精打细算，甚至宁可要功能过剩的包装而不要功能适度的包装，这也助长了不必要功能的产生，过度包装即是其中一种表现形式。

过剩功能出现的原因如下所述。

① 片面追求尽善尽美，不惜工本。

② 对用户的需要不完全了解。

③ 由于设计任务紧迫而未进行必要的计算和分析，以致采用了超过必要限度的设计规范。

④ 由于缺乏信息，未能充分利用已有的技术成就、技术标准，过分依靠了个人的经验。

⑤ 没有处理好形式与内容的关系或者不够协调合理等。

⑥ 不适当地加大安全系数。

⑦ 一般用途的包装采用承受高负荷的组件或结构。

⑧ 使用了超过功能要求的材料或组件。

⑨ 具有不相称的表观功能，如廉价物品采用豪华的包装。

⑩ 采用过分贵重的材料。

⑪ 坚持不合理的工艺要求，而不考虑包装的适用性。

必要功能与不必要功能、主要功能与附属功能等，都是一个动态的概念。使用者的需求发生了变化，也必然会影响到功能的必要性。主要功能与附属功能也会在某种情况下发生转换。在设计过程中，除明确功能的主次关系外，剔除不必要的功能也是非常重要的。

对于功能的分析判断，必须立足于市场，有些功能起初被认为是过剩、多余、不必要的，后来被市场证明是需要的，而且是必需的。例如，在手机上安装摄像头，起初，一些专家认为不合适，因为有照相机和摄像机的存在。但多年发展的结果是，手机上摄影摄像功能不仅不可或缺，而且在不断增强，甚至在大众使用中替代了照相机和摄像机。

从设计的角度来看，有些功能如果具有良好的精神审美以及象征、教育价值，对人们的生活有改善、有提高，对整个包装的基本功能的发挥具有重要作用，或者体现出的精神功能是包装的重要要求时，我们就认为这是必要的，而不能仅仅从物质技术的角度或旧有的经验来判断。

3.2.3　包装结构分析（包装的技术系统）

产品包装的技术系统是包装使用功能的保障系统，主要由材料、结构和工艺与技术组成，是包装能够实现其所有功能的物质基础。

3.2.3.1　包装材料

包装材料在包装工业中占有十分重要的地位，是包装工业的基础。历史的发展已经证明，包装材料的发展决定了包装技术的发展，新型包装材料的应用必然引起包装技术的变革，如塑料作为包装材料的引入对包装工业发展所起到的重大作用。因此，认真研究包装材料的成分、性质、应用范围和发展趋势，才能扩大包装材料来源，发展新型包装材料和材料加工技术，创造出新型包装容器与包装技术，从而发展包装工业。

包装容器是产品包装的最基本形式，而包装容器的结构与形式往往是由包装材料及加工工艺所决定的。再好的包装容器设计，如果只考虑产品、流通因素以及装潢设计，而不考虑包装容器的加工适性，将可能是失败的设计。正是由于现代包装容器成型加工工艺性的限制，使我们不可能随心所欲地选用各种包装材料，因而包装材料的成型加工适性成为包装容器设计时考虑的一个重要因素。在包装材料加工成型为包装容器的过程中，包装材料的加工可行性、加工难易程度、加工工艺的限制约束、加工效率等，构成了包装材料成型加工适性的基本内容。如塑料包装容器吹塑成型加工中，聚偏二氯乙烯（PVDC）的材料特性决定了它单独加工成型为容器的不可行性；硬质聚氯乙烯（PVC）与聚酯（PET）在吹塑成瓶中加工工艺上的难易程度不同；新型成型加工工艺的出现才使聚丙烯（PP）的挤出吹塑容器成型成为可能。所以，研究包装材料的成型加工适性，就是要在充分了解包装材料的基本特性及加工技术的前提下，将两者的相互适应性紧密结合，使包装容器得以实现，并减少加工缺陷、提高生产率、降低成本。

再如金属铝合金的二片罐加工成型，就是在了解材料高延展性特性下采用变薄拉伸（DI）加工工艺成型；而金属马口铁的二片罐成型，由材料特性决定了只能采用拉伸工艺成型。所以包装材料的不同，其成型加工适性是不大相同的。

包装材料的加工适性除了容器成型加工适性之外，另一大部分就是包装材料在产品包装过程中的其他加工适性，主要内容包括包装材料或容器的产品充填适性，给料、传递、收料的机械传递适性，黏合、热合、钉合、缝合、盖封等封缄适性，印刷装饰适性，复合加工适性，回收处理适性等。

包装材料的这些加工适性在某种程度上影响着包装材料是否能够顺利达到包装要求，从而圆满实现包装功能目的。

包装材料的使用适性内容广泛，包括与包装产品、包装件流通环境、包装装潢设计、包装技术、包装法规及标准、包装经济等的适应性。

（1）包装材料与包装产品的适应性　包装材料与包装产品是否相适应，能否满足产品的包装要求，充分发挥出包装材料对产品的容纳、保护作用，就是包装材料与包装产品的适应性研究内容。研究的首要方面是包装产品的固有特性，以及易于引起这些特性变化的因素，从而不仅考虑到产品装入包装中时与包装材料的适应性，而且考虑到包装材料与包装产品在今后变化过程的适应性，从而保证包装材料与包装产品完美的包装适应性。

如考虑到聚酯塑料瓶比其他塑料瓶有较高的气密性和机械强度，因此可以用于含碳酸气体饮料的包装，但是聚酯塑料瓶对氧气的阻隔性和防止二氧化碳的逃逸性能不如玻璃瓶，因而聚酯塑料瓶装碳酸饮料仍不宜久放。美国可口可乐公司规定用聚酯瓶灌装饮料只可存放六个月，以保证味道纯正、质量可靠。由此可见，永久保证包装材料与包装产品的适应性并不现实，在一定期限内保证它们之间的适应性才是科学合理的。因此各种包装产品几乎都有相应的保质期、保存期、有效期等，这种期限的制定正是考虑到了包装材料与包装产品的适应性变化。

（2）包装材料与包装件流通环境的适应性　包装的主要目的是保护产品从生产厂家到达消费者时具有良好状态，在此过程中，包装要经历储藏、装卸、运输、销售等许多环节，经受时间、气候、环境、装卸、运输等多种因素的影响。如何使包装材料及容器能够抵御复杂多变的包装流通环境中的损耗，就是包装材料与流通环境的适应性。它的具体内容就是充分考虑包装件在流通环境中经历的气候环境性因素（温度、湿度、光线、射线、气味、氧水、水浸、污染物等）、物理机械性因素（震动、冲击、挤压等）、生物性因素（微生物、昆虫、鼠类等）和社会性因素（盗窃、破坏等），进而分析相应包装材料的力学特性（强度、弹性、韧性、刚性、抗冲击、抗震动等）、阻隔特性（气密性、阻光性、防水性、保香性、热传导性等）、化学特性（耐酸、耐碱、无毒、无味、无腐蚀等）等，使包装材料的特性满足流通环境中各因素的影响，适应复杂多变的流通环境。

（3）包装材料与包装装潢设计的适应性　包装装潢设计中无论是包装造型设计，还是包装平面设计都必须建立在包装材料的基础上，不同的包装材料具有不同的物理、化学、机械特性，只有根据包装材料的特点确定合理的造型设计，才能使造型设计与材料特性协调一致，只有认识包装材料的各种表面特性，才能使装潢设计通过材料完美地表现出来。如考虑到不同纸张及纸板的印刷装饰性不同，而采用摄影稿、画稿、色块与线条稿、烫金、压凹凸、覆膜等装潢设计；考虑到某些塑料、金属的透明、高光泽和质感，进行美化商品的装潢设计。所以，如何认识和运用包装材料的结构特性、表面特性，使包装装潢设计得以实现，并且利用和发挥包装的各种特点，使包装装潢设计与包装材料有机地结合在一起，将包装装潢设计的作用发挥得淋漓尽致，就是包装材料与包装装潢设计的适应性的研究内容。

（4）包装材料与包装技术的适应性　包装技术引用了大量传统和现代的技术原理、工艺和方法。现代常规包装技术中的收缩包装、拉伸包装、充气包装、集合包装技术，以及防霉腐包装、防湿包装、防虫害包装、防锈蚀包装、无菌包装和防震包装技术等，能够对产品进行较完善的包装，主要就是实现了如何将包装材料与产品结合为一体，从而实现包装材料的包装功能目的。现代包装技术采用了大量的无菌、封缄、印刷装潢、加工技术、液压、气动、微电子和计算机等技术与设备，从而对包装材料提出了许多要求，如包装材料的耐蒸煮性、阻隔性、消震性等。此时，一些传统包装材料的特性就已不能够满足新型包装技术的要求，从而提出了包装材料如何发展来适应现代包装技术的问题。

所以，包装材料与包装技术的适应性就是如何通过对现代包装新技术的了解，以及它们对包装材料提出的新要求，进而发掘包装材料的潜在特性与发展新型包装材料，来适应和满足迅速发展的现代包装技术。如发展高阻隔性的复合包装材料适应真空、充气包装技术的实现，发展食品保鲜薄膜适应防霉腐保鲜包装技术的发展等。

随着现代科学技术的发展，先进的现代智能包装技术也不断出现，如电子标签、紫外线控制、自制冷/热、防盗启包装、抗震指示剂等，都对包装材料的适应性提出了更新、更高、更多的要求，并正在成为制约包装技术应用的关键。

（5）包装材料与包装法规及标准的适应性　包装法令、法规、政策与标准是国家、部门制定的产品包装方面的规范，主要集中在包装装潢图案颜色、标志的形象、文字说明、包装技术与方法和包装材料等方面，其中对包装材料的选用，必须考虑相应的包装法规与标准，它不仅是制约如何选用包装材料，确定选用包装材料的指标标准，而且对包装废弃物材料的回收与复用等都有着相应的规定。

如食品卫生法对食品包装材料选用的制约；药品管理法对选用包装材料的严格要求；包装标准化管理条例对包装材料选用的标准系列要求。总之，有关包装法规与标准对包装材料的化学、生物、卫生、安全、经济和环境污染等特性提出了较为全面、统一的规范，主要有食品卫生法、药品管理法、专利法、计量法、检疫法、商标法和标准化管理条例等。如果不能够清楚地了解各种法规、标准对包装材料种类、成分、特性、应用范围、回收复用等各方面的不同要求，那么就可能在包装选材中出现重大失误，导致产品包装的完全失败。

（6）包装材料与包装经济的适应性　包装成本中包装材料的成本及包装材料或容器加工成本占有较大的一部分。如何合理地选用不同特性的包装材料，从原材料的资源、获得、加工、回收等环节综合考虑，减少材料消耗、降低包装成本，使包装材料的特性得到全面发挥，在包装的经济效益中起到重要的作用就是包装材料与包装经济性的良好适应性。

如碳酸饮料的包装采用吹塑聚酯塑料瓶在包装材料的来源、加工等方面成本降低，带来了良好的经济效益。但包装经济性不只考虑包装材料成本，还要考虑包装材料的复用、回收以及产生的附加价值，即成本不变而价值提高，从而综合提高包装经济性。如饮料的铝质易拉罐就是包装材料特点决定了成本较高，但它所产生的较高附加价值及可回收性，使其整体包装经济性较好。由此说明包装材料与包装经济的适应性是一个全面的考虑，应采用价值分析理论、手段全面分析。

3.2.3.2　包装结构

包装结构是包装功能实现的基础。包装所具备的容装、保护、便利、陈列功能都是根据包装的结构特点所提供的。包装结构是点、线、面、体经过多重组合而成，其中由平板纸板制备的折叠纸盒、粘贴纸盒以及瓦楞纸箱等包装结构，角又是一个重要的结构要素影响着包装的性能。以纸包装为例，包装容器的结构要素具体功能为：①点元素——包括三种结构形式，即多面相交点、两面相交点和平面点；②线元素——针对自动化机械生产来说，按照压痕线分类包括预折线和工作线两种；③面元素——由于平面纸板（页）的限制，纸盒（箱）只有平面或者简单曲面两种形式；④体元素——按照纸包装成型方式分类，包括旋转成型体、对移成型体、正-反撅成型体三种形式，其中旋转成型体根据旋转方式又包括管型、盘型等结构。

包装的保护性功能是针对具有特殊保护要求的内装物而专门设计的包装结构。保护性功能结构按层次可分为内部保护性结构（缓冲结构）和外部保护性结构两种。从保护对象的角度出发，内部保护性结构是直接与产品相接触，并利用结构的巧妙设计将内装物加以固定的机构，使其能够有效地避免在运输流通过程中因震动、冲击等因素引起的晃动，从而降低对内装物的损伤；或者将包装内装物进行独立包装，或者通过挡板等结构形成单独的空腔结构，有效防止产品之间的接触，也能达到防刮擦、冲撞等目的。外部结构则是保护内装产品和内部保护性结构不受外界主客观因素的影响和损耗，方便储运、堆码。内外部保护性结构从保护关系上来说，不仅仅只针对内包装产品，还从科学上解决了内包装产品与内包装结构之间的配合关系、内包装产品盖部与包装体的契合关系，以及包装结构系统与外界环境的关系。

包装结构在设计时需要考虑众多因素，需要进行综合衡量。目前设计师在对包装结构进行设计时，很难充分考虑到所有的因素，从而造成功能不全。包装结构在满足基本的保护、容装、装潢等功能的同时，还应充分考虑包装结构造在生产、运输、储藏、销售、陈列、携带、使用、回收再利用等环节所受到的影响。

3.2.3.3 包装工艺与技术

包装工艺一方面是指包装制作过程中的制造工艺，例如包装的成型工艺、包装的修饰（整饰工艺）等；另一方面是指包装件在装载产品过程中的相关工艺与技术，如有防震包装技术、防锈包装技术、防霉腐包装技术、防虫包装技术、危险品包装技术、真空包装技术、无菌包装技术、充气包装技术、脱氧包装技术、保鲜包装技术、收缩包装技术、拉伸包装技术等。

包装的成型工艺包括金属包装成型、塑料包装成型、纸品包装成型以及其他复合材料包装成型工艺。其中，纸品包装吸收了塑料包装成型工艺技术，包括挤压、热压、冲压等成型工艺，解决了过去纸板类盒包装凹凸成型困难等问题。目前，包装成型工艺借助于气压、冲击、湿法处理、真空技术等工艺实现了工艺的简单化和系统化。包装成型工艺的干燥工艺也由过去的普通热烘转为了紫外光固化，使其干燥成型更为节能、快速和可靠。包装的印刷工艺也日益多样化，特别是利用丝印和凹印等方式印刷高档商品包装的技术已经非常成熟。包装防伪工艺也由局部印刷方式转变为整体式大面积印刷制作方式。

包装工艺是发展最快，变化最快，种类最多的技术。

近年来，随着科学技术的进步，政府等相关部门对包装行业的大力投入，国内外抓住当下机遇开发了使用多品种、小批量的通用包装技术和设备以及应用高新技术的现代化专用型包装机械，满足了商品包装多样化的需求，紧跟当前科技发展的步伐。采用的关键技术包括：航天工业技术（热管类）微电子技术，磁性技术，信息处理技术，传感技术（光电及化学），激光技术，生物技术，以及新的加工工艺，新的机械部件结构（如锥形同步齿形带传动），新的光纤材料等。目前，世界先进包装机械的发展已呈现出集机、电、气、液、光、磁、声为一体的势头，生产的高效率化、产品节能可回收化、高新技术实用化、智能化已成趋势，这也应该是我国包装机械业的主流发展方向。

基于包装新思维的包装新技术，超脱现有的包装技术与产品，将其他相关技术组合应用到包装上形成新的包装技术。主要包括：①包装固化技术——固化与干燥能源的更新，从热转向光；②包装切割成型技术——新型切割预成型器械；③包装与加工结合技术——解决各种处理工艺，直接借用包装机理，实现包装加工一体化，使包装更具潜力和有效；④包装功能借用技术——包装功能超出包装，增值作用；⑤包装功能保护技术——在包装材料中加入保鲜、杀菌、防潮、防静电、防异味等功能性成分。

3.2.4 包装形态分析（包装的艺术系统）

产品包装系统中包含的艺术子系统是由包装的审美（美学）功能决定的。

包装整体设计最终要以一种外在形式表现出来，这种包装的外在形式就是包装形态（也称为包装造型），塑造包装外在形式的过程就是包装造型。

根据功能系统的分析，包装的总功能系统由使用功能、美学功能和交互功能组成。

3.2.4.1 使用功能的实现

使用功能主要靠包装的技术结构以及其后的技术结构分解实现。

3.2.4.2 美学功能的实现

美学功能由形态、色彩和材质三个同位美学功能手段实现。

形态美则是由基本形态点、线、面、体通过形态构成和形式法则手段实现。

产品与消费之间存在着一种传递认识关系，正是这种关系，需要我们加强对包装形态设计的认识。形态设计对满足顾客购买心理具有一定的导向作用，它往往以商品包装的人因学为条件。它所涉及的不仅是视觉、触觉部分，还包括嗅觉、听觉、平衡觉、肌体觉、性觉、饿觉、渴觉及同呼吸、血液循环过程相关的感觉、动觉（身体器官的运动和位置的感觉）。它们共同组合成一种情绪状态，给顾客不同的感受和体验，从而影响顾客的购买欲望。

包装造型和画面形态思维设计上，采用不同的形态来包装商品，能引起人们的兴趣。如"北京贡酒"包装将瓶盖处理成帝王冕冠，酒瓶处理成龙袍，形成一个"皇帝"形象，颇有风趣［见图 3-11(a)］。"香粱坊"酒瓶采用游牧民族常见的酒囊式造型，似一位老人在诉说着久远的故事。若在一排花花绿绿的酒瓶中，它的独特风姿会十分引人注目［见图 3-11(b)］。

不同形态的包装决定了其功能的侧重点不同。从包装的实用性角度考虑，平面立体形态的纸盒包装最有优势，因为对于体积相同的包装，容量越大，制作成本越低，越有优势；同时造型简单又便于运输，非常适用于日常生活用品、香烟、食品、药品等商品。从美观的角度考虑，具有特殊形态的纸盒包装更具有优势，例如曲面立体形态的包装、模仿生物和某些物品异型体的包装等，各异的造型吸引消费者的眼光，从而有更好的促销效果；这类包装不仅具有使用功能，同时还抓住了消费者的精神需求；但是这类包装由于造型各异，存在着成本较高、不便仓储和运输等缺点，如图 3-12 所示的特殊形态的纸盒包装。因此，在对产品设计包装时，要综合考虑商品包装的实用性和美观性对商品的影响以及商家对产品包装的具体要求。

色彩美是由彩色系、非彩色系、光泽色系通过色彩构成和对比与调和配色法则实现。

材质美是由材料（纸板材料、金属材料、高分子材料、木材、玻璃、陶瓷等）通过表面处理（装饰）手法实现。

3.2.4.3 交互功能的实现

交互功能主要靠包装的结构、信息功能实现。包装设计的交互式体验为消费者提供了有

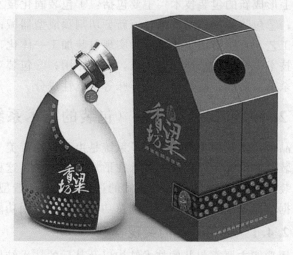

(a) "北京贡酒"包装　　　　　　　　　　　　(b) "香粱坊"酒包装

图 3-11　包装造型的形式美

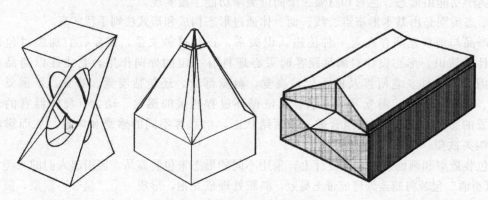

图 3-12　特殊形态的纸盒包装

效的途径与产品进行沟通，通过可参与性、趣味性、个性化、人性化等特征，让消费者与包装之间建立交互的传递方式。对于包装的整个生命周期而言，从消费者购买包装开始的每一个环节，都是二者之间通过五感、行为反馈及心理情感等途径的体验过程。尤其是行为体验，这是一种人为的动态体验，它是产品给予消费者的一种经历，更是消费者用以感知和认知产品的有利依据。在行为驱使下，消费者通过与产品的交互过程，体验到控制的乐趣从而实现自身的价值。

　　例如福特汽车为旗下的 Ranger Extreme 皮卡进行的火柴盒包装设计（见图 3-13），借助火柴盒包装结构的可伸缩特性及车身图像的空间引导，使消费者在操作过程中直观地体验到这辆皮卡的伸缩功能。消费者在经历包装开合行为的实践过程中与产品拉近了距离，迎合了消费者追求独特个性的心理体验。

　　在包装的情感与交互设计的探索中，笔者的学生们做了很多有益的尝试，例如图 3-14 所示护肤品系列包装设计内外造型与结构的设计。内装瓶结构组成中的蜂窝罩嵌件设计能够增大瓶身和瓶盖间的摩擦力，便于消费者使用护肤品的过程中克服双手的黏腻而能顺利打开瓶盖，取用护肤品。外盒结构中，在包装标识引导下，消费者可将内嵌头像支架取出，对包

图 3-13　Ranger Extreme 皮卡的火柴盒包装

装盒进行二次利用，使其成为桌面收纳，可以放置项链、耳环等小件首饰。优雅女性头像的造型帮助消费者建立自信积极心态，引导对美丽的追求，实现包装与消费者友好交互的设计目标。

图 3-14　护肤品系列包装设计效果图（学生作品）

综上所述，包装的艺术系统包括的内容和范围非常广泛。通常我们所探讨的有关艺术造型、技术美学、形态、色彩、质感以及均衡与稳定、统一与变化、色彩的对比与调和等都属于包装艺术系统的范畴。

需要特别强调的是，包装的艺术系统与技术系统共同组成了包装整体的结构形态，而且是不可分割的整体。之所以分开来处理，只是为了简单和条理化，有助于分工而已。每一部分都要服从包装的整体定位。只有从包装的整体出发所得到的整合创新才是最终所需要的形态造型。应用系统分析与系统综合的方法，处理好包装的艺术系统与技术系统的关系是包装系统开发人员必须认真研究的基本问题。

3.2.5　包装人因功效分析

人因系统分析是人因工程学的研究内容之一，也是工业设计、产品设计、包装设计需要研究的内容。人因工程学和包装设计在基本思想与工作内容上有很多一致性：人因学的基本理论"产品设计要适合人的生理、心理因素"与包装设计的基本观念"产品包装应同时满足人们的物质与文化需求"意义基本相同，只是侧重稍有不同；包装设计与人因学同样都是研究人与物之间的关系，研究人与物交接界面上的问题，不同于工程设计（以研究与处理"物与物"之间的关系为主）。由于包装设计在历史发展中融入了更多的美的探求等文化因素，工作领域还包括视觉传达设计等方面，而人因学则在劳动与管理科学中有广泛应用，这是二者的区别。

包装设计是一项综合性的规划活动，是一门技术与艺术相结合的学科，同时受环境/社会形态、文化观念以及经济等多方面的制约和影响，即包装设计是功能与形式、技术与艺术的统一，包装设计的出发点既包括产品也包括人，设计的目的是要同时满足产品和消费者（人）的需求。这些明确地体现了包装系统强调"用"与"美"的统一，"物"与"人"的结合，把先进的技术科学和广泛的社会需求作为设计的基础。

（1）人因系统研究的作用

① 为包装设计中考虑"人的因素"提供人体尺度参数。所谓"人的因素"是指在包装设计中考虑人因学，应用人体测量学、人体力学、生理学、心理学等学科的研究方法，对人体尺度参数进行综合考量。通过对人体结构特征和技能特征进行研究，提供人体各部分的尺寸、体重、体表面积、比重、重心等参数；通过在活动时的相互关系和可及范围等人体结构特征参数，提供人体各部分的施力范围、活动范围、动作速度、频率、重心变化以及某种动作产生的惯性等动态参数。运用生理学、心理学等研究分析人的视觉、听觉、触觉、嗅觉以及肢体感觉器官的机能特征，分析人在劳动时的生理变化、能量消耗、疲劳程度以及对各种劳动负荷的适应能力，探讨人在工作中影响心理状态的因素，及心理因素对工作效率的影响等。

② 为包装设计中"包装"的功能合理性提供科学依据。包装设计中，如只做纯物质功能的创作活动，不考虑人因学的需求，那将是创作活动的失败。因此，如何解决"包装"与人相关的各种功能的最优化，创造出与人的生理和心理机能相协调的"包装"，是包装设计中在功能问题上的新课题。人因学的原理和规律是设计师在设计前应考虑的问题。

③ 为包装设计中考虑"环境因素"提供设计准则。"环境因素"是指研究人体对环境中各种物理因素的反应和适应能力，通过分析声、光、热、振动、尘埃和有毒气体等环境因素对人体的生理、心理以及工作效率的影响程序，确定人在生产和生活活动各种环境中的舒适范围和安全限度，从保证人体的健康、操作的安全性、适应性和高效性出发，借鉴"环境因素"研究的方法，分析包装件所处环境中的物理、化学、生物因素与包装之间的相互关系，并将其运用到包装系统设计中来，这是一种有效的设计方法和设计准则。

（2）人因环境系统分析　包装系统包含着人因子系统，这是由包装的使用功能和信息交互功能决定的。人因系统是包装使用功能和信息交互功能的保障系统。用系统论的观点来分析，还应包括环境因素。

传统的设计观把思维集中在包装的功能实现和使用行为分析上。包装的系统设计观要求要同时考查人的因素和环境因素，以大系统的观点统一处理设计中的问题。

① 子系统——人。人的感觉器官、脑和效应器官是人的3个组成部分，它形成人这个子系统的3个功能。

a. 刺激信号的接收。刺激信号的接收由触觉来实现。刺激信号由眼、耳、鼻、舌、皮肤5个感官接收，产生视觉、听觉、嗅觉、味觉、触觉信息。

b. 信息的加工处理。刺激信息由传出神经传给眼、耳、鼻、舌、皮肤5个感官，这些器官所接收到的视觉、听觉、嗅觉、味觉等信息再由传入神经传入大脑，经分析处理后形成决策。

c. 效应器官的执行。效应器官由手与臂、脚与腿、口与舌、头与身等部分组成，它们接收来自大脑的指令，并做出相应的操作动作。长期以来，手与臂、脚与腿是主要效应器官，随着语音识别设备的出现，口与舌这一效应器官也开始发挥重要作用。

② 子系统—物。包装物由功能结构系统、保护系统与信息显示系统 3 部分组成。其中功能结构系统主要包括包装材料的结构实现、包装容装部件组成；保护系统包括缓冲衬垫、支撑与连接结构、方便操作的功能结构；信息显示系统主要是相关包装信息的传达与表现方式。

③ 子系统—环境。人与物都处于环境之中，并通过各自的界面与环境发生关系，在现代包装设计中，环境包括 3 个重要组成部分。

a. 自然环境。自然环境包括资源环境、生态环境和地理环境。从包装物向自然提取原材料起，经历物流、消费运转，直到报废的全部生命周期中，自然环境将不断地向物输入所需的物质与能量资源，并不断地接受物的排放物与废弃物。人与物的共同行为将作用于包含人自身在内的生态环境，对生态平衡发生影响，而地理条件如气候、温度、湿度、风沙、日照、地形等，将直接影响物的运行和人的劳动条件。

b. 社会环境。社会环境包括民族、文化背景、社会制度、政府政策、国际关系等方面。由于现代科技产品通常都会给社会带来深刻的影响，因此上述社会因素也必然对包装的生产或使用产生促进或制约效果；由于现代包装大量参与国际大市场的竞争，因此市场环境成为包装系统开发的重要因素；由于包装的应用对象是人，因此人们的消费观念始终对包装的发展起导向作用。

c. 技术环境。技术环境包括设施环境和协作环境。现代化生产要求高度文明的劳动环境，它将由相应技术设施来实现。现代包装系统的运作还需要大量的周边技术协作，如材料与燃料的供给，废弃物的回收等。

（3）人因功效分析的四个基本问题

① 人和物之间的功能合理分工。什么样工作适合由人来完成，什么样的工作适合由物来完成，即人与物间的功能分配问题。

② 人与物结合形式问题，也就是信息界面设计问题。

③ 人因系统中，人使用什么工具和机械，即机械器具（产品）的设计问题。比如包装机械与包装装配的工艺设计等。

④ 怎样评价人因系统的质量好坏，即系统评价问题。

具体来说，包装中的人因功效学主要研究包装制品如何适应人体机能的要求，以便安全、合理、美观和舒适地使用包装品或包装物。人因工效学主要的研究对象是包装品在使用、装卸、运输过程中设计的人体部位及其既能反应。比如身高、肩高、手力（握力、推力、抬力）、手势（抓、提、拉、抱、卷、握），使用方式（开、拼、吸、喷），皮肤、嗅觉、味觉、视觉、触觉等各方面的要求和程度。它的发展研究使包装设计逐步走向科学化。

（4）包装尺寸与人体测量学　人体尺寸的研究对包装尺寸设计有很大启示。人体的站高、坐高、蹲高，要与包装箱体提手高度吻合，使人以较舒服的姿势提取包装箱。人手的尺寸是包装设计的依据，使设计的提手更容易被人握牢且感到舒服。表 3-2 列出了人体手部的主要尺寸。

表 3-2　人体手部主要尺寸

项目	数值	项目	数值
手长/mm	183±8	手宽/mm	82±3.9
腕关节掌屈角度/(°)	50～60	腕关节背伸角度/(°)	36～60
腕关节尺偏角度/(°)	30～40	腕关节桡偏角度/(°)	25～30
拇指食指握宽(长轴)/mm	38.3±7.9	拇指食指握宽(短轴)/mm	30.7±7
手握围/mm	10.16		

（5）包装结构与生物力学　针对包装设计，肢体力量中的手部因素是重点研究对象。设计者了解随着不同的姿势，手在不同方向时的力量，充分发挥人在使用包装时的最大潜能。通过研究后发现，人手臂垂直向下时提拉力最大，另外，人的左右手臂力量也有一定的差异，这些都为设计者设计施力位置提供依据。研究肢体组合力量的大小，即双手组合施力时在何种姿势下发力最大、在不借助外部工具情况下反靠人的力量能否打开包装，这些数据都对包装设计有所帮助。表 3-3 列出了在坐姿下左右手的操纵力。

表 3-3　坐姿下左右手的操纵力　　　　　　　　　　单位：N

手的位置/度	拉力				推力			
	左手		右手		左手		右手	
	从前方	从左方	从前方	从右方	从前方	从左方	从前方	从右方
180	520	190	540	220	540	130	620	150
150	500	210	550	240	500	130	550	150
120	420	200	470	240	440	130	460	150
90	360	210	390	220	370	150	390	160
60	290	220	280	230	360	140	410	190

包装设计在使用方面就是满足人们的方便要求。如携带便利、拎取省力、开启简单、使用安全。对于冷鲜食品、奶制品等包装需要密封包装，而密封保鲜的效果与消费者的开启使用就成了矛盾的统一体。即要求包装容器既要具备密封的安全性，又要考虑包装容器开启的便利性，这就要求设计者运用科学的方法加以解决。例如对于旋盖式密封包装，就需要在保障密封的前提下，充分验证消费者在拧动开启时的极限施力力矩；塑料袋包装的预置撕口就是根据上述原则为消费者使用时提供便利。

（6）包装设计与人体舒适度　对材料的合理选择应该遵循以人为中心原则、商品保护原则和经济原则。以人为中心原则是指包装材料能够满足人的需要，包括安全和使用方便两个方面。其中安全需要要求所使用的材料对人体和生命不会造成伤害。例如：商品包装材料不应含有有毒元素；木材包装材料不应太粗糙，避免在搬运中扎伤人等。使用方便要求所选材料的强度恰当，消费者能够便捷安全地打开包装。商品保护原则是根据商品易损坏程度、商品本身价值的高低等因素来选择材料，如需要防压、防震、防潮、防腐的商品就要选耐压、减震和密封性好的材料。经济原则就是选材上在满足以上两者需要的前提下尽量采用低成本的材料，这样可以使商品的整体成本下降、价廉物美、争取市场。当然，还要考虑美观需要。

(7) 包装的视觉识别与信息传递 包装流通的各个环节，如商品的分类、统计以及需要特殊处理（怕光、易碎等）等，所有的信息主要是依靠符号形式进行传递。因此图形符号设计需要充分考虑人的视觉辨别因素（如视力范围、视错觉等）。符号的设计除了依据美学法则以外，还有基于人因学的视认性，即图形符合能够快速让消费者进行辨识，意识到它所代表客体的独特属性。

思考题

1. 包装系统设计的宏观分析包括哪些方面？文化因素与生态因素如何理解？
2. 包装系统认为的现代包装的主要功能有哪些？与传统观点相比较有何变化？
3. 包装系统的人因功效分析主要包括哪几方面？

第4章

包装系统设计的核心思想与设计方法

4.1 包装系统设计的核心思想

4.1.1 整体包装解决方案

整体包装解决方案（Complete Packaging Solution，CPS）是整合营销理念在包装行业中的应用，即包装供应（制造）商从包装产品的性能、流通环境、包装材料的特性、包装产品测试以及回收再利用等多个方面入手，为客户提供系统化的服务，该系统包括包装设计、产品生产、包装测试、仓储运输及其回收管理等环节，涵盖了整体方案设计及优化、包装制品加工及打包、产品包装运输及仓储等多个方面。提出的 CPS 理念，正是应用营销整合与供应链管理，将自身产品的包装系统及整包过程托付于整体包装解决方案供应商，以此来优化包装的总成本，进而节省更多的资源用于提升自身的核心竞争力。

这个概念起源于美国，美国"全包通"CPS 供应商运用自身的经验及优势，为客户提供整体包装系统来优化整个包装系统的成本，以降低产品的使用成本和流通成本。

在整体包装解决方案设计过程中，要考虑包装总成本最低原则、包装材料无毒和减量化原则、包装可重复利用和可回收再生原则，以实现从包装材料选择到包装废弃整个过程的经济成本和环境影响值最低。生命周期评价对包装整个过程中的环境影响和经济因素作了定量评估，为整体包装解决方案提供了参考依据。

许多制造企业通过借助第三方物流包装企业的力量，采用整体包装解决方案将产品包装委托给第三方物流包装企业，既大大降低了包装系统的成本，同时，也可以将其大部分精力放置在提高核心竞争力上，进一步稳固并提高其市场占有率，增加企业的利润。由于包装企业的规模和运作模式不同，所以在运用 CPS 理念时，所提供的整体包装服务也会存在区别，其中，有些整体包装供应商在产品研发、材料种类、方案测试、物流运输等方面拥有丰富的知识经验以及强大的采购影响力，能够有针对性地为客户提供更加全面综合的包装解决方案（CPS）与服务；而其他的整体包装供应商所提出的整体包装解决方案理念的特色在于注重集成与整合，将公司内部、配套服务供应商和客户资源有效整合起来，为客户提供最优的整合包装解决方案（Integrated Packaging Solutions，IPS），显然，CPS 要比 IPS 具有更深、更广的内涵。目前国内能做 CPS 的第三方包装服务商较少，大多数企业所提供的包装整体解决方案还仅局限于 IPS。

在 CPS 体系中，产品和包装将作为一个整体被当作研究对象，而不仅仅是传统观念中的"重视产品，忽视包装"，所以成功规避了企业因为包装问题而导致的产品质量大打折扣的问题，"一流产品，二流包装"类似问题将不再出现。

选择整体包装解决方案，通过利用整体包装供应商丰富的经验知识以及完善的包装加工与试验设备，整体包装成本可能会被大幅度地降低。其中包装成本不仅仅包括可见成本（包装材料成本），还有大于三分之二的不可见成本也包括在内，例如包装作业、退赔损失、因包装不合理导致运输仓储费用的上升等包装使用成本，因包装导致的产品品牌损失、交期损失、包装采购费用等包装管理成本。

利用整体包装解决方案，能够达到减小甚至省掉企业原来需要的包装设计与开发成本投入，使得生产企业能够把有限的财力、物力、人力集中投入到自身产品生产与开发的核心业务上，进而缩短和优化供应链。

案例：NEFAB（耐帆）包装

最早的整体包装解决方案供应商之一———耐帆公司，已经拥有60多年的设计经验，它不仅是包装材料供应商与客户的纽带，而且还将两者有效的整合在一起，从方案设计、原料采集、加工制造运输到物料跟踪，以及现场打包等，能够为客户提供便利的一站式服务，耐帆依靠自身雄厚的包装知识和强大的采购运营能力，为客户提供有针对性的最优的整体包装方案，降低包装总成本，进而使得客户能够将更多的精力与财力投入到产品研发和生产上，创造更多的核心价值，提升企业的市场占有率，进而稳定并提高企业自身的市场地位。

耐帆公司所运用的CPS理念包含三个方面的内容，即产品、咨询和服务。其中，专业设计师可以在全球范围内向有需求的客户提供最优的产品咨询服务，设计师利用其内部软件以及其丰富的设计经验为客户的现有包装及新产品的包装方案做出成本分析和包装方案优化；丰富多样的产品为方案设计奠定了雄厚的基础，结合长期积累的专业经验使得做出的方案更加有针对性地符合每个客户的不同要求。主要的包装材料包括：消耗类外包装材料；循环使用外包装材料；长期储物箱；内部包装辅助材料；包装附件等。这些在NEFAB的CPS理念中服务占有不可或缺的重要地位，其中主要包括供应商库存管理、及时订货、材料选购、现场打包、仓库管理等多项内容。

综上所述，整体包装解决方案的实质是把为客户解决特定包装问题的知识作为后台，让知识"凝固"在包装产品之中销售给客户，即向客户提供"包装解决方案"。这实际上是一种系统化服务，是一种基于服务模式的包装系统设计。

4.1.1.1 服务的概念

在发达国家的引领下，当今世界已开始由现代社会向后现代社会转型，与此同时，发达国家的价值观也发生了相应的转变，从最大限度地推进经济增长转变到通过生活方式的变化最大限度地保证生活幸福，进而最大限度地提高生活质量。经济学家克拉克早在20世纪40年代就曾阐述过经济发展的最重要的标志就是"劳动人口从农业到制造业，再从制造业到商业和服务业的转移"。服务业具有高需求弹性和低自然资源依赖的特点，适应了经济社会自然、和谐、可持续发展和人民物质文化生活水平不断提高的需要。自20世纪以来，发达国家以服务业为主的经济结构向发展中国家扩展，发展中国家的经济结构"工业化"的特征在逐渐减弱，而"服务化"的特征变得越来越明显，服务经济已经成为全球的发展趋势。

基于服务模式的包装系统设计中的"服务"跟人们日常理解的服务有所差别，跟市场营销学中的服务也不尽相同。它的定义是一个不断深化的过程，在不同的时期，许多研究人员都根据自己的理解给出了各自的定义。

1960 年，美国市场营销学会将服务定义为可独立出售或与产品一起出售的一些行为、利益或满足。1974 年，布罗伊斯认为服务是一种能够出售的可以产生利益和满足的活动，而这些活动不会导致以商品形式出现的物理性变化。1984 年，美国西北大学营销学教授科特勒将服务定义为，给对方提供的一种无形的行为或利益，它不会导致任何所有权的转移，它的产生或者提供过程可能会与物质产品存在联系，也可能与其没有联系。1992 年，G. Negro 认为服务是一个交流的过程，旨在解决问题，满足个人、区域和企业的需要和愿望，服务的具体形式可以是信息、知识、技能、工作、所有权、安全感的共享与交流或者是将某种特殊工具或自然资源以一种方式暂时提供给个人使用。

服务从早期的一种行为或活动，发展到最后成为一种以解决实际问题为目的的系统性参与过程，可以看出服务是以一种非物质的形态发挥作用。因此，服务可以看作是由一系列或多或少具有无形性的活动所构成的创造过程，这种过程是在顾客与服务提供者、有形资源的互动关系中进行的，这些有形资源（或有形产品、有形系统）是作为顾客问题的解决方案而提供给顾客的，给他们带来方便或某种体验。

4.1.1.2 基于服务模式的包装系统

基于服务模式的包装系统是一个将生态包装设计、类型多样的服务、使用方案及消费者的行为方式通过系统化的思想紧密相连的系统。它通过优化经济结构，对现有价值进行资源整合，核心是提供功能以满足消费者的需求，其价值来源于功效，即提供的功能价值，而非包装本身。

基于经济和环境两方面的考虑，包装系统通过服务设计，减少物质流动和能量流动，以减轻环境负荷，为节约资源和减少污染创造条件。

基于服务模式的包装系统是以物质产品包装为基础，以用户价值为核心，将完整的服务产品与服务提供系统有机结合，满足消费者需要的物质形态产品和非物质形态的服务产品。消费者的精神需求是通过无形的、非物质的手段来实现的，它远远超出了物质形态产品本身的价值。

基于服务模式的包装系统设计基本模型如图 4-1 所示，通过支持系统与服务提供系统的联系和作用，将物质产品包装的深层结构挖掘出来，以实现物质产品包装的功能。该系统的最终目的是为用户提供高品质的"服务"，在包装设计领域中主要是针对制造业产品的包装系统。

基于服务模式的包装系统的三个构成系统又分别包含以下子系统，如图 4-2 所示。

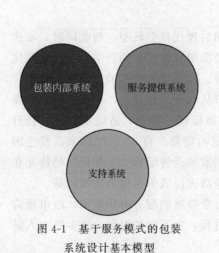

图 4-1 基于服务模式的包装
系统设计基本模型

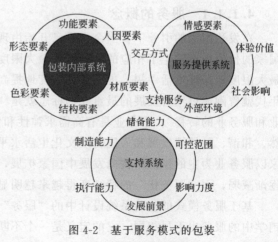

图 4-2 基于服务模式的包装
系统及子系统模型

4.1.1.3　基于服务模式的包装系统设计

基于服务模式的包装系统设计包括有形产品包装的设计和无形服务的设计，将包装产品与服务有机地结合在一起，共同实现某种功能，使消费者在不拥有包装本身的情况下，需求却能够得到满足。它是提高包装制造与使用效率的方法和途径，是生产者的责任延伸和一种创新的商业模式。在产品包装上叠加服务，也就意味着把包装制造、包装使用、包装运输、包装回收等转变为包装设计和服务的综合表现。

基于服务模式的包装系统内容丰富多变，可能是宏观的、抽象的、整体的、感性的，也可能是微观的、具体的、局部的、理性的，作为一个系统工程，系统的方法贯穿始终。

4.1.1.4　整体包装解决方案设计和分析

整体包装解决方案，即从产品的性能与市场定位、产品的流通环境、包装材料的性能、产品的缓冲包装设计及装潢设计、包装件的测试等方面进行全方位设计的包装方案。它整合包装产业链中的产品，给客户提供整体的包装解决方案，使需求者得到一站式服务，如图4-3、图4-4所示。

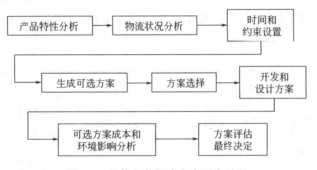

图 4-3　整体包装解决方案开发过程

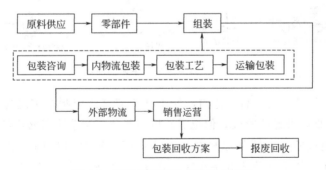

图 4-4　整体包装解决方案生命周期

设计整体包装解决方案必须使用系统工程的思想和方法，使包装总成本降到最低。方案不仅需要考虑生产包装制品的成本，还需要考虑包装的生产成本、包装的使用成本以及包装使用后的流通成本、包装废弃物的回收处理成本等都包括在内的总成本。其中包装生产成本指的是包装原料及其加工制造的成本；包装使用成本指的是用户使用包装制品进行产品包装的制作成本以及获得包装制品的配送成本；包装使用后的流通成本则指的是包装件在托盘集装、运输、仓储及废弃包装回收等流通过程中所产生的成本；回收处理成本指的是包装废弃后进行回收利用或填埋处理等所产生的成本。

包装材料减量化和无毒无害也是方案设计必须考虑的因素。实施包装材料和制品减量化，既可反对过度包装，节约资源，保护环境；也可减轻包装制品重量，提高运输装载量，降低流通总成本。无毒无害要求也适应国际贸易绿色包装制度中严格限制包装材料的有毒有害成分的要求，在打破出口商品绿色贸易壁垒中起到重要作用。

4.1.2 生命周期评价

4.1.2.1 生命周期评价概述

联合国环境规划署（United Nations Environment Programme，UNEP）给产品生命周期分析法（Life Cycle Analyses，LCA）的定义是：生命周期评价是评估产品整个系统的生命周期全部阶段——从原材料的提取和加工，到产品生产、包装、市场营销、使用、再使用和产品维护，直至再循环和最终废物处置的环境影响工具。

生命周期评价或者生命周期分析（Life Cycle Assessment or Life Cycle Analysis，LCA）作为一项用于评价产品的环境因素与潜在影响的技术，由四个相互联系的要素组成，即目标和范围界定（GSD）、清单分析（LCI）、影响评价（LCIA）和结果解释。生命周期范围是影响范围界定最主要的因素，一般可根据生命周期评价目的选择以下生命周期全过程或部分阶段，如图4-5所示。

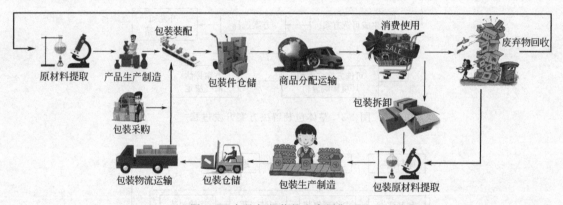

图 4-5　产品与包装的生命周期过程

① 原材料提取阶段。在产品制造前，处于制造商直接控制范围之外，企业做产品环境影响评价时，一般难以考虑此阶段，但也需获取一些生产制造阶段必需的信息。

② 产品生产制造阶段。即从原材料运入工厂门到产品出厂门，也称为"门到门的阶段"。生产企业做生命周期评价主要是在这一阶段，如实施清洁生产和进行环境管理。

③ 产品包装物流运输阶段。包装与产品紧密相关，故产品的生命周期评价通常应将包装考虑在内，如减量化、绿色材料选用需考虑包装；运输阶段涉及石油消耗和排出废气及光化学烟雾，故产品的生命周期评价也需考虑此阶段。

④ 产品与包装的消费使用阶段。本阶段往往是产品对环境污染和资源消耗较严重的阶段，对包装材料进行评价时应视情况选择。

⑤ 产品与包装回收利用及最终处置阶段。无论是产品回收利用还是进行最终处置，均要消耗能源、资源和排出废物，故必须纳入生命周期评价。

从产品与包装的生命周期过程关系图示可以看出：

① 包装进入产品生命周期过程中的起点是通过包装采购的动作，进入到产品生产制造与包装过程；

② 包装离开产品生命周期过程的终点是通过包装拆卸的动作与过程，将包装材料废弃后进入包装原材料提取及回收再利用的过程；

③ 包装在产品生命周期过程中的共同存在的过程是从产品生产制造、包装开始到仓储、分配运输、消费使用直至包装拆卸。

4.1.2.2 价值链

价值链最初被看成是一系列连续完成的活动，是原材料转换成最终产品的过程。

伴随着产业的升级以及服务业的兴起和发展，出现了新的价值链观点，即把价值链看成是一系列群体（包括企业的供应商、合作者和顾客等）通过协作来共同创造新价值的过程。

新的价值链把顾客对产品的需求作为生产过程的目标和终点，把材料供应商和顾客纳入价值链。产品包装是其在产品与包装的整个生命周期过程中完成的活动过程，具体来说，就是客户（产品所有者）、包装物料供应商或者合作伙伴之间的一系列协作过程；所以这是一个产品包装创造出新价值的过程，可以看作是一种包装设计开发与服务的产品包装价值链。

产品的包装贯穿在产品的生命周期中，把产品包装对产品所创造新价值过程中各个节点贯穿成一个链，这个链称为产品包装价值链。这是一个包装的价值链，它的核心是包装，所以体现的不仅是包装对产品创造新价值的过程，也是包装自身创造新价值的过程。产品包装价值链如图4-6所示。

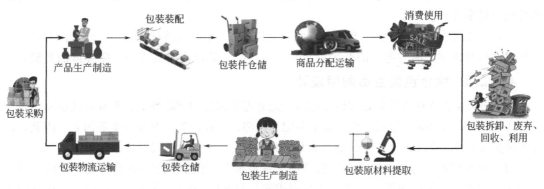

图 4-6　产品包装价值链

对产品而言，其包装方案的价值就是产品包装价值链上各节点的综合包装价值能力，包装方案设计开发的目的就是通过整体包装解决方案使得产品包装价值链的综合包装价值能力（综合包装成本）最优化。

（1）产品生产制造过程　包括两个生产过程：一个是产品自身的生产制造过程；另一个是包装方案中所设计的包装的生产制造过程。

需要包装方案设计时充分考虑到如何提高产品及包装在生产制造过程中的效率。生产效率的提升就是减少单个产品及包装制造过程中的人工操作时间，也就是节约了单个产品及包装制造过程的人工成本；通过合理的包装方案设计开发，节约单位人工制造成本。

（2）包装装配过程　包括两个包装装配过程，一个是产品的包装装配过程，需要产品与包装的配合；一个是包装的捆包过程。

需要包装方案设计时充分考虑到如何提高产品及包装在包装装配过程中的效率与合理性。合理的产品及包装装配顺序可以有效地减少人工装配操作时间与成本。

（3）包装仓储过程 包括两个仓储过程：一个是产品的仓储过程；另一个是包装的仓储过程。

需要通过包装方案设计来减少产品仓储所占空间的大小，需要通过包装方案设计来提高搬运过程的效率与合理性。包装方案设计在满足基本的产品保护性能的条件下，单个产品仓储所占空间越小，其单位仓储成本越少；包装方案设计开发符合搬运的人机原理，从而提升产品以及包装材料自身在单位时间内搬运的次数，提升搬运过程的效率，减少单位时间内的人工成本。

（4）商品分配运输过程（物流运输） 包括两个运输过程：一个是产品的分配运输过程；另一个是包装的物流运输过程。

需要通过包装方案设计来提高产品在分配运输过程中的有效装载率与分配效率。分配效率的提升就是单位产品分配时间的节约与成本的节约；单位运输工具内产品及包装有效装载率的提高，就意味着产品及包装单位运输成本的降低与节约。

（5）消费使用过程 需要包装的开启与拆卸利于消费者使用，需要包装能够提升产品的品牌价值。合理的包装方案设计开发要充分考虑到消费者使用时能够便利地对包装进行开启或拆卸，这些是一种隐性的包装成本，不能为产品带来直接的价值与成本体现。

（6）包装原材料的提取过程 需要废弃的包装易于分解，减少提取成本。包装方案设计开发要充分考虑到包装材料在废弃时易于分解，尤其是在不同种材料复合使用上尽可能采用可拆卸、插接的形式，减少黏合的形式，这些是一种隐性的包装成本，不能为产品带来直接的价值与成本体现。

（7）包装采购与包装拆卸、废弃、回收、利用过程 包装采购动作以及包装拆卸与废弃、再利用动作是连接产品与包装的两大动作，是使产品包装价值链成为一个闭环链的关键。

4.1.2.3 绿色包装生命周期设计

绿色包装生命周期设计就是在设计过程中充分考虑包装的回收性能、废弃物减量化、延长包装使用寿命、材料的环境适宜性、易于装配与拆卸、节省能源、保障安全等因素，因此，设计人员在开展包装系统设计前应归纳总结及研究绿色包装生命周期设计要求与设计内容。

（1）设计原则 为了保证所设计包装的"绿色度"，绿色包装生命周期设计必须遵循一定的设计原则。传统的包装设计考虑的主要因素是包装的功能、质量和经济性等，而对绿色设计特性考虑较少。

与此相比，绿色包装生命周期设计要求产品符合可持续发展（Sustainable Development）的要求，提高包装的生态效率。在设计的要求上要考虑以下几点：

① 环境友好性（Environment-Friendly）理念贯穿产品系统设计始终，既考虑人的需求，又考虑生态系统的安全。包装的生态特性是潜在特性，在包装系统设计中应将生态特性看作是提高产品市场竞争力的一个重要因素，突出考虑生态环境问题。

② 概念设计阶段引入生态环境变量，并与传统的设计因素，如成本、质量、技术可行性、经济有效性等进行综合考虑。将环境效益和生态环境指标与包装的性能、质量、成本要求共同作为包装系统设计依据，包装系统设计规范要包含环境影响性小、能源的消耗性低、可再加工制造和回收等内容。

③ 引入合理的包装生命周期设计管理，包装的定制化设计管理，安全制度及预防污染措施等。

④ 选用材料符合国家的法律法规，确保新包装的"绿色性能"。避免生产过程中产生有害的废弃物，减少生产过程中的能源损耗，使用清洁的方法与技术，选择对环境和人体无害、可以再回收利用、易于降解的材料，避免使用枯竭或稀有的原材料。

⑤ 减少包装材料及产品储存、运输过程对环境的影响，避免采取进口或长途运输的方式获取原材料。避免产品运输、销售和使用过程中产生对人体和环境有害的物质。

⑥ 使用可循环利用的材料与可重复使用的零部件，考虑包装的易拆装性，增加包装废弃后回收与重复使用的机会。

⑦ 包装件的制造过程中、使用过程中及报废弃置后，均有相应的回收和处理方法。

（2）绿色包装生命周期设计的主要内容　绿色包装生命周期设计与传统包装设计的要求不同，因而设计的程序和内容也有极大的区别。总体来说，绿色包装的设计过程应该时刻注意"面向环境"，为了保证绿色产品的"绿色性能"，在绿色包装生命周期设计时应该着重考虑以下几方面内容：

① 绿色材料的设计。绿色材料是指在满足一般功能要求的前提下，具有良好的环境兼容性的材料，即在制造、使用及废弃处理等生命周期的各阶段内，对环境产生最小的影响。原材料处于生命周期的源头，选择绿色材料是开发绿色包装的前提和关键因素之一。选材时，不仅要考虑包装的使用条件和性能，而且应考虑环境约束准则，同时必须了解材料对环境的影响，选用无毒、无污染及易回收、可重复使用、易降解的材料。

除合理选材外，同时还应加强材料管理。一方面不能把含有有害成分与无害成分的材料混放在一起；另一方面，达到寿命期限的产品，有用部分要充分回收利用，不可用部分要采用一定的工艺方法加以处理，使其对环境的影响降低到最低的程度。

② 绿色工艺设计。实现绿色包装生产制造的一个至关重要的环节是采用绿色工艺，该工艺又称清洁工艺，是一种能够在提高经济效益的同时又可以减少对环境影响的工艺技术。实现绿色工艺的途径主要包括：

a. 改变原材料的投入方式，就地取材，对有实用价值的副产品和回收产品进行回收再利用，尽可能地将各种材料在工艺过程中循环利用。

b. 改变生产工艺或制造技术，改善工艺控制，改进原有的设备，尽可能地减少原材料的消耗量、废物的产生量、能源的消耗量，将其对健康与安全的风险以及对生态的损害降到最低程度。

c. 尽量减少对自然环境的破坏，通过一定的方法对空气、土壤、水体和废物排放进行相应的环境评价，根据环境负荷的相对大小，明确其对生物多样性、人体健康和自然资源的影响程度。

③ 绿色包装设计。绿色包装又称为环境友好型包装，它要求商品包装对环境的影响最小化，并且对人类健康无害化。该内容已在第 3 章的包装系统生态因素中有所阐述，现简要归纳如下：

a. 通过对旧技术的改进和新技术的采用，使包装变得简化、轻量化、环保化。目前"过度包装"现象已广泛出现在国际市场上，远远超出了包装功能的要求和设计的需要，这既造成了资源的浪费又加重了环境污染，绿色产品的包装应尽量避免这种情况的出现。

b. 加强包装材料回收再利用技术的开发与利用，使现有的包装废弃物实现循环再利用，并研究开发相应的替代包装品。

　　c. 改变包装结构的形式，进而使包装达到轻量化，降低成本并改善包装效果，使其对环境的不利影响降到最小。

　　d. 增加包装内部结构的强度，降低包装在运输过程中的破损率，减少包装材料的用量，进而减少包装成本。

　　④ 绿色包装回收处理设计。对绿色包装进行设计的过程中，如果需要对某一重用包装方案进行评价时，其中重要的参考因素包括原材料及能源的利用、环境负荷、安全性、可靠性及费用等，它们的关系为：

$$重用社会效益＝日用物资价值＋降低的总处置费用－收集和加工费$$

　　在考虑重复回收的效益和费用时，德国推行了"取回"政策，这是对设计的一个全新认识。包装不再是直接向消费者出售，而是转变成由生产商"出租"的方式，这样的政策不但可以降低环境负荷而且能够节约成本。因此，为了使包装回收再利用更加便利，产生更大的商业利用价值，企业在对绿色包装进行开发利用时应该尽可能地选择可拆卸设计——包装在完成使用功能后，其中某些零部件可以被拆下来用于其他用途。包装可拆卸设计通过包装设计过程将产出（废物和废弃产品等）与投入（原材料）联系起来，创造友善的环境。目前，面向拆卸的设计（Design for Disassembly，DFD）主要集中于非破坏性拆卸。可拆卸设计在国外深受欢迎，很多企业采用该设计开发出了广受欢迎的绿色包装。

4.1.2.4　基于生命周期的产品包装系统设计

　　目前，环保问题已经成为人们日益关心的问题，环保观念也已深入人心，人们在购买商品时越来越倾向于购买绿色环保产品，绿色产品及其包装已经成为市场的主流。基于包装生命周期的包装系统设计，可以帮助企业尽快占领绿色市场的制高点，为其长远发展奠定基础。

　　(1) 基于包装生命周期的包装系统设计基本框架　由图 4-7 可见，包装生命周期设计是一项系统工程，它需要各方面的工程技术和管理人员参与才能完成，这与传统的包装设计方法完全不同。包装生命周期设计的程序是一个不断反馈、不断改进的过程，强调的是持续改进。

　　基于生命周期的包装系统设计，首先要对包装设计范围和目的进行分析，除了进行包装基本性能要求分析之外，着重分析包装的环境要求和规范要求。对于环境需求，一般以最小需求的形式给出，即确立环境需求的极限值不超过某一规定的界限。只有确定生命周期设计的目标，并把这些目标完全让包装系统研发团队全部接受、理解，才能真正成功地开展包装生命周期设计。

　　设计管理是影响包装系统研发所有活动的一个重要因素，对成功合作开展生命周期设计和对生命周期设计进行全面质量管理都是必要的。同时，正确协调的政策、策略规划和成功的措施都是支持设计项目必不可少的。

　　技术研究和开发，是为了发现更新的减少环境影响的工艺技术和方法。当前的环境状况调查，提供了设计的范围和基础要求。生命周期设计，需要对当前和未来环境状况的改进都考虑并转化到包装系统设计中。

　　首先分析包装需求确定包装设计的目标，然后对包装全生命周期过程中的不同阶段进行整体规划设计，其中包括包装设计、制造工艺、包装使用及包装废弃物处理等阶段，并根据设计结果对各个阶段的设计过程做出相应的调整，进而优化资源利用，减少或消除其对环境

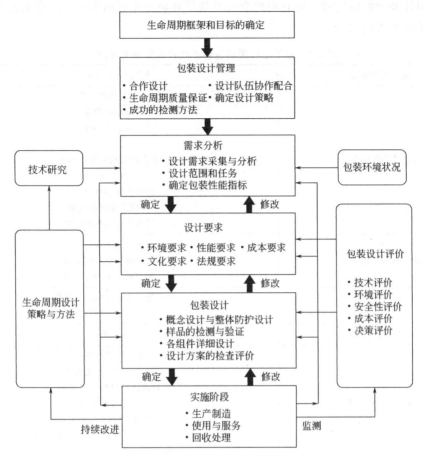

图 4-7　基于包装生命周期的包装系统设计过程示意图

的污染。

一个典型的包装系统设计项目开始时，都要先进行需求分析，然后将这种需求转化为设计要求，首先形成概念设计，其次是初步设计，然后做出详细设计，最终实施设计。在进行需求分析时，应明确设计项目的目标和范围，在需求分析中体现用户的需求也是必要的。与此同时，还应分析同类包装的先进技术水平和指标要求，有利于进行比较分析，然后对包装的特征值和特性值做出选择。

明确需求之后，需要使它符合设计规范的各项要求，例如环境要求等。设计的相关活动都应围绕满足设计要求而展开，遵循满足环境要求的详细设计策略和方法。

在设计研发阶段，设计人员应不断评估、检查设计的符合性。如果检查、评估的结果证明，包装件没有达到环境要求，应返回到上一阶段进行修改，确定符合后，再进入下一阶段。如果研究表明，无法到达设定的环境要求，而且无法进行目标修改，那这个包装系统的研发就应该终结。

（2）基于生命周期的包装系统设计策略　选择合适的设计策略与方法，以满足所有设计要求，同时，还要有效地降低产品对环境的影响。表 4-1 是根据美国环保局《生命周期设计指南》制定的满足环境要求的系统设计策略方法。很多情况下，单一的方法不能满足所有的环境要求，再循环只是其中一个方法。很多设计人员、制造商和用户都认为，再生循环利用是解决环境问题最好的也是被最广泛采用的方法，然而，尽管再生循环可以节约原材料的使用，减少填埋处理的废物量，但它仍然会有其他的环境产生负面影响，不会永远是最好的减少废物和节约资源的方法。

表 4-1 基于生命周期包装系统设计策略方法综述

通用要求分类	具体的设计策略方法
延长产品使用寿命	延长使用寿命 增加耐用性 保证适用性 提高可靠性 扩大产品售后服务范围 便于维护 提供修理和维修装置 实现产品可再制造 适应产品的再使用性
延长材料使用寿命	开发可再生循环设施 建立再生循环的途径 采用可再生的原材料
材料的选择	采用无毒无害的材料替代 创造或改进材料的配制
减少紧缺资源的使用	节约资源
制造过程的管理	先进工艺的替代 提高过程的能源效率 提高过程材料的利用率 改进过程控制 材料采购、储存和发放的控制 计划生产和改进设备的布局，减少影响 确保废物的核实处理和处置
有效的销售	优化运输系统 减少包装用量 使用环境友好、易于回收利用的包装材料
加强管理	提高办公材料和设备的利用率 不采用高环境影响的设备和产品 选择有环境责任的供应方和合同方 加大生态标志产品认证和宣传产品环境要求

单一的设计方法可以改进包装生命周期的环境性能，但却很难满足所有的包装要求，比如包装的成本、法规、性能和文化要求等。合适的设计策略方法应满足所有的设计要求，这样才能将环境要求与其他要求综合在一起，纳入设计中。例如，设计人员在设计包装性能时，应预先将环境的要求考虑进去，一旦包装性能失效，其保护环境不受影响的责任仍然存在。

4.1.2.5 包装生命周期设计分析评估

生命周期评估法能对改善环境的各种绿色包装开发方案做出评估，并为设计方案的改进提供方向，同时也有利于企业及时做出包装系统开发的各种决策，是绿色包装产品生命周期设计特有的评估方法。它的基本思想是通过对包装生命周期过程的定量调查，做出环境负荷分析，制定出环境负荷改善措施，并将此结果反馈给生命周期的各个环节，以提高包装的"绿色性能"。内容包括包装、过程或相关活动的整个生命周期，如原材料的获取、加工制造、运输和排放、使用/重用/维护、回收及最后的处理等生命周期阶段。

包装系统设计是一个渐进的过程，不可能在某一时刻确定一个"最好"的设计方案与设计参数，在基于包装生命周期的包装系统设计的实施过程中要不断地对设计进行分析与评价。随着与绿色包装生命周期设计有关的国家、行业或地方标准的出台及其不断完善，绿色包装生命周期设计中的分析与评价越来越有针对性，其相应的绿色设计评估与绿色产品认证也越来越得到企业与政府的关注。

（1）生命周期评价（LCA）系统分析方法　具体地说，生命周期评价采用系统分析方法，可以通过四个步骤实现，如图4-8所示。

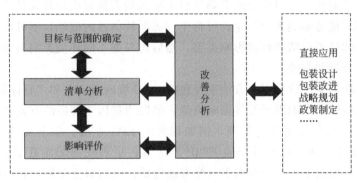

图4-8　生命周期评价法各阶段

① 目标与范围的确定。在进行数据收集和评价前，生命周期评价的第一步是目标与范围的确定，这一步的确定将会直接影响整个评估工作的程序以及最终的研究结果。进行目标的定义时，需要明确在包装领域中使用生命周期评价研究的目的，以及生命周期评价可能的应用范围和使用原因。其中对研究范围进行界定时应保证能够符合研究目的，范围界定包括定义研究系统，明确系统边界及数据要求，说明重要假设和限制等。评价内容在生产阶段若一些辅助材料用量较小，所产生的环境负荷也较小，可以被排除在评价范围之外。

以纸塑铝复合材料的利乐包为例，评价内容中将包装产品的使用阶段排除在外，这是因为大部分牛奶包装产品的生产线和灌装线是同步进行的，所以不会出现异地运输情况。最后将包装产品的废弃物进行回收再利用环节加入到生命周期评价过程中，即纸塑铝复合包装的回收再生，因此可将利乐包的生命周期评价界定为原材料获取、包装生产、运输、包装处置四个阶段，铝塑废物部分按垃圾填埋处置表示，具体见图4-9。

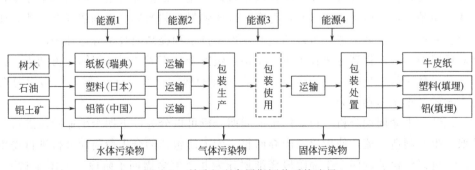

图4-9　利乐包生命周期评价系统边界

② 清单分析。清单分析是在已确定好的系统边界和功能单元的基础上，建立包装系统

在生命周期每个阶段的能流、物流流程图。它可以对一种产品的全生命周期各个阶段（原材料获取与加工、生产制造、使用流通与废弃物处置等）进行评估，评估内容主要包括能源与原材料的消耗以及生产、使用过程中的环境外排（废气、废水、固体废物和其他环境释放物等）以数据为基础进行客观量化并结合定性分析综合评估的过程。

③ 影响评价（即对环境影响的评估）。生命周期影响评价指的是以清单分析过程中列出的要素为依据，对环境影响做出定性和定量的综合评估分析。其中需要将清单分析过程中列出的要素进行分门别类、然后通过相应的环境法规知识对这些要素进行定性和定量的综合平衡分析、对该系统中各环节的重大环境因素进行识别然后再进行充分分析并判断这些识别出来的环境因素的影响程度。对环境的影响类型主要包括直接对生物及人类的有毒有害性、对生活环境的破坏间接地影响人类健康；可再生资源循环体系的破坏；不可再生资源的大量消耗。把清单分析的结果归结成环境影响类型，然后再根据不同环境影响类型的特征化系数进行量化，来进行分析和判断。

目前生命周期影响评价采用的方法主要包括："环境问题法"和"目标距离法"。前者的评估内容主要包括环境影响因子及其影响机理，采取当量因子转换的方式将各个环境干扰因素的数据进行标准化和对比分析处理，例如瑞典的 EPS 方法、瑞士及荷兰的生态因子法（又称为生态稀缺性方法）以及丹麦的 EDIP 方法等；后者则更加注重于影响后果的分析，把某种环境效应的当前水平与目标水平（标准或容量）进行对比分析，利用两者之间的差距来表征某种环境效应的严重程度，瑞士临界体积法是目标距离法的代表。

④ 改善分析。改善分析是生命周期评价最后一个阶段，是将清单分析和影响评估的结果组合在一起，使清单分析结果与确定的目标和范围相一致，以便做出正确的结论和建议；是系统地评估在产品的原材料提取和加工、生产制造、使用流通和废弃处置的全生命阶段内减少乃至消除能源消耗、原材料使用以及环境释放的需求和机会。其包括定量和定性的改进措施，例如改变包装结构、重新选择包装材料、改变制造工艺和消费方式以及废弃物的管理等。

前例中，对利乐包进行分析后结果表明，纸塑铝复合牛奶包装和塑料牛奶包装的环境影响结果分别为 5.225Pt 和 4.670Pt。而且在整个生命周期阶段中原材料获取阶段的环境影响值所占的比重最大，均在 80% 左右。塑料包装的原材料主要是石油资源，在整个生命周期中原材料获取阶段的环境影响值占总环境影响的 79%，在该阶段的环境影响值是纸塑铝复合包装的两倍多。纸塑铝复合包装在化石资源消耗、无机物排放和土地占用方面对环境影响值的贡献率较大，其次是气候变化、酸化以及富营养化。根据可持续发展的基本原则，由于化工石油资源是不可再生资源，纸塑铝复合包装比塑料包装的环境影响值要低一些，所以以纸塑铝复合包装更具有发展优势。可以通过研发再生技术和提高回收率等途径来改善纸塑铝复合包装对环境的影响，提高分离技术进一步将铝塑完全分离成塑料和铝回收再利用，必然会大大降低其对环境的影响，而且当纸塑铝复合包装的回收率大于 43% 时，纸塑铝复合包装的环境影响就会小于塑料包装。

（2）包装的生命周期分析　包装的生命周期分析可以分为以下四个生命阶段进行，即原材料获取、生产制造、流通使用以及废弃回收。为了使包装的全生命周期分析进行得更加全面深入，又可以将包装的四个生命阶段详细划分为九个生命周期子阶段（见图 4-10）：原材料获取阶段又细分为原材料采集、包装材料（如瓦楞纸）制造；生产制造阶段又细分为包装盒印刷、包装盒成型、产品包装；流通使用阶段又细分为物流运输、销售使用；废弃回收阶段又详细分为废弃及回收处置阶段。

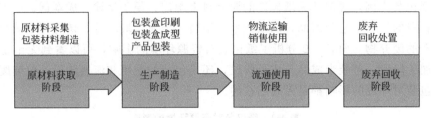

图 4-10 包装四个生命阶段的九个生命周期子阶段

对可持续包装的全生命周期进行分析不同于其他产品的全生命周期分析，可持续包装的全生命周期还可以将技术以及生物学可用性层面的两种再循环方式也包括在内，即技术可用性（再循环）以及生物学可用性（合成及资源的增长）的使用（见图 4-11）。

图 4-11 可持续包装的生命周期分析

例如，多年来可口可乐公司一直坚持通过技术研发可再生塑料瓶，并且可再生塑料瓶的使用比率也一直在增大，这属于技术可用性再循环。随着新技术的不断发展，目前已经开发出木塑复合材料（WPC）技术并且该技术已被广泛应用于塑料包装领域。该技术是一种将木头和塑料进行"联结"的生物化学技术。其制作方法分为以下几步：首先将废塑料进行破碎处理，然后加入木片和连接分子，通过专用设备进行加热和挤压处理，最后得到一种呈深褐色的再生塑料。在恒温的工艺过程下，通过改变木头和塑料的混合比例，来改变木塑复合材料的强度大小。

又如将通过生物合成技术生产的可降解塑料作为包装材料，可有效地降低其对环境的影响。这是实现可持续包装再循环的另一有效技术和手段，体现了生物学可用性层面的再循环技术，它对包装的环境友好性具有极大的实际意义。

通过可降解技术生产的废发泡聚丙烯再生塑料，在包装的废弃阶段可以对其进行掩埋处理。生物学家 Poulakis 等人的研究结果表明，采用溶解-再沉淀的方法对废聚丙烯塑料进行回收处理，所得的废聚丙烯材料的性能与新材料的性能差别很小。同时，他们得出通过二甲苯/丙酮的溶解再沉淀技术回收废聚丙烯塑料是一种特别有效的方法。而在国内生产再生废发泡聚丙烯塑料的方法是首先将废发泡聚丙烯塑料打碎，其次将磨损的粉末去除掉，再加入新的发泡聚丙烯塑料，然后可直接通过挤压成型，不需要高温加热。

可见，只有同时将常规层面、技术层面和生物学层面三个不同层面的生命周期分析都包含在内，才称得上是全面的可持续包装的全生命周期分析，才算得上是建立在科学技术基础上的可持续包装，从而在现实意义上真正地实现包装的可持续发展设计。

深入地对可持续包装的全生命周期进行研究之后，可以认识到包装对环境的影响不只是来自于包装的某一生命周期阶段，而是在包装全生命周期的每个阶段都产生不同程度的环境影响。以纸包装为例，普遍认为纸包装的原材料来源广、便于运输、成本低、废弃物容易处理，因此盲目的扩大纸包装产品，以纸代木、塑料、金属、玻璃等，认为可以减少污染，减少无法处理的废弃物。而表4-2分析了纸包装对资源环境的影响，可以看到无论是包装材料的产生与加工阶段、包装半成品与成品阶段，还是包装的使用和流通阶段、包装废弃和处置阶段，纸包装对环境的影响都是无处不在的。

表 4-2　纸包装对资源环境的影响

阶段	操作流程	环境问题	材料使用	消耗能量	释放毒素
包装材料的产生与加工阶段	原材料采集	破坏生态平衡	稻草、木材等	稻草、木材、人力、电力等	
	瓦楞纸制造	制造过程中的工业污染	纤维浆、化学制剂等	电力、人力	化学制剂、工业废水
包装半成品与成品阶段	包装盒的印刷	有害溶剂	油墨、溶剂	电力等	有害溶剂
	包装盒的制造		不干胶、胶黏剂等	人力、能源	有害挥发物
包装的使用和流通阶段	产品包装过程		标签、不干胶等	人力、能源	
	包装件的运输	运输工具、排放的废气	汽油等	人力、能源	废气污染
包装废弃和处置阶段	包装的废弃	一次性包装环境污染	汽油等	人力、能源	废气等
	包装的回收、处理	回收包装再生过程中造成的环境污染	能源、化学制剂等	人力、能源	废气、有害化工制剂

要实现包装的可持续设计，一定要做到全面深入地了解包装全生命周期的清单分析，将包装的整个生命周期（具体包括包装原材料提取与加工、生产制造、使用流通和废弃处置阶段）进行数据量化处理，然后对这些数据进行全面的定性或定量分析，全面科学地把握包装在不同的生命阶段对环境产生的影响；进而把包装对环境的影响数据作为辅助信息，针对包装生命周期不同阶段产生的环境影响，采取相应的改进措施来实现可持续包装设计，进一步改善包装在不可持续性方面的影响，最终以定性或定量的评估分析方式来验证可持续包装设计的可行性。

（3）用矩阵法进行生命周期评价　生命周期评价可采用矩阵法进行分析。矩阵生命周期分析法（简称MET法）是一种简单的分析方法（见表4-3），该分析法不仅能够清晰简洁的对产品生命周期做出分析，而且能够在分析掌握产品全生命周期中的环境影响方面为设计者提供简单有效的指导。它的分析包括三个部分：材料使用、能量消耗及毒素释放。

表 4-3　MET 生命周期分析

生命周期	M-材料使用	E-能量消耗	T-毒素释放
原材料的提取			
生产制造			
流通使用			
废弃回收			

MET 表中，M（Use of Material）是指材料使用，E（Use of Energy）是指能源消耗，T（Discharge Toxic）是指毒性释放。MET 法被用于对产品全生命周期四个阶段（具体包括原材料的提取、生产制造、流通使用和废弃回收）的材料使用、能量消耗及毒素释放进行列表记录，能够有效针对产品整个生命周期可能产生的环境影响进行评估分析。

对产品整个生命周期过程中的物质资源消耗以及环境外排进行统计是 MET 法的目的所在，通过该方法可以对产品整个生命周期中的环境影响数据及影响环节进行科学充分的分析，并将具有直接操作性和辅助操作性价值的定性和定量数据信息提供给与产品生命周期相关的各参与者。

例如，利用 MET 方法对一个塑料杯全生命周期过程中可能会产生的环境影响进行总量矩阵排列（见表 4-4），该方法能够清晰地展示塑料杯在四个生命周期段所产生的量化后的环境影响，能够更加直接有效地指导生产者、设计者对塑料杯的环境影响核心环节进行分析和掌握，在原材料提取、加工，生产制造和废弃处理阶段，该方法所提供的参考性和指导性更加有效。

表 4-4　一个塑料杯的 MET 矩阵分析

项目	M-材料使用	E-能量消耗	T-毒素释放
原材料的提取、加工	聚苯乙烯　18g 聚丙烯　2g	较多能源	挥发性有机化合物
生产制造	发泡剂	少量能源	发泡剂排放
产品流通	运输包装（纸箱内装 2000 个）　200g	少量能源，小型卡车	排放二氧化碳、氮氧化合物、臭氧
产品使用	好的热性能延长保味时间		
废弃与处置		垃圾车运输	垃圾问题

包装的全生命周期过程指的是与包装相关的不同社会参与者生产和消费使用废弃的过程，通俗地讲，其实是一个"从摇篮到坟墓"的不间断的而非闭合式的循环过程。"从摇篮到坟墓"的循环过程指的是从包装全生命周期过程中的输入端到最终废弃处理输出端的循环过程，即不同参与者从大自然中收集原材料及能源作为包装的输入端，最终在包装全生命周期的末端当包装失去其基本功能时，将这些材料以废弃物的形式作为输出端。我们可以根据社会群体的使用需求从产品的全生命周期过程中的物质输入与输出两个端口来进行分析，发现它所存在的关键因素是产品所提供和具备的价值或功能。这种循环过程所提供给人们需求的本质是产品以物质形态存在的非物质性的功能。

每个包装在全生命周期过程中对不同的社会参与者存在不同的价值或功能，一旦这种价值或功能消失了，这个包装也就失去了存在的意义，也就不会存在包装的生命周期，可持续包装也不例外。所以包装其实是为了满足不同社会参与者的利益而存在的。例如从消费者的利益出发，包装的使用目的是为了提供保护、运输等功能，而不是为了包装的外形、色彩等包装的物质本身。但是从生产者的利益出发，他们将设计"精美"的包装式样提供给经营者和消费者的目的就是为了获得他所需要的经济效益，以及企业的生存和发展。

就生产者而言，包装给他们带来的利益及价值是他们生产制造包装的动力。就经营者而言，包装所提供的运输和保护功能以及销售的宣传效应是他们所需要的，而只有通过包装发挥作用，才能实现他们最终的目的，达到他们所需要的效果。

从根本上来说，包装全生命周期中的每一个生命阶段都会给不同社会群体的利益和需求带来影响。包装给不同社会群体带来的"利益"和"需求"是真正推动包装整个生命周期循环的动力。

因此，生命周期 MET 分析的结果是不完整的，该方法是一种基于环境利益而进行的环境影响评估，没有考虑到从社会群体利益的层面对全生命周期进行评估分析，而我们应该全面深入地认识可持续发展这一概念，从根本上对可持续包装的评估方法进行改善。

所以，在 MET 矩阵分析法的基础上，增加一个组成部分 B（User's Benefit）——社会群体利益（见表 4-5），即指参与产品生命周期的不同社会群体的行为对其所有相关的利益产生的影响，建立生命周期 METB 矩阵分析法（见表 4-6）。

表 4-5　社会群体利益在包装生命周期中的分析

包装的生命周期	社会群体利益的影响
原材料的提取	社会群体进行原材料获取的行为目的是获取经济利益； 从自然获取原材料，自然界受影响，即社会群体的环境利益受影响
生产制造	社会群体进行生产制造的行为目的是获取经济利益； 社会群体在生产制造的行为，是一个对自然环境的输出废弃物的过程，即社会群体的环境利益受影响； 社会群体在进行生产制造的过程中所排放的废物，会直接或间接地对参与生产制造的社会群体或生活在周边的其他社会群体产生健康影响
流通使用	社会群体进行生产制造的行为目的是获取经济利益； 社会群体在直接使用时，会因产品的环保性能直接给使用产品的社会群体产生直接或间接的健康影响； 在流通过程中产生的废弃物会对生活在周边的社会群体产生环境影响
废弃回收	社会群体对废弃物进行回收再使用的行为目的是获取经济利益； 对包装进行回收再生产的过程及使用后的废弃物会对生活在周边的社会群体产生环境影响； 对包装进行回收再生产的过程会直接对参与再生产的社会群体产生健康影响

表 4-6　生命周期 METB 矩阵分析法的基本框架

生命周期各阶段	M-材料使用	E-能量消耗	T-毒素释放	社会群体利益				
				环境利益	经济利益		健康利益	
				▲/△	生产商	■/□	生产商	●/○
					经销商	■/□	经销商	●/○
					消费者	■/□	消费者	●/○

注：▲代表环境利益的获取；△代表环境利益的损失；■代表经济利益的获取；□代表经济利益的损失；●代表健康利益的获取；○代表健康利益的损失。

METB 法是基于以上研究基础对可持续包装的全生命周期进行分析的，对包装全生命周期中可能存在的不同社会群体的环境利益、经济利益和健康利益及其产生的影响进行了充分的考虑，并将包装整个生命周期中四个主要阶段划分为九个子阶段，以其作为分析的依据，分别对包装全生命周期中的 M-材料使用，E-能量消耗以及 T-毒素释放三个方面进行环境影响分析；同时，还要对三个社会群体的群体利益（包括环境利益、经济利益和健康利益）做出进一步的分析，将其作为独立的项目，针对生产者、经营者和消费者三个不同群体的利益受损程度进行分析研究，从而得到一系列矩阵分析框架和数据，并对其进行定量统计。

参与包装的不同社会群体在包装活动中的主要目的是为了获得不同的个人利益需求，他们在包装生命周期中的分类可参见表 4-7。

表 4-7　社会群体在包装生命周期中的分类

包装的生命周期	操作行为	社会群体的分类
原材料的提取	进行原材料的采集行为	生产者
生产制造	进行包装的纸张等材料的制造、印刷、成型的生产制造行为	生产者
流通使用	进行包装的包装、运输、销售、使用行为	生产者（经营者）、经营者（消费者）、消费者
废弃回收	进行包装的废弃、回收及再生产行为	经营者、消费者（经营者）、生产者（消费者）

从包装生产者这个社会群体的角度出发，首先要考虑的是当生产者对包装原材料进行采集时，其最关注的主要利益是经济利益，而在该阶段中产生的环境影响会对生产者所追求的经济利益产生直接的影响，同时也可能会对其他社会群体产生间接的影响，因为自然资源的储量不足会导致其成本上涨，而且自然资源比如森林资源的缺乏可能会引发水土流失或空气质量下降等环境问题。其次，在包装的生产制造阶段，不同的生产制造商最关心的直接利益仍然是经济利益，环境利益次之，因为由于生产制造过程造成的环境影响在某种程度上，也可能会给经济利益带来负面影响，如污染处理的费用等；然后，包装的生产制造者在进行包装的生产制造时，盲目追求经济利益从而忽略了人类健康的利益；最后，在包装的使用流通阶段中生产者的利益不太明显，因此在该阶段不再做详细的研究。在包装的废弃回收阶段，生产者追求的首要利益仍然是经济利益，将回收的包装废弃物进行低成本再生产；而此阶段为了获得相应的经济利益而进行的生产行为，会对环境产生或多或少的直接影响，严重地破坏了环境利益；同时也会对进行包装回收再生产的工作人员产生一定的健康影响。最后，生产者对包装的废弃物进行回收再生产制造，直接由包装废弃回收阶段进入到包装生产制造阶段，从而形成了包装全生命周期的循环过程。整体来看，生产者在包装整个生命周期过程中的行为，直接对他们自身需要的环境利益、经济利益和健康利益产生影响，而且三者互相影响，互相作用。

从包装经营者这个社会群体的角度出发，包装生命周期中的原材料采集及生产制造两个阶段中经营者基本上不会参与其中，因此将这两个阶段在研究范围中剔除，在包装的使用流通阶段和废弃回收阶段两个阶段对经营者的利益进行深入的分析。

在包装的使用流通阶段中，包装的主要目的是为了实现其对商品的保护、运输及促进销售的功能；通过将产品销售给消费者，而实现这些功能的最终目的是追求包装带来的经济利益；如果经营者要想获得此经济利益，就需要他们对商品进行包装，那么包装的环保性能又会对参与商品包装过程的工作人员的健康利益产生一定的影响；在商品的包装过程中，质量低下或包装不合格的商品会被废弃丢掉，就会对环境产生影响，进而破坏环境利益。在包装的废弃回收阶段中，经营者在此阶段中的经济利益主要来自于将废弃包装销售给生产者进行废弃物回收再生产过程，但是这种利益在某种程度上会对环境产生直接的影响；同时，经营者将那些完成功能或者失去功能的包装直接丢弃，那么这些废弃包装会直接破坏环境利益。从经营者的整体利益来看，经济利益、环境利益和健康利益是与其相关联的社会群体利益。

从包装消费者这个社会群体的角度出发，可以发现在包装的原材料采集和生产制造阶段消费者的群体利益并不明显，因此只考虑包装的使用流通和废弃回收这两个阶段中消费者的群体利益。在包装的使用流通阶段中，消费者为了生存需求消费和使用包装，在购买商品的同时，包装也作为商品的附加值被卖给了消费者，所以包装直接影响消费者的经济利益；而在使用的过程中，包装的环保性又直接影响了环境和消费者的个人健康，即环境利益和健康利益。在包装的废弃回收阶段中，消费者将失去功能的包装废弃丢掉，因此直接影响了环境利益；与此同时，废弃的包装或者说浪费的包装的数量与消费者的经济利益成正比，废弃的或浪费的包装越多则消费者的经济利益损害就越严重。因此，在包装的使用流通和废弃回收阶段中，环境利益、经济利益和健康利益是消费者的群体利益的三个重要方面。

对社会群体利益的内容进行进一步分析后，可以看到在包装的整个生命周期过程中生产者、经营者以及消费者均因不同目的，通过不同的活动，进而与不同的群体利益发生直接或间接的关系并产生明显与不明显的利益表现形式。三种社会群体在整个生命周期过程中的参与性是不连续的，所以其群体利益形式也存在直接或间接，明显或不明显的区别。具体来说就是指在包装的某些生命周期阶段中，有些社会群体根本不参与在内，或者与这三种群体利益没有直接的联系，例如在包装的使用流通阶段中，包装的生产者基本不参与其中，也就不会出现生产者在此阶段中与群体利益的直接联系；而在包装的其他阶段中，不同的社会群体又会同时参与，并与这三种群体利益同时发生直接联系。从整体来看，无论是哪个社会群体，或者是在包装生命周期哪个阶段，其群体利益都是以环境利益为基础，同时以经济利益和健康利益为中心的社会群体利益。

案例：电脑主机的缓冲包装生命周期的 METB 分析

该案例采用蜂窝纸板来代替现在最常用的 EPS 发泡塑料作为缓冲包装材料，通过该设计可以提供电脑主机在运输过程所需要的缓冲保护作用，在包装废弃回收阶段时用蜂窝纸板替代 EPS 发泡塑料作为缓冲材料可以明显地减少其对环境的影响；同时有利于回收再利用，并且其回收再利用需要的成本会大大降低，也使得电脑主机包装的成本大大降低，对生产者和经营者而言是有利的，这完全符合参与此包装生命周期的不同社会群体的利益。综上所述，此类包装设计，不仅有利于不同社会群体的环境利益、经济利益和健康利益，而且有利于人与自然的可持续发展，也实现了人与自然和谐发展。

① 从电脑主机缓冲包装的生命周期的初始输入端进行分析（见表 4-8），即在原材料获取阶段中对原材料获取以及瓦楞纸的制造两方面进行详细分析，采用 METB 分析法对电脑主机缓冲包装该阶段的环境影响及其参与此阶段的社会群体的利益（包括环境利益、经济利

益和健康利益）进行分析。

表 4-8　电脑主机缓冲包装的原材料获取阶段的 METB 分析

包装原材料获取阶段	M-材料使用	E-能量消耗	T-毒素释放	社会群体利益				
				环境利益	经济利益		健康利益	
原材料采集	稻草、甘蔗渣、木材、水	人力、电力、时间	污水	△	生产商	■	生产商	○
					经销商	—	经销商	○
					消费者	—	消费者	○
原材料加工	木材、水、淀粉、双氧水、高锰酸钾、硝碱、硼泡、消泡剂、制浆剂、干燥剂、漂白剂	人力、电力、时间	双氧水、高锰酸钾、硝碱、硼泡、消泡剂、制浆剂、干燥剂、漂白剂	△	生产商	■	生产商	○
					经销商	—	经销商	—
					消费者	—	消费者	—

② 对电脑主机缓冲包装生命周期的生产制造阶段进行详细的分析研究，即对其包装的印刷与成型制造阶段的环境影响，以及此阶段的社会参与群体的环境利益、经济利益和健康利益进行分析（见表 4-9）。

表 4-9　电脑主机缓冲包装的生产制造阶段的 METB 分析

包装生产制造阶段	M-材料使用	E-能量消耗	T-毒素释放	社会群体利益				
				环境利益	经济利益		健康利益	
印刷	印刷油墨、木材、水	人力、电力、时间	印刷油墨	△	生产商	■	生产商	○
					经销商	—	经销商	—
					消费者	—	消费者	—
成型制造	不干胶、钉针、胶黏剂	人力、电力、时间	包装盒边料、有毒胶黏剂	△	生产商	■	生产商	—
					经销商	—	经销商	—
					消费者	—	消费者	—

③ 从电脑主机缓冲包装生命周期的使用流通周期进行分析，即对其包装使用过程的包装产品、运输和售后使用阶段来进行其对环境的影响，及其参与此阶段的社会群体的环境利益、经济利益和健康利益来进行的分析（见表 4-10）。

表 4-10　电脑主机缓冲包装的使用流通阶段的 METB 分析

包装使用流通阶段	M-材料使用	E-能量消耗	T-毒素释放	社会群体利益				
				环境利益	经济利益		健康利益	
包装过程	标签、不干胶、订书针	人力、电力、时间	废弃的包装盒、有毒胶黏剂	△	生产商	■	生产商	○
					经销商	■	经销商	—
					消费者	—	消费者	—

包装使用流通阶段	M-材料使用	E-能量消耗	T-毒素释放	社会群体利益				
				环境利益	经济利益		健康利益	
运输过程	石油	人力、电力、时间	废气	△	生产商	■	生产商	○
					经销商	■	经销商	—
					消费者	—	消费者	—
售后使用	标签、不干胶、塑料泡沫、汽油	人力、电力、时间	废气、塑料泡沫	△	生产商	■	生产商	○
					经销商	■	经销商	●
					消费者	■	消费者	●

④ 从电脑主机缓冲包装生命周期的最末端的废弃回收周期进行分析，即对其包装的废弃、回收两个阶段来进行其对环境利益的影响及其参与此阶段的社会群体的经济利益和健康利益来进行的分析（见表 4-11）。

表 4-11　电脑主机缓冲包装的废弃回收阶段的 METB 分析

包装废弃回收阶段	M-材料使用	E-能量消耗	T-毒素释放	社会群体利益				
				环境利益	经济利益		健康利益	
废弃阶段	汽油	人力、电力、时间	废气	△	生产商	■	生产商	○
					经销商	—	经销商	—
					消费者		消费者	—
回收处置	汽油、水、淀粉、双氧水、高锰酸钾、硝碱、硼泡、消泡剂、干燥剂、漂白剂	人力、电力、时间	废气、双氧水、高锰酸钾、硝碱、硼泡、消泡剂、干燥剂、漂白剂	△	生产商	■	生产商	○
					经销商	—	经销商	○
					消费者	—	消费者	○

通过用 METB 分析法对电脑主机缓冲包装的数据进行分析后，发现环境利益是此三类不同社会群体的共同利益，而基于这种共同利益，其存在的矛盾是由相互之间的行为产生的，即不同群体的非环保行为均会对彼此的环境利益产生直接的破坏。基于其三者对经济利益和健康利益的追求是这三个不同群体的矛盾的主要原因，尤其是经济利益所产生的最终影响将是社会群体的共同利益，即环境利益。

4.2　包装系统设计的基本方法

4.2.1　6W 技术

1932 年，美国政治学家拉斯韦尔提出"5W 分析法"，后经过人们的不断运用和总结，逐步形成了一套成熟的"5W＋1H"模式（也称为 6W 技术）。6W 技术是针对选定的工序、项目或操作，都要从原因（何因 Why）、对象（何事 What）、地点（何地 Where）、人员（何人 Who）、时间（何时 When）、方法（何法 How）等六个方面提出问题进行思考，见图 4-12。

图 4-12　6W 技术

（1）对象（What）：什么事情　公司要生产什么产品？车间需要生产什么零配件？为什么要生产这个产品？公司能不能生产别的？我到底应该生产什么？例如：如果这个产品不挣钱，能不能换个利润高点的？

（2）地点（Where）：什么地点　生产是在哪里进行的？为什么非得要在这个地方干？换个地方进行生产行不行？到底应该在什么地方干？这是选择工作场所应该考虑的。

（3）时间（When）：什么时候　这个工序或者零部件是在什么时候干的？为什么要在这个时候干？能不能在其他时候干？把后工序提到前面行不行？到底应该在什么时间干？

（4）人员（Who）：责任人　这个事情是谁在干？为什么要让他干？如果他既不负责任，脾气又很大，是不是可以换个人？有时候换一个人，整个生产就有起色了。

（5）原因（Why）：原因　为什么要采用这个技术参数？能不能有变动？为什么不能使用？为什么变成红色？为什么要做成这个形状？为什么采用机器代替人力？为什么非做不可？

（6）方法（How）：如何做　手段也就是工艺方法，例如，我们是怎样干的？为什么用这种方法来干？有没有别的方法可以干？到底应该怎么干？有时候方法一改，全局就会改变。

6W 技术就是对工作进行科学的分析，对某一工作在调查研究的基础上，就其工作内容（What）、责任者（Who）、工作岗位（Where）、工作时间（When）、怎样操作（How）以及为何这样做（Why）进行书面描述，并按此描述进行操作，达到完成职务任务的目标。

6W 技术为人们提供了科学的工作分析方法，常常被运用到制订计划草案上和对工作的分析与规划中，并能使我们工作有效地执行，从而提高效率。

6W 技术广泛应用于企业管理、生产生活、教学科研等方面，这种思维方法极大地方便了人们的工作、生活。

在包装系统设计中，6W 技术包括：分为生产和销售两个方面，依次是 What（包装的产品是什么，包装件所需的材料是什么？设计要达到什么效果？最终的目的是什么?）、Where（包装产品的产地以及主要销售地是哪里？设计的应用区域是哪里？适用范围，销售与储存的环境?）、When（供货周期多长？保质期，货架寿命，存储时间多长?）、Who（供货商，主要消费对象，销售人员以及市场适应人群）、How（该产品质量如何？怎样检测其质量？如何实现该设计?）、Why（为什么选择这种包装材料以及为什么要这样设计?）六方面内容。

6W 技术其实是以分六个方面进行提问的方式，使我们更加清楚我们的设计要求以及设计目标。6W 技术是逐级提问的，在初步了解内装物的性能以及包装的设计要求以后，再以这种方式进一步完善包装设计，使其更加合理，更加实用，见表 4-12。

表 4-12　6W 技术的逐级提问

逐级提问	第一次提问	第二次提问	第三次提问	结论
	现状	为什么	能否改善	新的方案
对象	完成了什么	为何要做	有无其他更好的工作	应该做什么
地点	在何处做	为何要在此处做	有无其他更好的地方	应该在何处做
时间	何时做	为何要在此时做	有无其他更好的时间	应该在何时做
人物	由何人来做	为何要此人做	有无其他更好的人	应该由何人做
方法	如何做	为何要这样做	有无其他更好的方法	应该如何做

4.2.2　ECRS 分析法

ECRS 分析法,是工业工程学中程序分析的四大原则,用于对生产工序进行优化,以减少不必要的工序,达到更高的生产效率。ECRS,即取消(Eliminate)、合并(Combine)、重排(Rearrange)、简化(Simplify)。

(1) 取消(Eliminate)　取消不必要的工序、操作、动作,都是不需投资的一种改进,是改进的最高原则。"作业要素能完成什么,完成得有无价值?是否为必要动作或作业?为什么要完成它?""该作业取消对其他作业或动作是否有影响"。

首先考虑该项工作有没有取消的可能性。如果在不影响半成品的质量和组装进度的基础上所研究的工作、工序、操作可以取消,这便是最有效果的改善。例如,不必要的工序、搬运、检验等都可以取消,特别是那些工作量特别大的装配作业;如果不能全部取消,可以考虑取消一部分。例如,由本厂自行制造变为外购,这实际上也是一种取消和改善。

(2) 合并(Combine)　如果工作或动作不能取消,则考虑能否与其他工作合并,或部分动作或工作合并到其他可合并的动作或作业中以达到简化的目的。

合并就是将两个或两个以上的对象合并变成一个。如工序、工作或工具的合并等。合并后可以有效地消除无效重复的现象,能取得较大的效果。当工序之间的生产能力不平衡的时候就会出现人浮于事和忙闲不均的情况,就需要研究人员对这些工序进行调整和合并。有些时候相同的工作完全可以分散到不同的部门去进行,同时也可以考虑能否都合并到一道工序内。

(3) 重排(Rearrange)　对工作的顺序进行重新排列。

重排也称为替换。就是通过改变工作程序,重新组合工作的先后顺序,以达到改善工作的目的。例如,工序的前后对换、手的动作改换为脚的动作、生产现场机器设备位置的调整等。

(4) 简化(Simplify)　指工作内容和步骤的简化,亦指动作的简化,能量的节省,可考虑能否采用最简单的方法及设备,以节省人力、时间及费用。

经过取消、合并、重排之后,再对工作内容做更深入的分析研究,使现行方法尽可能的简化,以最大限度地缩短工人的作业时间,提高工作效率。简化就是一种工序的改善,也是局部范围的省略,整个范围的省略也就是取消。

简而言之,就是通过 6W 提问技术,首先取消不必要的工作(工序、操作、动作);其次将某些工序(或设备、动作等)合并,减少处理的手续;再次就是对工作程序进行重排或者对工作场地进行重新布置，以减少搬运的距离或避免重复的工作；最后可以用最简单的设备、最少的人力、最简单的动作完成工作任务（即简化）。

4.2.3 "工作研究"技术

工作研究（Work Study）是方法研究和作业测定的总称（见图 4-13），是工业工程（IE）体系中最重要的基础技术。其目的是在现有设备的条件下，对生产程序和操作方法进行分析研究，寻找效率最高、成本最低以及质量最好的工作方法，并制定标准时间。

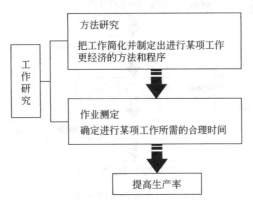

图 4-13　工作研究

工作研究主要是"方法研究"和"作业测定"两大技术，目前已经得到广泛的应用，世界各国都把工作研究作为提高生产率的首选技术。

方法研究是采用多种分析技术对现阶段的操作方法做仔细的记录、严格的考察、系统的分析和改进，并提出更经济、更合理、更有效的工作方法，从而减少人员、机器等资源的消耗，并使这些方法标准化的过程。其关键要点是：①对工作方法进行改进及标准化的一种技巧；②消除生产系统中不合理、不均衡、不经济的因素，寻求最有效的标准工作方法。

作业测定是运用各种技术测量合格工人按照方法研究制定的作业标准，完成某项具体工作需要时间的过程。旨在明确和消除生产过程中多余和无效时间后，制定出用经济合理的工作方法完成某项工作所需的标准时间，达到减少人员、机器以及设备空闲的目的。其关键要点是在方法研究的基础上正确地测定作业量并制定标准工作时间。

工作研究的实施流程图如图 4-14 所示。

4.2.3.1 流程程序分析法

流程程序分析的研究对象是某个产品或零件的完整的制造过程，通过对整个加工过程包括加工、检验、搬运、存储和停放等环节做详细的观察与分析以达到改进作业流程的过程，通过减少物流的中间环节以达到缩短产品或零件的加工和储运周期的方法。表 4-13 是美国机械工程师学会设计出用来代表加工、检查、搬运、等待和储存这五种活动的五种符号，这样表示工作流程会更加方便、快捷和准确。通过对产品或零件整个生产过程仔细的分析，能够让研究人员更加深入地了解产品的生产制造过程，能够全面的了解产品或零件在生产制造活动中包括搬运、储存和等待等环节存在的不合理的现象，为提出更合理的生产流程优化设计方案奠定基础；为优化生产设施的布置提供根据；同时流程程序分析也

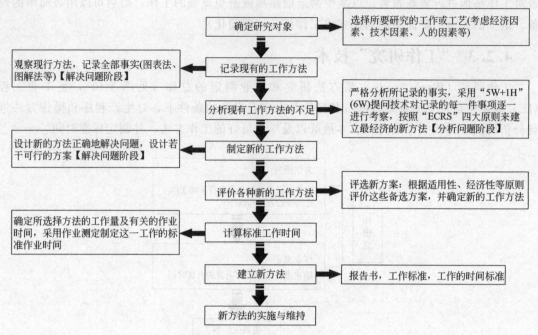

图 4-14 工作研究的实施流程

是进行作业分析、动作分析的必要环节，是一种普遍应用的分析技术。仔细观察生产过程中的这五项活动后，再收集相关数据并绘制流程表，在获得的相关数据基础之上，采取 6W 提问技术对每一项活动存在的问题进行自我提问以及回答，从而发现产生问题的本质，运用 ECRS 原则加以改进，同时形成改进方案，再将改进前后的方案进行对比，记录各种过程出现的次数、物品的移动距离、活动需要的工时等数据并进行对比，最后来评价改进方案的实际效果。

表 4-13 程序分析的常用符号表示

名称	符号	代表的含义
加工	○	指原材料、半成品或零部件按特定的生产目标承受物理、化学、形态、颜色等的变化
检查	□	对原材料、半成品、成品的特性和数量进行测量。或者说将某目的物与标志物进行对比，并判断是否合格的过程
搬运	→	表示工人、物料或设备从一处向另一处在物理位置上的移动过程
等待	D	指在生产过程中出现不必要的时间耽误
储存	▽	为了控制目的而保存货物的活动

4.2.3.2 作业分析法

作业分析是对工人操作的工序进行深入细致的分析，科学合理地布置和安排作业人员、作业对象、机器设备，以达到工序结构的合理化，降低作业人员的生产劳动强度，缩短作业时间，提高生产的效率和效益。针对不同的使用情况和研究对象，通常将作业分析分为双手作业分析、联合作业分析和人机作业分析三类。对于三种作业分析方法的应用列举如表 4-14 所示。

表 4-14 作业分析技术比较表

分析研究方法	研究对象	考察的主要活动	改进重点	使用场合
双手作业分析	作业活动单人过程	加工、检验、搬运、等待等各项活动	改进作业方法,消除多余笨拙的动作,实现双手操作	各种手工装配作业
人机作业分析	机械化作业过程	加工、等待	人机操作的有效配合,提高任何机器的生产效率	机械化作业
联合作业分析	联合作业过程	加工、等待	合理安排作业人员,协调配合	装配作业

双手作业分析是指把工作人员的双手作业的过程当作研究对象,按照合理的程序同时遵循双手协调工作的原理,采用提问技术 5W+1H 和 ECRS 原则以及动作经济原则来改善优化作业方法,平衡左右手的工作负荷,以达到减轻作业人员的疲劳程度,提高企业生产效率。通过人机作业分析方法能够发现导致人与机器设备合作作业效率低的原因,解决方法是以机械化作业为研究对象,提高作业人员和机器之间的配合效率,尽可能地减少作业人员和机器设备的等待时间,提高人机作业的效率。联合作业分析是为了平衡作业参与人员之间的关系和实现作业的均衡负荷,分析作业人员间的配合关系,以达到消除负荷不均衡和浪费的现象的目的。

4.2.3.3　动作分析法

动作分析法是指通过研究人员细致地分析作业人员的操作动作,仔细分析作业人员在各个操作过程中每个部位的动作内容,并用相对应的符号记录下来,从而找出作业人员在操作过程中不经济、不合理、不均衡的操作动作,通过对操作动作进行取消、合并、重排和简化等方法进行改善,以使动作更经济、更有效、更轻松,减轻作业人员身体的疲劳,提高操作人员的工作效率。动作分析方法的主要用途是用来发现操作人员的浪费动作,简化作业人员的操作方法,减轻作业人员的疲劳,提高操作动作的效率,从而提高机器设备的使用效率,同时提高生产系统的生产能力。具体而言,动作分析的用途体现在如下几个方面:减少作业人员的等待空闲时间,制定合理、高效的操作人员动作的先后顺序及方法,根据数据设计最适当的工具、夹具等,从而调整生产作业的机器设备的现场布置,为制定标准作业时间打下基础。

一般来说,动作分析法按照不同的研究准确度可以分为目视动作分析法、影像动作分析法、动素分析法三种(见表 4-15)。

目视动作分析法是指研究人员通过眼睛观察操作人员的每一个具体动作并用动素符号将作业人员的作业顺序中的每一个动作记录下来,并根据记录的动素符号的信息对每一个操作动作进行分析,将有用的、高效的动作保留,摈弃无效、不经济的动作。为了保证记录数据的准确性,往往要求研究人员对操作人员的操作动作和顺序进行多次细致的观测记录。

影像动作分析法是指研究人员为了把作业人员的全部操作动作都录下来而运用摄像机或录像机,然后研究人员就可以根据需要,选择相应的录像部分进行分析研究,这样有利于研究员控制播放速度,并准确记录数据,最后研究员就可以根据这些数据提出改进技术的意见。影像动作方法利用能够反复播放并保存的这一优点,使这种方法被广泛应用于工作研究中。

动素分析法就是研究人员对作业人员的眼睛、头部活动和手、足动作进行仔细观察,将作业人员的动作进一步地划分为手、足、眼、头等人体的各个部位的具体动作,将双手和眼睛的活动与动作的顺序和方法结合起来仔细地分析,可以采用动素符号对数据进行记录和分类，通过细微的动作分析研究，找出在动作顺序方面存在的单手空闲、不经济动作的现象以及浪费动作等问题并对之加以改善优化的一种分析研究方法。吉尔布雷斯把这些基本动作归纳总结为三大类共计 18 种，并将其取名为动素，同时设计出相应的符号代表这些动素。

表 4-15　动作分析方法

方　　法	定　　义	优　　点	缺　　点
目视动作分析法	研究人员用眼睛直接观察作业人员的动作，分析动作并找出现场动作的问题，最后提出改进方案	能够实时改善生产现场的瓶颈工序，提高作业效率	对于时间测定及细微动作的分析观察比较困难
影像动作分析法	通过作业录像，准确地测定分析作业时间和动作要素	准确度高，成本较低，操作简单，可以多次重复操作	需要投入相应的摄像设备
动素分析法	动素是组成动作的基本要素，通过对作业进行观测、记录、分析，寻求改善的方法	能全面、细致、科学地记录分析动素，提出改进方案	需要研究人员具有较强的观测能力和分析能力

4.2.3.4　标准作业时间法

（1）定义及意义　标准作业时间是指在正常的作业环境下具有中等技能水平的作业人员，遵照适当的标准作业的作业方法，记录为达到满足质量要求的工作所用的合理的劳动强度和速度所花费的作业时间。标准作业时间是一种进行科学管理的工具，是研究领域中必不可少的重要组成部分。标准作业时间和劳动力成本与生产周期有直接关系，是为企业制订生产计划、平衡生产线能力、对比评价优化方案、确定合理工作定额等方面的重要依据。

（2）标准时间的构成　由正常时间和宽裕时间两个部分组成标准作业时间，如图 4-15 所示。图中所指的正常时间是指操作者直接作用于劳动对象，生产、加工一个单位量产品所需要的时间。如对零件进行的车削加工、抛光打磨等正常的生产加工所需要的时间。宽裕时间是指根据个人需要或因为其他一些不可避免的因素，而给予的一定程度的放松或者宽放的时间。例如在作业过程中需要喝水、上厕所、休息以及其他意外情况所预留的小部分时间。

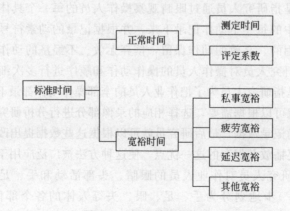

图 4-15　标准时间的构成

标准作业时间的计算公式为：

$$标准时间＝正常时间＋宽裕时间$$
$$＝正常时间×(1＋宽裕率)$$
$$＝观测时间×评估系数×(1＋宽裕率)$$

正常时间的计算是通过观测时间与评估系数的乘积得到；宽裕时间则是由正常时间乘以宽裕率得到。观测时间是研究人员通过对工作过程观测记录得到的时间，但作业人员的作业速度可能慢，也可能快，所以研究人员记录的观测时间是不能作为最终的作业时间的，因此需要定义一个评估系数来修正研究人员记录的观测时间，使操作人员操作速度快的变慢一些，同时操作速度慢的变快一些，从而可以让观测时间准确地反映出操作人员作业需要的真实时间。对于确定合理宽裕时间主要需要考虑作业宽裕、生理宽裕、疲劳宽裕和其他宽裕等方面的因素。

（3）计算标准时间的方法

① 秒表时间研究法。秒表时间研究法（DTSIS）又名秒表法，是指研究人员把工作人员作业时间视为研究对象，使用秒表记录和观测一段时间内作业人员的作业状况，并将测出记录的数据资料同标准概念进行对比，将数据用科学合理的方法处理，最终总结出操作人员完成一项工作所需要的标准作业时间的方法。秒表研究法作为一种研究方法具有科学性、经济性，主要用于计算作业人员为完成工序作业所消耗的工时，为计算标准时间研究提供数据支撑，为制定作业标准和标准时间提供依据。

② 工作抽样法。工作抽样法（WS）又称为瞬时观测法，是指研究人员在作业人员某一个工作状态较长一段时间内直接观察并记录相关的数据资料，然后再依据这些数据来推测全体作业人员的实际工作状态。具有随机性的工作抽样法能够消除工作人员对于数据的干扰，其主要应用于制定范围是生产周期较长和重复频率较低的作业的标准时间，为制定时间定额和产量定额提供依据，从而提高设备利用率和工时利用率。

③ 预定标准时间法。预定标准时间（PTS）法是得到国际上认可的制定标准时间的科学技术方法，在不用经过直接观测的情况下，研究人员将作业人员的基本动作划分为动作要素，然后各个基本动作要素所用的标准时间值相加，再与正常合理的宽裕时间相加最后得出该项作业的标准时间。预定时间标准法能够用来验证秒表测时法制定出来的标准时间的准确性，为确定合成评定法中的评定系数提供参考依据，并有利于提出改进作业活动以提高工作效率的方法。

4.2.4　包装系统设计的评估方法

包装设计评估包括四个方面：运输环境评估、产品强度评估、包装性能评估、包装成本评估，如图 4-16 所示。

4.2.4.1　运输环境评估

① 冲击特性评估：评估运输环境中产品受到的冲击的大小。

② 振动特性评估：评估运输过程中产品受到的振动的大小和主要频率。

③ 其他评估：评估运输过程中的温湿度状况，储存状况等。

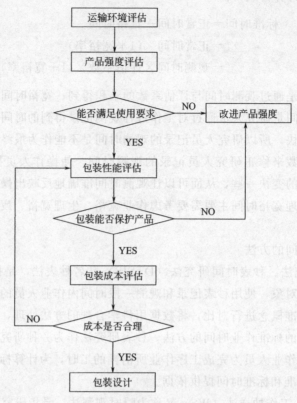

图 4-16　包装设计评估流程图

4.2.4.2　产品强度评估

① 冲击强度：产品脆值、最大速度变化量等。

② 振动强度：固有频率、冲击传递率等。

运输环境和产品强度的评估，为包装设计提供了内、外部的参考，同时为制定包装试验标准提供了依据。

4.2.4.3　包装性能评估

包装性能的评估，首先需确定包装所需的部品，然后对具体部品进行性能上的评估。

（1）评估包装所需部品　常用包装部品有缓冲衬垫、纸盒（箱）、塑料袋（复合薄膜袋）、托盘（包括其组件：纸托盘，纸护角，缠绕膜，聚丙烯打包带等）（见表 4-16）。

表 4-16　包装所需部品

部　品	是否需求考虑因素
缓冲衬垫	产品本身能否抵挡外界冲击
纸盒（箱）	包装方式
塑料袋（复合薄膜袋）	产品是否需防尘、防静电、防磨损等
托盘	物流环节是否需求,是否需要加强托盘的包装强度

（2）评估部品性能　部品性能评估见表4-17。

表4-17　部品性能评估

部品	材料	其他	
		设计参数	包装方式
缓冲衬垫	缓冲性能能否满足缓冲要求 振动性能能否满足振动要求 环保性能能否满足销售地点对环保的要求 生产性能能否满足量产需求 生产是否有稳定的原料来源	厚度和面积 根据跌落试验标准评估 厚度和面积	包装方向 上下 左右 前后 操作性 包装作业难易程度
纸盒（箱）	纸板类型： 单瓦楞、双瓦楞 A瓦、B瓦、C瓦 强度： 抗压强度、耐破强度	印刷 印刷类型： 水印、彩印 印刷内容	箱型 普通型 其他型 刀模
塑料袋 （复合薄膜袋）	有无防静电要求 需不需要保护产品喷涂	印刷警示性语言、环保标记	
托盘	能否满足销售地区木材进出口要求	承载强度	

4.2.4.4　包装成本评估

包装成本主要包括：包装部品成本、模具成本、流通成本。

（1）包装部品成本（包括包材采购成本、设计成本和制造成本）　其中各部品尺寸关系如图4-17所示，各部品成本见表4-18。

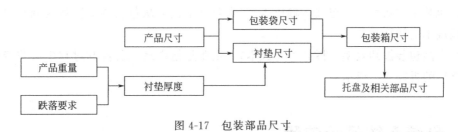

图4-17　包装部品尺寸

表4-18　包装部品成本

部品	成本	
缓冲衬垫	￥＝单价×重量	相关因素
	单价	材料
	重量	密度，厚度，面积
纸盒（箱）	￥＝单价×面积	相关因素
	单价	材质，印刷，其他要求工序
	面积	尺寸，箱型
塑料袋（复合薄膜袋）	材料，尺寸，印刷等	
托盘相关组件	材料，尺寸	

设计成本是包装企业在为客户提供整体包装方案前，需设计一个从项目开始、方案优化至项目完成整个过程包装系统所投入的总成本，其方案设计的好坏将直接影响着整个包装成本的高低；制造成本是指包装制品在整个加工过程中所产生的费用，包括机器维修、车间费用及折旧费用、办公费用、工人工资及福利等。

(2) 模具成本　缓冲衬垫模具、纸盒（箱）刀模。

(3) 流通成本　运输成本、仓储成本和回收成本。

$$运输成本＝货柜费用/装载数量$$

流通成本是指包装产品借助运输工具在空间和时间上位置变化所产生的成本，涉及装卸、搬运、流通等环节，应选择合理的运输工具及路线，优化运输计划安排，尽量减少流通成本的浪费。

货柜费用：取决于运输地点和方式。

装载数量：可由包装后产品尺寸计算得到。

包装使用成本：包装制品配送成本、现场打包成本和库存管理成本。

4.2.4.5　包装方案中可量化的评估指标计算

(1) 产品运输效率（包装好的产品运输成本）　主要是指产品运送到终端用户处所花费的运输成本，而这个是通过车辆的装载数量来进行核算的。

(2) 产品包装装配效率（装配人工成本）　主要是指产品包装装配过程中所花费的时间以及核算出的装配人工成本。

(3) 包装仓储效率（仓储成本）　主要是指包装打包好后在仓库中所在库位的大小，从而对其仓储费用进行核算；其中在仓库中的空间高度采用与运输车辆的有效装载高度来进行计算，这样可以有效提高装车的效率，同时减少再包装的工序。

(4) 包装运输效率（空包装运输成本）　主要是指包装从包装供应商运送到客户处所花费的运输成本的核算。

(5) 产品包装拆卸效率（拆卸人工成本）　主要是指产品包装拆卸过程中所花费的时间以及核算出的拆卸人工成本。

4.3　包装系统设计流程

4.3.1　目标化阶段（需求分析与市场调查）

包装设计的第一步通常是对未来新包装产生希望和预见：我们希望设计生产什么包装？现有包装使用方面的问题在哪里？为什么现有包装不能实现用户希望的功能？对这些问题的答案就是管理决策者或设计师对未来设计的预见。

希望是极为普遍、广泛存在的。每个设计师都会对新设计有自己的期望，每一位用户都希望所使用的包装产品能尽可能地按自己的愿望来工作，每一位企业的决策者对市场运作都抱有希望，每一位科研人员都盼望自己研发的技术能够应用于实际产品。

包装设计开发的关键问题在于这些希望是否能够成功地实现，能否开发并投产成为可盈利的包装产品。这些问题就是对市场时机的考虑。新产品投放市场能获得多少收益也需要进行充分的估计。在今天竞争日益激烈的市场中，对市场所能接受的价格和产量的估计是能否进行包装设计开发的最根本出发点。

包装系统设计的目标化阶段是设计的酝酿、筹划期和包装设计的创意阶段，根据市场反馈和预测，针对宏观决策的战略调研和战略决策，进行设计策划和设计任务的制定。此阶段主要是设计管理层搜集消费市场的反馈信息和根据企业的经营目标对新产品包装所做的设计目标、设计创意、设计开发决策活动。

当完成市场分析并决定设计某项新包装时，开发小组的工作是分析消费人群的需求，了解消费者对新包装的希望。掌握消费者需求之后，还需要对市场上现有的同类竞争产品包装进行分析，知晓这些包装在多大程度上满足了消费者的需求。

通过对以上问题的总结，开发小组掌握了市场情况、消费人群和可应用的技术。其结果是制定和下达包装设计开发任务书及配套的开发计划，包括经费预算，后期的检测与物流服务策划等。此阶段主要完成以下一些问题：

①探索产品化的可能性；②通过对调研结果的分析发现潜在需求；③形成具体的产品面貌；④发现开发中的实际问题点；⑤把握相关产品的市场倾向；⑥寻求与同类产品的差异点，以树立本企业特有的产品形象；⑦寻求商品化的方向和途径。

管理决策人员按照企业基本方针确定设计目标、新包装开发计划、设计的日程和预算等。开发目标对设计的成功与否关系重大。它是设计的开端，是设计的设计，把握着设计的方向和设计的深度，甚至于决定设计评判的标准。

4.3.2　概念化阶段（总体设计构思）

根据包装企划和设计定位已经形成了包装的具体构想方案，确立了包装概念，然后就要针对造型设计确定设计概念。

所谓设计概念，就是基于特定的包装使用对象、使用环境或特定意义，将包装的使用方法、功能结构、造型色彩等构想具体化、形象化。

设计概念是在对包装系统进行了大量的调查研究和综合分析以后逐步形成的，是明确设计方向以后设计程序及设计目标进一步的深化，是对设计方向充分的认识后具体细化的结果。设计概念的提出及确立，是对设计问题提出明确而有效的解决方案，是解决设计问题、形成包装形象的最佳方案构想。

设计任务落实之后，在对包装系统设计开发进行市场调研、搜集有针对性的信息和各种相关资料的基础上，针对调研的产品，将企业的战略目标转化为设计人员心中的具体概念、构思。让设计人员对设计目标有一个理性的认识和初步思考，包括以下内容：

4.3.2.1　总体分析

这一步主要是确定系统的总目标及客观条件的限制。

① 包装设计市场定位。

② 任务与要求的分析。确定为实现总目标需要完成哪些任务以及满足哪些要求。

③ 新包装大体上的规格。在明确了新包装的市场、消费者、技术、成本等问题以后，开发小组的任务是决定如何做到使新包装适应市场并决定产品包装的价格范围。在此阶段的第一项工作是为新包装制定一套大体上的规格，这项工作必须考虑到公司对此项目的要求，包括包装的市场定位以及业务计划与以后的发展规划。

4.3.2.2 建立包装功能模型

（1）功能分析 根据任务与要求，对整个系统及各子系统的功能和相互关系进行分析，包装主要功能和辅助功能分析。

对业务体系建设、消费者需求和竞争的认识，引导设计组产生新的包装概念。其中的第一步是确定包装怎样才能使用户感到满意，此时，并不需要考虑如何实现这样的包装。这是建立包装功能模型的必要工作。

包装系统设计的开发需要功能模型的帮助，用以描述问题、解决问题和相互之间的转化，功能的各个分支转化成为实际包装系统的组件有多种可能的配置。

（2）指标分配 在功能分析的基础上确定对各子系统的要求及指标分配。

方案研究，在众多的创意中选择一个。为了完成预定的任务和各子系统的指标要求，需要制定出各种可能实现的方案。

功能模型和可选择的包装构造为包装概念的提出创造了非常有效的环境。在此阶段，以实现包装功能规范为基础，开发小组会提出很多的创意。设计师需要在众多的创意中选择一个来实现。选择分析的结果就是确立包装的概念：包装系统的工作原理、包装的结构特性、包装设计的卖点、成本、对参数的理解、约束条件分析等。将目标在大脑中形成尽可能清晰的概念是这一阶段的标志性成果。此阶段主要搞清以下一些问题：

① 确定产品存在问题的领域。

② 确定包装产品需要的范围、市场和消费者对需求品的缺陷和价值。

③ 确定目前技术的可能性。

④ 对包装产品制定出概略性能说明。

⑤ 确定对于预想的重要问题的领域提出的问题关键点在什么地方，要搞清它的应用领域用来确认技术的可能性为主。收集现有数据，并且说明书必须对开发的包装系统应该具备的性能要求作出明确的说明。

⑥ 初步分析包装的包装特性、市场定位、产品卖点。

包装向设计迈出的实质性的第一步就是概念化，概念化阶段是设计由管理层向设计师转化的必然阶段，双方之间的有效交流、沟通、正确的理解和对设计目标的适当调整对于概念化是必不可少的。对市场调研范围大小、信息的可信度，以及研究人员对目前技术的了解、掌握、实施的可能性等问题的研究程度对后续设计的技术先进性、款式时尚性、商业经济性等极其重要。

4.3.3 技术准备阶段（包装防护方案设计）

在包装系统设计中，对被包装产品进行分析是为了对产品的包装防护进行方案设计与技术准备。包装系统的防护包装技术主要需要了解掌握物理防护、化学防护、生物防护这三个方面的技术范畴，其中物理防护主要包括防震、缓冲、防潮、防水技术；化学防护主要包括防锈、防老化技术；生物防护主要包括防霉、防氧化变质、保鲜技术等。

各种产品从生产到使用一般都要经历运输、识别、装卸、堆码、储存、销售等环节。在这一系列的环节中，不可避免地会受到冲击或震动等机械作用力，同时还会受到气体腐蚀、紫外线、复杂电磁环境和静电等各种化学、物理因素的影响，为了避免或延缓这些因素对产品的不良影响，需要有针对性地采用合适的方法和材料对产品进行包装防护，为产品提供一种适合其整个生命周期内各种活动过程的小环境，也可称为"微环境"。

4.3.3.1 物理防护

（1）缓冲包装技术　缓冲包装研究的产品是易碎产品，主要是电子电器产品。缓冲包装涉及的环境因素是振动与冲击。缓冲包装的基本方法是在产品与包装箱之间装填缓冲材料，其功能是吸收振动与冲击环境输入运输包装件的能量，将产品对环境激励的响应限制在产品能够承受的范围之内，将产品在流通过程中的破损降低到最低限度。在防护包装的各个分支中，最为人们关注的是缓冲包装。其原因一是缓冲包装涉及的产品最为广泛，不仅是仪器、仪表和各种电子产品，而且还包括易碎的陶瓷、玻璃、水果、蔬菜和易燃易爆的危险化学品；二是振动与冲击造成的破损最为常见，由此而造成的经济损失在产品损坏的各种形式中居于首位。

① 缓冲包装设计的第一步就是确定流通环境。以缓冲减振为主要功能的缓冲包装，所以这里讲的流通环境主要指的是振动与冲击环境，确定冲击环境就是为了确定包装件的设计跌落高度。对于振动环境，要区别两种情况：按简谐振动计算振动环境指的是加速度频率曲线；按随机振动计算，振动环境指的是功率谱密度曲线。

② 缓冲包装设计的第二步是确定产品包装的易损性。所谓易损性，指的是产品在冲击与振动环境下抵抗冲击与振动的能力。确定产品包装的易损性方法是实验室试验而不是理论计算。确定产品的易损性就是在冲击环境下测试矩形脉冲的产品破损边界曲线，确定产品的脆值与临界速度改变量；产品在振动环境下的易损性，不仅与易损零件的极限加速度有关，而且还与易损零件的振动特性有关；因此在确定产品的易损性时还要测试易损零件的幅频曲线。

③ 缓冲包装设计的第三步是选用适当的缓冲垫。具体地说，选用适当的缓冲垫就是选用适当的缓冲材料，测试材料的缓冲特性曲线，根据设计跌落高度计算衬垫的面积与厚度，而后根据振动环境对衬垫做振动校核，使设计出来的缓冲包装既经济又安全。

④ 缓冲包装设计的第四步是创造原型包装。原型就是样品的意思，所谓创造原型包装，意思就是对于样品的设计与制作。既然是设计，就不能抄袭，就要有创新。同时原型包装只是样品，要想投入批量生产必须经过规定的各项环境试验。

⑤ 缓冲包装设计的第五步是试验原型包装。设计缓冲包装是个非常复杂的问题：产品种类繁多，形状不规则，零部件很多，由它们组成的振动系统是极为复杂的系统；缓冲材料不仅是非线性材料，而且是黏弹塑性材料。虽然缓冲包装的设计方法的主要手段是实验室试验，因此会忽略许多结构因素，所以缓冲包装的设计不可能像机械设计、建筑工程设计那样准确。正因为如此，要按规定的环境条件对原型包装进行冲击、振动和压缩试验，合格后才能投入批量生产。否则，就要修改设计，再造原型包装，再进行试验，直至合格为止。

（2）防潮包装技术　防潮包装就是对物品进行包封的材料是具有一定隔绝水蒸气能力的防湿材料，从而隔绝外界湿度环境的变化对产品的影响，同时使包装内的相对湿度满足物品的要求，保护物品的质量。其原理是根据物品特性和流通环境的湿度条件，为了达到物品防潮的目的应选择合适的防潮包装材料和采用合适的防潮包装结构，防止或者减少水蒸气通过。一般采用合适的防潮材料，设计合理的防潮结构或采用附加物（例如干燥剂、涂料、衬垫等）等来提高防潮性。

一般气体都具有从高浓度向低浓度区域扩散的性质，空气中的湿度也有从高湿区向低湿区扩散的性质。要隔断包装内外的这种扩散，保持包装内产品所要求的相对湿度，就必须采用具有一定透湿要求的防潮包装材料。

包装材料的透湿性能决定于材料的种类、加工方法和材料厚度，为判断包装材料的透湿性能，一般测定其透湿度。透湿度（Q）指在一定的相对湿度差、一定厚度、$1m^2$ 面积薄膜在 24h 内透过的水蒸气质量值。透湿度是防潮包装材料的一个重要参数，也是选用包装材料、确定防潮期限、设计防潮工艺的主要依据，但包装材料透湿度的大小受测定方法和实验条件的影响很大，当改变其测定条件时其透湿度值也随之改变，故各国都制定了透湿度的测定标准。

我国目前参照日本 TLS-Z-0208 标准操作，即有效面积 $1m^2$ 的包装材料在一面保持40℃，相对湿度90％ RH，另一面用无水氯化钙进行空气干燥，然后用仪器测定 24h 内透过包装材料的水蒸气量，测定值就是在 40℃、90％ RH 条件下包装材料的透湿度，单位用 $g/(m^2 \cdot 24h)$ 表示。

按上述方法测定的包装材料透湿度可作为防潮包装设计的依据，但实际产品包装时不可能只在这特定条件（40℃，90％ RH）下进行，通常环境的温湿度变化较大，在不同温湿度条件下其透湿度有很大差别，当温度高、湿度大时，水蒸气扩散速度就会增大，反之则扩散速度会降低。

此外，包装材料的透湿度与其厚度成反比，增加包装材料的厚度，则可提高防潮性能。为了提高防潮包装材料的防潮性能，一般采用不同材料进行复合。复合材料的防潮性能是各层薄膜防潮性能的总和。

对用同一种塑料薄膜层合的多层薄膜，其透湿度与叠合的层数成反比例，即随叠合层数的增加而减少，而防潮性能随层数的增加而成比例地提高。

对于防潮包装更为迫切需要的是目前市场上种类日益繁多的加工食品，各种酥脆食品（饼干或蛋卷）、干制食品（香菇）、茶叶以及多组分食品（夹心饼干）等，更是成为人们生活中必不可少的食品。这些食品都具有很强的吸湿和易感染异味的特点。水蒸气对各种干性食品或多组分食品会带来以下几方面的影响：①物理变化，例如面包失水后变硬、饼干吸水后脆性降低等；②物理化学变化，例如糖或盐结块或形成水合物等；③生物变化，当湿度超过临界值或在包装内形成小水滴时，霉菌或细菌就要生长；④化学变化，如粮食的褐变等。

防潮包装过程极其复杂，包含食品结构及组成特性、温度、湿度、包装条件等多个因素，所以对防潮包装技术的研究比较复杂。几种常用防潮复合薄膜的透湿度见表 4-19。

表 4-19　几种常用防潮复合薄膜的透湿度（40℃，90％ RH）

序号	复合薄膜组成	透湿度/$[g/(m^2 \cdot 24h)]$
1	玻璃纸（$30g/m^2$）/聚乙烯（$20\sim60\mu m$）	$12\sim35.3$
2	防湿玻璃纸/聚乙烯	$10.5\sim18.6$
3	拉伸聚丙烯（$18\sim20\mu m$）/聚乙烯（$10\sim70\mu m$）	$4.3\sim9.0$
4	聚酯（$12\mu m$）/聚乙烯（$50\mu m$）	$5.0\sim9.0$
5	聚碳酸酯（$20\mu m$）/聚乙烯（$27\mu m$）	16.5
6	玻璃纸（$30g/m^2$）/纸（$70g/m^2$）/聚偏二氯乙烯（$20g/m^2$）	2.0
7	玻璃纸（$30g/m^2$）/铝箔（$7\mu m$）聚乙烯（$20\mu m$）	<1.0

（3）防水包装技术　防水包装是为了防止因水侵入包装件而影响内装物质量所采取的具有一定防护措施的包装。防水包装属于外包装，一些具有保护性的内包装，例如防潮包装、防锈包装、防霉包装、防震包装等，可以与防水包装结合考虑，但不能代替。一般而言，外包装采用防雨水结构，内包装为了防止潮气的影响而采用防潮、防止金属的氧化而采用防锈、防止或抑制霉菌孢子的发芽与生长而采用防霉等结构，它们的工艺措施并不完全相同。虽然液态的雨水和气态的水蒸气（潮湿空气）的物理化学性质是相同的，但它们对包装件的侵袭方式和现象是不尽相同的。所以，防雨水包装结构不一定能兼防潮包装的作用。因为，防雨水包装只是单纯为了防止外界雨、雪、霜、露等渗入包装内侵蚀内装物，除非是采用气密性容器包装，它对外界潮湿空气的侵蚀是防止不了的，也不能起阻止作用。要想防止包装内的残存潮气及内装物蒸出来的潮气对内装物的影响，还需要采用防潮、防锈及防霉等其他防护包装。

常用防水包装方法中，对防浸水的防水包装应采用刚性容器，如金属材料或硬质塑料；对防喷淋的防水包装可采用木质容器，木箱内壁应衬以防水阻隔材料，并使之平整完好地紧贴于容器内壁，不得有破碎或残缺。防水包装容器在装填内装物后应严密封缄，具体的防水结构可参见相关的国家标准。

近年来，由于超疏水表面在自清洁表面、微流体系统和生物相容性等方面的潜在应用，有关超疏水表面的研究引起了人们极大的关注。从影响表面浸润性的主要因素可知，提高表面的粗糙度并降低其表面能可以显著地增强表面的疏水性。这一技术目前已经开始应用在产品外包装防水技术上。

4.3.3.2　化学防护

（1）防锈包装技术　防锈包装研究的产品是机械产品，主要是产品中的钢铁件。防锈包装涉及的环境因素主要是空气的湿度和氧气。金属的锈蚀主要是电化学锈蚀，而且是吸氧锈蚀。防锈包装的基本方法是在金属表面浸涂防锈油脂，并将其装入阻隔性好的密封容器内，使容器内处于干燥和缺氧状态；或者在密封容器内装入气相防锈剂，代替防锈油脂。采用这些包装技术与方法，目的是阻断水蒸气和氧气对金属表面的影响。

机电产品种类繁多，它们所用的材料各不相同，它们的大小和形状更是千差万别。对选择防锈包装容器影响最大的因素是产品的大小和形状。因为产品的大小和形状千差万别，所以防锈包装的种类很多，特别是内包装。分析各种各样的内包装，机电产品用得最早而且用得最多的是塑料袋。有一些广泛应用于日用品、药品包装的贴体包装、泡罩包装技术以及常用于食品包装中的真空和充气包装技术也可用于金属产品的防锈包装。

（2）防老化包装技术　高分子材料在包装材料的选择与使用上已经成为普遍运用的材料之一，但是在应用的过程中会发现，由于受到温度、湿度和光的影响，久而久之高分子材料外观或是性能会发生改变，这就是一个老化的过程。高分子材料的老化有多种形式，主要可以分为外观的变化、力学性能的变化、物理性能的变化、电性能的变化等几种情况。外观的老化现象主要表现在高分子材料的表面出现霉渍、变色、斑点、躯壳、皱纹、焦烧、黏化、裂痕、收缩等变化，如在日晒雨淋的过程中农用薄膜会出现变脆、变色的情况，某些有机玻璃制品时间久了会出现纹路。物理性能的变化主要是材料的溶胀性、流变性、溶解性降低，表现在材料上是透水性、耐热性和耐寒性的降低。力学性能的变化主要是冲击力、剪切力、弯曲强度和拉伸强度的降低，因此导致材料的应力和伸长度也会下降，如橡皮筋老化会出现变硬、弹性下降的情况。电性能的老化现象表现为电学性能下降，如介电常数下降、体积电阻和表面电阻下降等。

① 高分子材料的热老化预防措施：热老化预防措施主要是通过改变高分子材料的物理性能。采用增塑剂是一种降低玻璃化温度的措施，可以让高分子材料在寒冷的状态中不被老化。

② 高分子材料的湿老化预防措施：湿润、水解会引发高分子材料的老化，主要是由于聚酰胺、聚缩醛、聚酯等高分子材料会受到水分中碱、酸的影响，从而产生分解变化，导致化学性能受到改变，因此这类材料只能通过盖上一层保护膜来防止水分对材料的侵蚀。

③ 高分子材料的氧老化预防措施：是指在高聚物等高分子材料的加工过程中，将酚类抗氧化物、胺类抗氧化物、含硫有机化合物以及含磷化合物等物质有选择性地加入到高聚物中，防老化材料能与过氧自由基发生反应，从而使氧老化反应终止。

④ 高分子材料的生物老化预防措施：为了缓解高分子材料被生物老化的现象，首先要了解哪一类生物最容易对高分子材料产生影响。在现实生活中，霉菌对高分子材料的威胁最大，霉菌在短时间内便能造成高分子材料的老化。其次是原生动物、细菌、藻类等，这些也在不知不觉中对高分子材料的生物老化产生影响。所以，现在对菌类的预防是最重要的。目前添加反微生物因子是主要的防老化技术，防霉剂等措施来预防此类老化的发生。

4.3.3.3　生物防护

（1）防霉腐包装技术　防霉腐包装研究的是以动植物为原料加工而成的产品，主要是食品，又不限于食品。防霉腐包装涉及的环境因素是霉腐微生物，包括细菌、酵母菌和霉菌。动植物性产品发生霉腐变质，是这类微生物在产品上生长繁殖的结果。防霉腐的基本方法是用阻隔性能优良的密封容器包装动植物性产品，并采取各种适当的措施，使霉腐微生物不能危害内装产品。这些措施是：干燥防霉、高温杀菌、低温防霉、气调防霉、辐射防霉和化学防霉。

（2）水果和蔬菜保鲜包装技术　机械因素（振动与冲击）会使果蔬整体遭受机械损伤，为微生物的入侵打开通道，加快果蔬的腐烂变质。对果蔬进行包装的基本方法是采摘后对果蔬进行清洗、防腐、涂膜，装箱时在果蔬与包装箱之间增加衬纸或薄膜衬，用纸或薄膜对果蔬包裹，将果蔬装入透气塑料袋，缓冲采用发泡塑料网或塑料果托缓冲。还可以将低温和气调储藏与果蔬包装相结合，目的是尽可能降低果蔬的呼吸强度，限制果蔬水分蒸发，减少外力对果蔬的机械损伤，延长果蔬的储藏期。

随着果蔬储运一体化技术的大规模发展，以及果蔬冷链物流体系、果蔬电商销售模式的兴起，果蔬的流通范围逐步扩大，这不仅需要果蔬维持较长的货架寿命，还要保持营养新鲜的品质，同时又要确保果蔬不被有毒的防腐剂、化学添加剂、微生物等污染。目前使用的传统包装材料（塑料、玻璃、金属等）虽能达到一定的保鲜效果，但它们的封闭性容易导致微生物滋长，且不可降解、不可再生等诸多问题使其本身发展受到制约，因此，在这种前提下具有特定功能的活性包装就应运而生。

活性包装指在包装袋内加入各种气体吸收剂和释放剂，通过消除包装内氧气、二氧化碳等气、液体，或控制温湿度或加入抑菌剂来延长食品保鲜期的包装，是一种通过改变食品包装的存储环境来延长食品的货架寿命，改善食品的气味和口感，提高食品的卫生安全性，从而维持食品品质的包装技术。活性包装已经在日本、欧美市场逐步发展，但在我国食品包装中的应用却尚未普及。由此可见，活性包装在我国食品行业发展中具有广泛的研究和应用前景。活性包装有很多种分类，其中一种常用分类方法可将活性包装分为：抗菌包装系统，利用抗菌剂或抗菌材料来抑制微生物的生长；吸收系统，吸收包装内的氧气、水分、乙烯等容易导致食品腐败的物质；释放系统，在包装体系内释放一些如二氧化碳、防腐剂、抗氧化剂等能够抑制食品腐败变质的物质；其他活性包装系统，如时间温度指示系统等。

4.3.3.4　危险化学品包装

我国颁布的《危险化学品安全管理条例》规定的危险化学品有七大类：爆炸品、压缩气体和液化气体、易燃液体、易燃固体、自燃物品和遇湿易燃物品、氧化剂和有机过氧化物、毒害品和腐蚀品。危险化学品按其危险程度分为Ⅰ、Ⅱ、Ⅲ三级。Ⅰ级最危险，Ⅱ级中等，Ⅲ级一般。危险品包装涉及的环境因素有明火、高温物体、潮湿空气、照明电器、雨水、日光、振动与冲击等。危险化学品的"损坏"主要是指燃烧、爆炸、中毒和腐蚀性事故，这类事故会给人民生命财产造成重大损失。危险化学品在装卸、运输和储存过程中会不会发生事故，不仅与包装有关，还与公路、铁路、海运系统的全面安全管理有关，是非常复杂的问题。就危险品包装而言，主要涉及四个问题：①包装材料应该有足够的化学稳定性，不会与内装危险品发生化学反应；②包装容器要有足够的强度，保证在流通过程中不因容器破裂而造成危险品撒落和溢出；③包装容器要有可靠的密封性能，保证在流通过程中不发生危险品泄漏事故；④包装件要有良好的缓冲性能，保证在没有明火和其他热源的情况下，不因振动和冲击而造成危险品发生燃烧和爆炸事故。此外，对于液态危险品，包装箱内应装填吸附材料，吸附万一发生泄漏的危险品。

4.3.3.5　医药包装

医药分中药与西药两大类。中药大多是以动植物为原料加工而成的，可列入防霉腐包装，不必另作讨论。西药包括化学合成药和生物制药，有液体、粉状和片状，有的药片外敷有糖衣，改善服药时的口感。西药在运输和储存中的问题是如何防止它与空气中的水蒸气和氧气发生化学反应而使药品变质失效，还要防止光亮和温度升高而加快这类化学变化。药品应放在阴凉的环境下保管。不论是中成药还是西药，药品都有内包装。药品内包装又可分为个包装和中包装。药品个包装形式很多，如小袋、小瓶、泡罩包装、真空包装等，包装材料大多为塑料和玻璃，药品的中包装大多采用纸盒，新兴的中包装也有收缩包装等。

4.3.3.6　防护包装的设计方法

防护包装的设计方法不是以理论计算为主，而是以防护包装理论为基础、以包装标准为依据、以实验室试验为主要手段，是一种理论与实践相结合的实用型设计方法。防护包装要保护的是各种各样的工农业产品。这个课题涉及的知识面过于广泛、涉及的问题过于复杂，包装科技人员不可能有如此渊博的学识，能透彻了解各种各样工农业产品的产品特性。防护包装设计需要掌握必要的包装专业知识，如包装材料、包装防护原理、包装结构设计、包装容器制造、包装工艺与设备、包装测试技术、包装装潢与造型等，工农业产品设计人员不熟悉这些包装专业知识，因而是不能在完成产品设计的同时完成产品的包装设计的。常用的包装容器，如箱、桶、袋、盒、瓶等，从工程力学的角度看，结构过于复杂，而且所受的力又是一些随机的动载荷，其强度计算的广度和深度远远超过理论力学和材料力学的范畴，理论计算必然会涉及工程力学的各个方面，而且难以得到准确的结果。

（1）以防护包装理论为基础　各类产品的防护包装理论研究产品特性、流通环境、流通环境对产品的作用及产品损坏的形式与机理，以及防止产品损坏的条件与方法，是研究和设计防护包装的理论基础。没有这个基础、不了解各类产品防护包装的基本原理，不可能设计出这些产品的合理的防护包装。

设计防护包装不但要有必要的理论基础，而且要有必要的专业知识，即防护包装设计是防护原理与包装技术的结合。防护包装既有外包装，又有内包装，但大多是内包装，而且大多是销售包装。所以，在强调"安全、经济"的同时，还要强调包装的装潢与造型，即设计出能美化和宣传内装产品的防护包装。

（2）以包装标准为设计依据　防护包装不是通过理论计算，而是以包装标准作为设计依据的。

防护包装是否能保护产品、防止产品损坏要从两方面分析：一是包装质量的好坏，二是流通环境的好坏。同样的防护包装，流通环境好，就能将产品安全而又顺利地输送到消费者手中；流通环境差，产品就有可能在流通过程中损坏，或者在流通过程的某些环节造成麻烦甚至发生事故。所以，防护包装标准包括包装质量标准和流通环境标准。

以危险化学品包装为例，与危险品包装相关的单位包括危险品生产厂家，包装容器与材料的生产厂家，公路、铁路、海运等运输企业以及购买这些危险品的消费者（收货人）。对危险品包装发展起决定性作用的关键性因素是：危险品的性质，危险等级，包装材料的种类，包装容器的形状、结构、规格和技术要求，危险品包装能不能达到技术要求的检验与试验方法等。由国家机关，主要是国家标准局对这些关键性因素做出限制性规定，并将其颁布就称为标准。这些标准协调上述四方的关系，为危险化学品包装的发展创造必要的内部条件和外部条件。

防护包装标准种类很多，有包装材料标准，包装容器标准，产品包装方法标准，包装测试标准，包装检验标准等。

4.3.4　包装设计的视觉化阶段（包装内外方案设计）

设计的视觉化阶段以实现设计的创意为目的。实现包装设计的一个重要方面是进行包装样品建模，通过实际构建功能模型或以数字分析的方式建模，对执行的效果进行测试。在传统的研究领域，建模常用来分析解释科研工作中出现的某些现象。而在包装系统开发过程中，我们并不需要解释什么现象，而是要通过新颖的包装构造使消费者满意，实现总体设计构想，尽到设计师的责任，同时尽可能创造利润。因此，设计人员必须在包装系统开发的现实环境中考虑建模，用以有效地帮助设计决策的工作。

将调研的信息与已有的经验、感知、判断相结合，形成包装概念，利用视觉传达理念综合分析，拟定可行性方案，并在方案上给予的细节考虑，包括做出三维模型或计算机三维仿真模型，反复与最终目标作品对照，改进设计方案。此阶段的标志性成果是将目标和形成的目标概念转化为视觉信息。该阶段由构思分析、方案综合、模型试验（形态、尺度等几何要素）、反馈修正 4 个环节组成。

4.3.4.1　构思分析

① 实施的可行性分析（初步设计分析）。

② 明确实施技术，讨论细节问题。

③ 明确经济可行性。

④ 关键技术分析。

⑤ 提出设计草案。

⑥ 检查消费者和生产者的经济能力，即购买力和生产成本之间的平衡可能性，对解决

问题的概要进行分析。

设计构思阶段的实际任务就是通过包装构思草图（或草模）展开构想，产生具有创造性和新颖性的意向性方案，逐步将包装形象具体化，如图 4-18 所示。

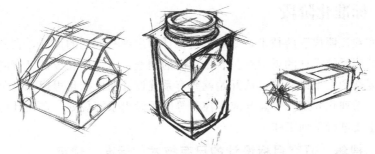

图 4-18　包装构思草图

在这个阶段要同时对包装造型的各个侧面进行设计，如功能、构造和人因学等。通常包装功能和构造会直接影响包装形态，但有时为了创造出新的形态，又必须改变功能和构造，而包装的易用性、可操作性等人因学要素也是必须加以考虑的。此外，还有必要掌握与本设计相关的市场信息、流行信息、技术信息等，并对其进行分析应用，提高包装设计的可能性。

完成构思草图，就完成了具体设计的第一步，而这第一步又是非常关键的一步，因为它是从造型角度入手，渗透了设计前各阶段，是各种因素的一种形象思维的具体化，它逐步明确了设计概念，使设计找到最佳方法和最佳表现形式，在纸上形成了三维空间的形象。

4.3.4.2　方案综合

（1）系统优化　在方案研究和分析模拟的基础上，从可行方案中选出最优方案。

① 开展设计方案，对构思进行综合设计。

② 补充可能需要的说明（说明书补充）。

③ 开展细部设计（设计草案筛选整合）。

（2）系统综合　选定的最佳方案至此还只是原则上的东西，欲使其付诸实现，还要进行理论上的论证和实际设计，也就是方案具体化，以使各子系统在规定的范围和程度上达到明确的结果。

（3）预测技术性能和成本。

（4）制定文件。

4.3.4.3　模型试验

（1）设计二维原型，并试制三维尺度的模型。

（2）原型制造（样品打样）。

（3）检查试验。

（4）评价包装的技术性能。

（5）使用者原型试验。

4.3.4.4　反馈修正

在展开原型阶段，先进行样品打样，从检查过程中发现问题，通过对已提出的设想的确认，来判断无法解决的部分，利用制作出的原型先进行性能试验，最后是实际应用实验等。

利用试验来对设计和技术进行评价，实验过程以说明书内容为基准，按照说明书做细部设计，然后对用图或文字来体现设想的说明文件进行修订。

4.3.5 标准化阶段

为了利用实践证明成熟的技术，避免重复设计和出现有问题的设计，在开展方案深化设计之前，需要按照系统设计的思想对包装做全面的调查，落实包装设计已有的技术和标准规范。同时，对复杂和大型设计项目从开始就要有系统设计和标准化思想，对包装的种类、规格、技术模块、系列化开发、风险与成本控制等问题做出系统规划。在设计的标准化阶段由专业设计人员主要进行下列工作。

4.3.5.1 搜集、研究目标设计的已有技术、标准、规范

技术标准包括：国家标准、专业标准和企业标准等有关涉及包装标准；原材料标准；零部件标准；设计标准；工艺标准；工艺装备设备维修标准；自制设备及设备维修标准；环境条件标准；包装信息标准和检验标准。其他的还有安全标准，方法标准，编码（编号、代号）标准等。对目标设计的已有专利、商标等进行系统调研，搜集有关信息和各种相关资料。

4.3.5.2 包装标准化工作

此阶段主要进行设计预备工作和明确设计概念。在包装系统开发时应注意简化包装种类，防止将来出现不必要的多样化，以降低成本。对于一定范围内的包装种类进行缩减，种类简化后，它的参数应形成系列，参数系列可从国家标准优先数列中选取。将同一品种或同一形式包装的规格按最佳数列科学排列，形成包装的优化系列，以尽量少的品种数目满足最广泛的需要。统一各种图形符号、代码、编号、标志、名称、单位、包装开启方向等；使包装的形式、功能、技术特征、程序和方法等具有一致性，并将这种一致性用标准确定下来，消除混乱，建立秩序。

4.3.5.3 包装技术平台整理测绘、拆解选定基准包装，研究包装基准

在包装系列确定之后，用技术经济比较的方法，从系列中选出最先进、最合理、最有代表性的包装结构，作为基本型包装，并在此基础上开发出各种换型包装结构。

在具体设计工作中，调用和测绘基本型包装的标准件与通用模块，能满足基本型包装的结构直接采用，或做局部调整，将不能满足基本型包装的部分作为包装设计开发的主要设计工作展开概念与方案设计。

这一阶段工作主要包括基本功能设计、使用性设计、技术可行性设计、生产可行性设计，即综合考虑功能、结构、形态、色彩、人因、材料、质地、加工等方面的内容。这时的包装形态要以基本结构和尺寸参数为依据，对包装设计所要关注的方面都要给予关注。

这个阶段是十分具体的设计操作阶段，首先要求设计师要有良好的设计表达能力，并能够根据具体设计方案的特点选择合适的设计表达方式，如效果图、模型、图表、文字等经常作为表现手段而被使用。在设计基本定型以后，设计师用较为正式的设计效果图进行表达，并向企业决策者或设计委托人传达。图4-19所示为"俄罗斯方块"造型包装设计细化阶段的结构展示，图4-20是包装设计标准化阶段的制图展示。同时，在这个阶段还要进行更多更具体的分析研究和评价，如人因学的分析评价、技术性能的分析评价（适

用性、可靠性、有效性、适应性、合理性等）、经济性的分析评价（成本、利润、附加值等）、市场的分析评价（是否符合市场需求、对市场和消费者的诉求是否有效、与竞争对手的产品包装是否形成差别、是否强化了企业形象等）、美学价值的分析评价等（造型是否新颖、具有独创性和个性特征，色彩搭配是否合理等），并进行综合的系统性研究和优化，形成最终方案。

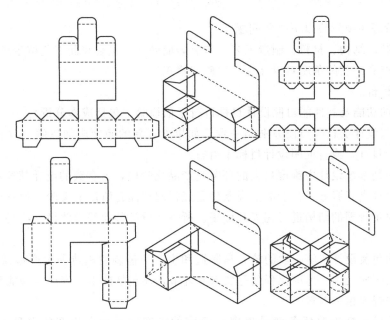

图 4-19 "俄罗斯方块"造型包装设计细化阶段的结构展示（学生作品）

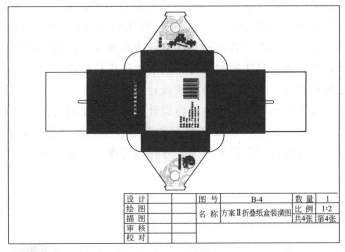

设 计		图 号	B-4	数 量	1
绘 图		名 称	方案Ⅱ折叠纸盒装潢图	比 例	1:2
描 图				共4张	第4张
审 核					
校 对					

图 4-20 包装设计标准化阶段的制图展示（学生作品）

4.3.6 产品化阶段

选优得到的设计方案必须在设计过程中加以实现，这是包装系统开发的最后一个阶段。此阶段最主要的工作是对各组成要素、部件制造、包装部品组装等依据预定的规范和标准，将包装系统设计具体化。

包装系统各部分的包装技术选用后再经标准化修订就要实做包装产品，从包装生产和工艺的角度对设计进行检验和修正，对包装的结构、材料、制造工艺，包装装配工艺以及包装的功能和包装性能全面进行检验，包括成本分析等。

一个真实的设计在设计活动过程中会遇到极大的技术性挑战。包装与设计资料和任务书一致或发现新的问题加以解决，或优于原设想目标，或证明设计目标不可行是这一阶段的标志性成果。

产品化阶段主要解决以下一些问题。

① 对包装的结构、材料、制造工艺、包装表面处理、包装装配工艺按生产要求实施。

② 从生产和工艺的角度对设计进行检验和修正。

③ 使用评价。

④ 包装的功能及其性能对照设计目标进行全面检验（包括成本分析）。

⑤ 包装与设计资料应与任务书相一致，如果发现新的问题应加以解决（比如发现优于原设想目标的设计，或者证明设计目标不可行）。

在整个包装系统设计中难度最大的环节是产品化阶段，大多数的设计都经不起产品化阶段的考验，设计真正服务于社会的前提条件是经得起产品化阶段的考验。设计师应该在产品化阶段继续对不合理的结构进行完善和修正。所以，设计师要努力使设计经得起产品化设计阶段的考验。

产品化的包装设计实施阶段的核心是制造和生产，包装的制造和生产涉及包装的材料、工艺、装配、表面处理、标准化程度等要素和环节，还包括成本、安全、功能指标、相关的生产与行业法规等相关因素。

在这个阶段一个重要任务就是根据已确定的方案完成面向生产的多种方式的传达和表现。

例如制图，在制图中展示包装件具体的尺寸参数和装配要求、对所使用的包装材料进行具体的说明等；还有模型（见图 4-21），一般通过真实再现设计对象的模型精密部件对操作触感、材质感等感觉方面的问题及其机构、构造、表面处理上的问题进行验证及调整。通过必要的生产性设计表达，必须具体地对设计方案的生产可行性做出调整，然后通过小批量的生产试制和修正才能正式投入生产，进而实现设计的产品化。

许多产品设计开发失败的事例都发生在由设计向生产转化的阶段，没有充分考虑制造方法、装配组合、表面处理等问题，以及省略制作精密模型的环节往往就是失败的原因。因此，要在充分解决了上述各种问题的基础上，才可以考虑正式投入批量化生产。

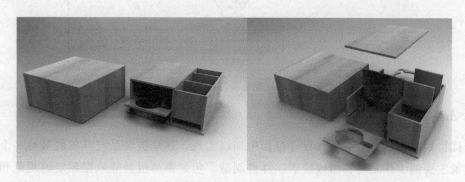

图 4-21　包装设计模型装配效果图（学生作品）

4.3.7 物流服务规划阶段

现代物流服务体系是为了保证现代物流服务正常运作与其他相关要素有机组合在一起的综合服务体系，是由一些相互关联、相互制约的若干要素组成的、具有特定功能的一个有机整体。现代物流服务体系除了符合系统的一般特征（比如目的性、整体性、集合性、动态性、相关性、适应性）之外还具有一些大系统的特征（比如规模庞大、结构复杂、目标众多等）。

在包装系统设计中，基于整体包装解决方案的核心思想，物流服务的规划是不可缺少的。在这个阶段，设计人员需要了解现代物流服务体系的基本组成和物流服务供应链的基本机理。

4.3.7.1 现代物流服务体系

从本质来说，人、财、物、信息是现代物流服务体系的四个最基本的要素。在此基础上，现代物流服务体系又形成了四维要素，主要包括功能维要素、物理维要素、市场维要素和环境维要素等。

细化来说，功能维要素主要是指物流服务活动，其中包括运输、仓储、包装、装卸搬运、流通加工、配送、信息处理七大功能要素。物理维要素则主要包括流体、载体、流量、流向、流程、流时和流速等七个方面。市场维要素主要包括三个方面，具体指的是物流服务的主体要素（如各类物流企业）、物流服务的客体要素（如工业企业、商贸企业等）、物流服务的平台要素（基础设施与设备平台、物流信息技术平台、物流监管协调平台、物流中介平台等）。环境维要素则主要包括政治、经济、军事等方面。

通过一定的体系关联模式在这四维要素之间建立一定的连接关系，然后形成体系结构，在一定的物流服务运作机制下，开展物流服务工作，进而实现体系的功能。因此，物流服务体系的构建与完善的关键在于物流服务运作机制的建成。

4.3.7.2 现代物流服务体系的运作机制与五大核心要素

（1）物流需求主体要素　物流需求产生的主体是物流需求主体要素（即物流客体要素）。经济的飞速发展加速了商品、信息和服务在全社会的流通，为物流服务行业的发展提供了广阔的空间，为我国现代物流业供给总量的快速增长奠定了需求基础。总体看来，国民经济的各个产业都是物流需求主体要素（具体包括第一产业物流需求主体、第二产业物流需求主体、第三产业物流需求主体），其中最具代表性的物流需求主体包括工业物流需求、农业物流需求、商业物流需求和进出口物流需求。

（2）物流服务供给主体要素　在现代物流服务体系的框架中，物流服务供给主体要素是重要的组成部分，其中物流市场的供给主体是物流企业的形成与发展。物流企业的经营业务包括运输或仓储（至少包括其中一种），并且能够按照客户的物流需求意愿对物流服务（运输、储存、装卸、包装、流通加工、配送等基本功能）进行组织和管理，是一种拥有与自身业务相适应的信息管理系统，实行独立核算、独立承担民事责任的经济组织。

（3）物流服务供给的设施设备要素　在物流服务运作中设施设备要素是为其提供保障的硬件载体设施。物流设施设备是指在进行各项物流活动或物流作业时所需要的设备与设施的总称。既包括可供长期使用并在使用过程中基本保持原有实物形态的各种机械设备、器具等，也包括运输通道、货运站场和仓库等基础设施。物流设施设备在物流服务中占有重要的地位，是组织物流活动和物流作业的物质技术基础，也是物流服务水平的重要体现。

（4）物流服务供给的信息技术要素　现代物流与传统物流的根本区别就在于现代物流采用的物流信息技术是现代信息技术在物流活动各个环节的综合应用。

从构成要素的角度来看，物流信息系统包括两个方面：物流信息技术和物流信息平台。物流信息技术是指现代信息技术在物流活动中的应用（具体包括信息采集技术、跟踪定位技术、信息管理技术等）；物流信息平台的构建是为了满足物流系统中各环节不同层次的信息需求和功能需求，该平台的构建是物流活动信息化发展的基础。物流系统具体包括企业物流信息系统、行业物流信息系统、区域物流信息系统、政府物流信息系统等不同层面。

（5）物流服务环境的体制政策要素　为了实现物流产业的发展目标，政府主要通过物流体制和政策对产业活动进行干预。物流体制和政策主要包括政府管理体制、行业管理体制、中介服务体制、产业政策体系、法律法规体系五个方面。首先是政府管理体制，包括部际政策协调、区域政策协调、行业监管制度等方面；其次是行业管理体制，包括行业的准入机制、行业的自律机制、行业的退出机制；再次是中介服务体制，指的是物流中介市场和物流中介机构；然后是产业政策体系，主要包括规划与指导性政策、鼓励和支持性政策、规范和限制性政策；最后是法律法规体系，包括各类通用性法律法规和行业性法律法规等。

4.3.7.3　物流服务供应链

随着物流行业的飞速发展，目前已成为服务业中的一个重要分支产业，在经济发展的过程中发挥着不可替代的作用。随着社会以及科学技术的发展进步，产业融合趋势越来越强、市场竞争日益激烈、专业分工进一步细化，这使得现代物流行业中出现了一些不同的物流组织形态。随着物流服务水平的提高，其外包整体性和复杂性日益增强，这些物流组织将客户的物流需求作为出发点，然后经过互为供需关系的服务流程，形成一个完整的物流服务供需过程，我们将这种多级供需关系称为物流服务供应链。

（1）物流服务供应链的研究基础——企业物流网络　确切来讲，物流服务供应链指的是不同物流企业之间的物流能力以及供需链接的网络实体。"利用各种专有物流能力为他人提供利益的应用"即物流服务。物流企业的网络化程度能够保证该企业可以提供多种专有物流能力。因此，研究物流服务供应链的基础或基本单元是企业的物流网络。

可以从不同的角度去理解物流网络的概念：如果从物流服务功能的角度来分析，则物流网络主要包括运输网络、仓储网络以及配送网络等；从服务的范围来分析，则包括企业内部物流网络、企业外部物流网络和综合物流网络；从运作形态来分析，则包括物流基础设施网络、物流组织网络和物流信息网络。针对物流服务供应链的研究，更加注重供应链上物流企业的物流功能网络和不同物流企业之间的运作网络，强调物流功能和网络运作对价值创造所产生的作用。

物流服务供应链的研究基础以及切入点是企业的物流网络，上述概念虽有差异，但基本上都是从相同的方面对物流网络的内涵进行了解释，一方面分别从功能结构、范围结构和运作结构的不同视角对物流网络的结构进行了详细的阐述；另一方面是注重分析物流网络的整体性特征。

（2）企业物流网络的运作　企业物流网络的运作主要包含企业物流网络的价值创造、互动机制和整合机制三个方面的内容，其对物流服务供应链的形成与价值的创造都具有十分重要的作用。

① 价值创造。物流网络能够为物流资源优化配置的实现提供保障，物流网络创造价值的两个途径：一是通过有效利用其他实体的资源来创造价值，二是与其他物流网络相互配合来共同创造价值。在物流服务供应链中，物流服务供应商的物流网络与集成商的物流网络由于物流服务的供需关系相互交织融合形成了网络关系。

物流服务供应链能够创造多大的价值主要取决于以下四个方面：不同企业物流网络之间资源交换的能力以及资源交换的效率，价值主张的匹配程度以及交互程度。其中企业物流网络之间的交互程度还取决于网络的整合和互动。

② 互动机制。企业物流网络运作的内生机理指的是企业物流网络的互动机制。复杂的物流服务都是通过不同物流网络之间的互动来完成的，为了实现资源和信息的共享，就要增强互动的频率。

在物流服务供应链中，互动机制的存在不仅对不同企业的物流网络产生了影响，而且影响了整体网络对各个参加者施加影响的能力以及对环境的反应能力。物流服务供应链中的节点企业通过互动机制实现了对网络资源的充分利用。

物流网络互动的两重性特征包括：合作性互动和竞争性互动。以信任为基础的合作性互动，促进了企业以及企业网络之间共同利益的形成。竞争性互动通过增强企业以及企业网络之间交易频率提高了彼此的收益。

③ 整合机制。整合机制是以资源整合和信息网络的关联方式使资源在多个子网络之间进行整合使用，在范围经济的基础上对物流价值链进行重组。物流服务的需求具有不确定性和复杂性的特点，这个特点决定了必须通过企业物流网络的资源整合来实现不同子网络之间的合作，必须通过整合机制建立子网络之间的信任与互惠关系，以促进他们的互动与耦合。

（3）企业物流网络的结构　由于市场对物流服务具有一定的需求，以企业物流网络为载体或基本单位为物流服务创造价值，达到为物流服务增值的目的。不同的物流服务企业子实体相互组合共同构成一个统一的整体，对物流服务价值的大小起决定作用。不同类型的物流网络之间的互动与整合会对价值创造的效率产生一定的影响，物流服务管理贯穿于物流网络的运作过程之间，服务和信息的传递决定了服务质量的好坏，而服务反馈和优化又将导致新价值的产生。

不同企业的物流网络之间进行持续高效的互动和整合能够为价值创造提供保证。企业物流网络运作的基本结构如图4-22所示。

4.3.8　商品化阶段

善始善终是想做事做成事的基本要求。对包装系统开发而言，最终目的是实现商品化并在市场中立住脚，而实际上的统计显示开发出的包装系统多数都夭折了，原因很多，但其中包装系统开发的商品化阶段工作不力是一个重要原因。

在市场中，良好的设计能够唤起隐性的消费欲，使之成为显性。或者说，设计发觉了消费需要，并增加了消费动力。大多数情况下，人们仅仅是因为需要一只牙膏或者一只水杯而走进了超市，可结果往往是"满载而归"。为什么会选择一些计划之外的商品呢？原因很简单，在超市琳琅满目的货柜上从包装设计装潢到陈列方式都是为了唤起消费者的购买欲望，使消费者不由自主地去选购一些计划之外的商品。

设计的终极目标是设计商品经过产品试销评价之后能够进行大批量生产。商品化设计阶

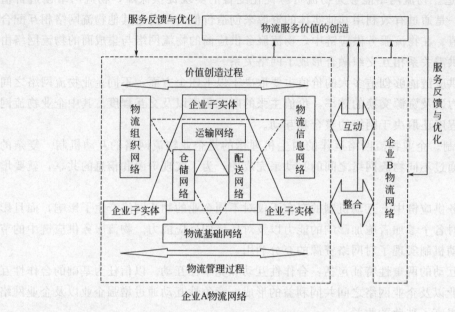

图 4-22　不同企业的物流网络运作结构图

段要做的工作是经过一定的活动（包括宣传、展示、销售、使用、维护、反馈等）将包装真正转化为商品。

真正能够批量生产，或者获得改进意见，或被市场彻底否定都是商品化阶段的标志性成果。此设计阶段主要解决以下一些问题。

① 通过宣传、展示、销售、使用、维护、反馈，将包装真正转化为商品。

② 销售调查（产品试售）。

③ 生产计划。

④ 机械设备和市场准备。

⑤ 开始生产（商品化）。

⑥ 生产和销售。

直至此设计项目被取消，或者是采纳消费者提供的修改意见进行改进后重新投放市场并进行批量生产实现了设计目标，算是完成设计的一个周期。后期还要继续完善消费者对此包装提出的新意见，这也是商品化设计阶段的必要任务，直到商品在市场上消失结束。

在包装系统开发设计的实际过程中，上述几个设计阶段并不是一成不变的，特别是一些功能复杂、技术含量高的设计阶段，其设计过程可能会经过多次反复设计最后才能较理想地实现设计目标。尤其在制作阶段，需要解决的重点是消除样品生产与工业化批量生产之间存在的差异。

随着设计技术的进步，计算机被广泛应用于设计技术中，这使得设计过程发生了许多变化，给传统、严谨的设计程序带来了挑战。特别是计算机"虚拟现实"（Virtual Reality）技术的发展，能够利用计算机完成一些烦琐的设计过程，而且计算机在某些设计环节中能够提高效率，尤其是在进行各种环境和功能模拟时，计算机具有人工不能替代的优越性，不但大大节省了人力、物力，而且缩短了包装系统的开发周期。

包装设计所涉及的范围极为广泛，不同包装的设计方式与设计过程存在很大的差异，其设计程序也大不相同；不同国家或地区的包装设计发展水平与设计方式也具有差异。随着设计科学的发展，设计的手段不断变化，尤其是计算机辅助设计在设计领域的广泛应用，使得包装的设计方法与设计程序一直处于动态发展的过程中。因此对设计方法与设计程序的研究与总结也应当与时俱进。

4.4 包装系统设计与环境保护

4.4.1 过度包装

4.4.1.1 过度包装的概念

给过度包装下一个严格的定义是比较困难的，因为包装的目的除了保护产品以外，还肩负着促进销售的重任，人们购买产品，第一印象就是靠包装来形成的，而人们的印象大多是表面的、感性的，等到打开包装的时候或许会有理性的思考，但在打开以前，基本都是感性在左右自己的行为，尤其是日用消费品和时尚包装产品。

过度包装与正常包装存在着相对概念的关系。根据国家标准化管理委员会《限制商品过度包装要求——食品和化妆品》规定，过度包装（excessive package）对比于正常包装而言，包装层数较多，包装空隙率较大，包装的成本也相应增加，即超出了包装保护商品、方便运输、展示商品的功能要求。一般过度包装是指存在不必要的功能及价值，夸大了其包装性质，具有欺诈之嫌。包装在满足其必要条件时，应做到简单和实用，这样有利于建设资源节约型、环境友好型社会。

4.4.1.2 从包装的功能理解过度包装

商品销售包装的主要功能包括承载功能、保护功能、信息传递功能、便利功能、促销功能以及附加值功能。从商品包装的功能出发，可以更加清晰地对商品过度包装所超出的"度"进行分析，从而对商品的包装是否是过度包装做出判断。商品过度包装的主要表现有：

（1）体积过度 很多包装存在包装体积过大，内部"虚空"的情况，为了保护内装物就要用过度的衬垫材料或廉价的填充物将空隙填满，以达到增加包装的饱满度的目的，导致承载功能过度，甚至冒充实物重量，没有真实传达商品信息，存在欺诈之嫌。

（2）结构过度 在内包装和外包装中间增加一个中包装来增加商品的包装层数，导致承载和保护功能过度。

（3）材料过度 采用与商品不相匹配的或过度的包装材料，例如木盒、缎盒、各种金属包装等，导致其承载和保护功能过度。

（4）装潢过度 过分强调包装的装潢修饰，或者附带搭售其他相关商品，增加包装的成本，提高商品的价格，导致促销功能过度。

4.4.1.3 过度包装的危害及治理

显然，过度包装给商品带来了非常严重的不良影响。

（1）产生大量的包装废弃物，对环境产生严重的污染 据环卫部门统计，在北京市每年产生近 300×10^4 t 的垃圾，其中包装废弃物约占 27.67%，而约 20% 的包装废弃物是由过度包装物而产生的。

（2）造成大量的资源浪费　包装所需要的原材料（比如纸张、橡胶、玻璃、钢铁、塑料等）其原生材料都来源于木材、石油、矿物等，而这些资源都是我国的紧缺资源。据有关部门调查显示，每年有 2800 亿元作为包装废弃物被白白扔掉。

（3）对消费者和经营者的利益造成了损失　过度包装的广泛出现，迫使消费者支付额外的包装费用；而华丽夸张的包装装饰可能会使企业的短期营利有明显的上涨，经营者从消费者身上取得更多的短期利润，但从长远来分析，这种做法不利于企业的未来发展。

（4）扰乱市场经济秩序　随着商品包装的发展，市场上出现了严重的价格扭曲现象。这种现象激励了商品的过度包装，形成了恶性循环，严重扰乱了社会主义市场经济的健康发展。

（5）不利于节约型社会建设　商品的过度包装造成奢侈浪费、畸形消费等严重后果，不利于建设节约型社会，与发展循环经济的宗旨相悖。

从环境法的哲学意义来看，过度包装行为严重违背了环境伦理。环境伦理指的是人与自然之间的伦理道德，具体指人类如何采取正当、合理的手段处理人与自然之间的关系，以及人类对自然界肩负着怎样的义务等问题。传统意义上的伦理道德适用于协调人与人、人与社会之间的相互关系，而环境伦理是将伦理道德的范围扩展到了人与自然界。它是从本质上建设一种人与自然和谐永续发展的伦理道德，环境伦理给人与价值观也带来了革命性的变化。环境伦理观告诉我们：地球是全人类赖以生存的家园，其所能提供的资源是有限的，这种以牺牲环境质量来换取经济增长的最终结果是人类会付出相应的代价。传统工业只是盲目地追求经济的高增长和高效率，而环境伦理观则更加注重"可持续发展观"，既要满足当代人的需要，又不对后代的生存环境及资源造成损害。所以环境伦理要求我们必须遵守节约原则，避免过度包装。

在法律上，过度包装行为也严重破坏了社会公共利益。其中公共利益原则是指人们的行为必须遵守法律法规，不能破坏社会公共利益（比如公共道德，以及环境保护、资源利用等）。商品的过度包装不但浪费资源和能源、污染环境，而且违背了我国发展循环经济、构建节约型社会的原则，在本质上该行为与公共利益原则相悖。

现在生态环境问题已成为全球关注的焦点，从根本上来说，生态环境问题的出现是因为人类在发展社会经济、提高科学技术的过程中，没有真正把生态环境放在首位，没有充分地考虑怎样正确地处理人类与自然的关系问题。生态文明要求人类重视生态环境的保护，重建人与自然的和谐统一关系。1982 年 10 月 28 日由国际自然资源保育联盟（IUCN）起草，由联合国大会通过然后庄严宣告的重要文件——世界自然宪章（World Charter for Nature），该文件做出了国际社会对人与自然的伦理关系以及所应承担的道德义务的承诺。该文件指出："人类也是自然界的一个组成部分""每种生命形式都具有独特性，对于人类来说，不管它是否存在价值，都应该受到尊重，为了给予其他生命形式一定的尊重，人类必须遵守道德行为准则的约束；因此，人类必须充分认识到我们的首要任务是维持大自然的稳定，节约养护自然资源"。

4.4.1.4　我国限制商品过度包装的立法现状

2003 年 1 月 1 日起施行的《中华人民共和国清洁生产促进法》第 20 条规定："产品和包装物的设计，应当考虑其在生命周期中对人类健康和环境的影响，优先选择无毒、无害、易于降解或者便于回收利用的方案。企业应当对产品进行合理包装，减少包装材料的过度使用和包装性废物的产生。"政府已经开始关注过度包装的危害问题，但该法的宗旨是在宏观上促进清洁生产的形成。因此，对于其中的产品过度包装问题，只有简单的规定，缺乏实际操作性。

2009 年 1 月 1 日起实施的《中华人民共和国循环经济促进法》（简称《循环经济促进法》），明确规定对产品进行包装设计时应当符合产品包装标准，避免产生因过度包装而造成的资源浪费和环境污染。目前针对过度包装而制定的强制性国家标准已有三项：包括《月饼强制性国家标准》《限制商品过度包装通则》和《限制商品过度包装要求——食品和化妆品》。其中《限制商品过度包装通则》规定，国内所有商品的包装成本不得高于商品出厂价的 15％；保健品、化妆品、饮料酒、糕点、茶叶 5 类商品的包装不得超过 3 层；粮谷的包装不得超过 2 层。

2008 年 7 月 30 日商务部《关于开展适度包装专项工作的通知》要求从流通环节遏制月饼、茶叶、酒类、保健品、化妆品等商品的过度包装现象，并在 2008 年第三季度开展以"适度包装、节约资源"为主题的抑制商品过度包装的专项工作。

2008 年 8 月 15 日，国家发改委、中宣部、商务部、国家工商总局、国家质检总局联合发布的《关于进一步规范月饼包装节约资源、保护环境的通知》指出，月饼的包装出现了层次过多、选材用料过度浪费、装潢设计奢侈庸俗、包装成本过高等现象，不仅不符合消费者的意愿，而且助长了奢侈浪费的不正之风，不符合建设资源节约型、环境友好型社会的要求。要求各级质检部门对月饼生产单位及流通部门开展专项执法检查，加大对过度包装的查处力度，发现违反相关规定生产、销售过度包装商品的，依法予以下架处理。月饼的过度包装问题已经引起相关法律部门的重视。国家质检总局的调查数据显示，2008 年中秋市场上的月饼包装有了明显的改善，包装基本上符合朴实、简单、大方的要求，与此同时，消费者的选择也更趋于理性，这也充分说明了出台的《循环经济促进法》明显对市场产生了积极的影响。

4.4.1.5 国外关于限制商品过度包装的立法与制度

早在 20 世纪 90 年代，商品的包装过度以及包装废弃物处理等问题就引起了欧洲发达国家的关注，德国的《包装条例》、荷兰的《包装盟约》、法国的《包装条例》以及比利时的《国家生态法》等，都是早期制定的专门规范商品包装的单行法。1994 年的 12 月，欧盟理事会通过了《包装和包装废弃物指令》，对各国的相关立法进行统一和协调。该指令明确指出："为商品包装立法的目的在于防止包装废弃物的形成和提高包装品的再生利用率。"在这一指令中，欧盟对包装的定义和种类做出了详细的解释，"包装"是指"一切用来盛装、保护、掌握、运送及展现货品的消耗性资源"，其中包括糖果盒、塑料袋以及包装上的标签等；并且要求各成员国根据本国的实际情况，为了达到提高包装品的回收和再利用率的目的建立相应的包装品管理体系。多数欧洲国家都通过立法以及采取相应的配套措施的方式积极地落实欧盟的这项指令，其中德国是立法体系最成熟、相关设施最完善、效果最佳的。

自 20 世纪 90 年代起日本实施可持续发展战略以来，发展循环经济、建立循环型社会一直被当作是实施可持续发展战略的两个重要方式和途径。在日本"循环经济"被看作是"社会的静脉产业"。虽然德国的循环经济立法较早，但它却比较注重解决垃圾再利用的问题。在德国的基础上日本对循环经济立法进行了进一步的改善，制定了《推进循环型社会基本法》，在该法律的基础上，又进一步制定了《资源综合利用促进法》和《固体废物处理法》，在此之后，又发展了《食品再生利用法》《汽车再生利用法》《废弃建筑物再生利用法》以及

《绿色采购法》等相关法律。在这些法律实施的同时，日本政府又出台了一个建设循环型基本法的推进计划。而随着这些法律的实施和政府出台计划的推进，对资源的节约使用以及污染的防治问题的改善发挥了重大作用。

目前，纵观国外关于限制商品过度包装方面的立法及配套机制，成功的控制手段主要如下。

（1）标准控制制度　德国、韩国、日本和加拿大等国都制定了相关法规对包装物的容积、包装物与商品之间的间隙、包装层数、包装成本与商品价值的比例等进行约束限制。比如德国的《包装条例》中就明确规定：包装容器内空位不得超过容器体积的20%；包装容器内商品与商品之间的空隙应保持在1cm以下；商品与包装容器内壁之间的空隙应保持在5mm以下；包装成本一般应控制在产品总成本的15%以下等。韩国出台的《关于产品各种类包装方法的标准》明确规定了包装的空间以及包装的层数（几层包装）：各种加工食品、酒类、营养保健品、化妆品、洗涤剂、日用杂品、药品等的包装不能超过2层；筒装和瓶装饮料、衬衫和内衣等产品的包装只能是1层；饮料、酒类、化妆品（包括芳香剂，不包括香水）、洗涤剂、衬衫和内衣等包装的空间不得超过10%；加工食品和保健营养品的包装空间要控制在15%以内；糖果点心和药品的包装空间不得超过20%；文具类、钱包、皮带的包装空间应控制在30%以下；花式蛋糕、玩具和面具等的包装空间应控制在35%以内。

在韩国采用政府、专业机构和群众共同监督执行的办法来限制产品的包装空间和包装层次。一旦发现违反相关规定的生产企业和商业企业，有关部门会视情况不同处以不同程度的罚款处理。有关部门采取一定的措施鼓励消费者和使用者对生产企业和商业企业进行监督，如果消费者和使用者发现违规企业后进行举报揭发，经核准后除对违规企业进行罚款外还会给予举报者一定的奖励。

（2）生产者责任制度　1991年，德国出台了与商品包装相关的专门立法《避免和利用包装废弃物法》，首次对包装废弃物的重新利用以及利用比率进行了全面的规定，与此同时还出台了《包装条例》，该条例经过5次修订后，其修正案于2007年9月19日经德国联邦内阁批准，该条例确立了生产者责任制，是世界上第一个规定包装废弃物的收集分选以及处理费用由生产厂家和分销商承担的法规，其目的是为了减少包装废弃物的产量，节约能源与资源，减少包装材料及原材料的消耗，并规定运输包装必须100%回收，销售包装使用后要由包装废弃物处理组织（简称"DSD"）进行回收处理。

为保证《包装条例》的实施，德国创立了著名的德国二元回收利用系统，该系统包含面向全社会的包装收集系统和具有强大处理能力的再循环机制两部分。该系统的载体是1990年9月28日在科隆创立的DSD（Duales System Deutschland）股份公司，该公司是在德国工业联邦联合会和德国工商会的倡导下由大约95家工商企业联合组成的，现在拥有约600家工商业股东企业。DSD公司是一家非营利性的公司，其唯一的收入来源是每个包装的使用商、包装生产商和销售商购买"绿点"商标的许可证费，因此股东们没有分红。包装的使用商、生产商以及销售商必须向DSD公司支付相应的销售数量和包装的许可证费，这些费用被用于包装废弃物的收集分类以及再生利用，该费用将被纳入产品价格中，最终由消费者承担。在德国每个城市的各个角落里都放置了DSD公司的黄色圆桶专门用来收集带有"绿点"标志的包装废弃物。所有带有"绿点"标志的销售包装都由DSD公司负责回收再利用处理，所收取的许可证费用必须用于消除包装污染。而非DSD成员的公司必须执行包装法规中的经济法规，所承担的费用会更高。

在德国、法国乃至欧盟的许多国家，大部分商品包装上都印有"绿点"标志。由于包装材料的用量会间接影响产品价格，而产品的价格直接关系到企业的市场竞争力，所以生产企业必须简化包装、方便回收，从而降低成本，使产品在市场上更有竞争力。

（3）抵押金制度　德国的《饮料容器实施强制押金制度》和《包装条例》以饮料包装为主对抵押金制度制定了相关规定。这项制度是德国环境保护部为提高包装废弃物回收率而制定的：例如一次性饮料包装的回收率低于72％时，则抵押金制度就会被强制执行。自从该制度实行以后，消费者在购买所有塑料瓶或易拉罐包装的饮料（矿泉水、啤酒、可乐、汽水等）时，都需要支付相应的抵押金，消费者在退还空包装时将抵押金领回。目前德国的一些零售连锁企业（如 PLUS、LIDL、ALDI）已实行交叉退还制度，即在一家购买物品所交的抵押金，可在另一家退还空包装时领回。易拉罐或塑料瓶等一次性饮料包装，尽管被收集后循环再利用，但这一过程中无论是回炉再生产，还是重复的交通运输都会造成很大的能源消耗，产生大量的温室效应气体，不仅会产生资源能源的消耗，而且也会对环境产生很大的影响。因此，这一制度的实施不但提高了包装废弃物的回收率，更重要的是使人们改掉了使用一次性饮料包装的消费习惯，更加倾向于环保的可多次使用的包装。

（4）侵权救济制度　包装中凡是包装体积超过商品本身的10％或者是包装费用超出商品的30％的，就被判定是侵害消费者权益的"商业欺诈"，该包装就属于欺骗性包装。美国联邦法律明确禁止欺骗性包装。美国各个州也制定了与欺骗性包装相关的法律法规，比如加利福尼亚州明确禁止在包装箱中使用不必要的填充物。康涅狄格州也规定，商品的包装不能使消费者对其质量和数量的认识产生误导，包装内的商品质量应符合政府有关部门对该类产品的标准。新泽西州则规定，包装内容（商品的净重、体积和商品数量等）发生变化时，生产者必须在包装显著位置向消费者做出说明，时间至少为 6 个月。除美国外，德国、加拿大、韩国、日本、法国等都对欺骗性包装给出了相应的界定。德国政府指出：例如纸盒包装里的单瓦楞纸板衬垫稀松排布以加大纸盒尺寸让人产生错觉的行为，属于欺骗性包装。应对欺骗性包装的欺骗行为予以处罚。加拿大则规定包装内存在过多空位，包装与内容物的高度、体积差异太大，非技术需要无故夸大包装，属于欺骗性包装。韩国规定过度包装也属于违法行为，政府给出以下三大措施来规范厂商：一是检查包装，二是奖励标示，三是对违反包装标准的厂商予以罚款处理。日本制定了《包装新指引》法规，防止欺骗性包装：尽量缩小包装容器的体积，容器内的空位不得超过容器体积的20％，包装成本不应超过售价的15％，包装应正确显示产品的价值，以免对消费者产生误导。法国政府采取了多项措施来保障食品的安全，其中最重要的一项是对食品（包括进口食品）包装的文字说明做出了明确规定：食品的重量或体积必须在包装盒最显著的位置上清楚标明。包装盒的体积必须与食品本身的体积相一致，包装盒不能过分大于食品本身的体积，避免消费者对食品单价产生误解。

（5）"绿色采购"制度　日本颁布了一项极具特色的政策：利用绿色采购来引导并调控市场需求。《绿色采购法》对纸张、文具、家电、汽车等18个大类的237种商品制定了各种环保标准，例如对使用废纸以及耗电水平都有详细的规定标准。2001 年 4 月，《绿色采购法》实施，日本国家机关及地方政府首先承担起了优先购买环境友好型产品的义务。该法案规定所有中央政府所属机构都必须制定和实施年度绿色采购计划，并向环境部长提供报告，规定地方政府尽量制定和实施年度绿色采购计划，这不但使得环境产业产品成为政府购买产品时首要选择，而且对公众的绿色消费意识起到了引导作用，为静脉产业创造了巨大的市场需求。2005年底日本已有83%的公共和私人组织实施了绿色采购，但是商品是否达到环保标准并没有明确的判断准则，目前只能根据生产商自己的申报去判断。由于部分企业虚假申报，所以日本政府决定对所有的环保产品进行彻底排查。从2009年4月开始，日本环境省首先对可能存在造假问题的纸张和塑料类等几十种商品进行环保检查。耗时4～5年，对《绿色采购法》所涉及的237种商品实施环保测试，旨在调查它们是否符合环保标准。

4.4.2　包装污染的系统评价

包装与环保的问题一直以来受到业内人士的重视，但由于人们的认识和知识层次的差异，使得对于包装给环境带来影响的声讨声很大，但解决的成效一般。包装系统设计要求将环保评价列入设计中，而且是定量地列入设计中，站在环保的角度定量地评价包装系统。

包装系统对包装环保的系统评价包括前期污染评价、中期污染评价和后期污染评价。

4.4.2.1　包装的前期污染

包装的前期污染指在包装物的加工成型过程中或者在包装原材料加工过程中给环境带来的污染，包括污水、浑浊的空气、刺鼻气味、刺眼气体等。

从环节的过程来看，纸盒与纸箱可以看作一种环保的包装物，目前在包装设计领域，但凡提及"绿色包装设计"，大家的视角都会不约而同地转向纸包装。但从系统的角度来看，纸包装也存在着对环境的污染，这是一种包装物前期的污染。

纸包装的主要原材料是纸和纸板，纸材料必然离不开造纸，尤其是占有很大比重的瓦楞纸箱，更在造纸工业中占有相当比重。一般人们认为瓦楞纸箱是环保的，但实际上瓦楞纸箱对环境的污染是不容忽视的。制浆造纸工业污水排放量占全部污水排放总量的10%左右；排放污水中化学耗氧量占排放总量的40%～45%，造纸工业已成为污染环境的主要行业之一。

制浆造纸生产中的废水主要是蒸煮废液，以麦草为主的制浆方法以碱法为主，其他还有很少量的酸法制浆和亚铵法制浆。据测算我国麦草碱法化学浆年产量340万吨左右，每年用碱量约100万吨。解决造纸污染的问题主要是碱回收问题。

瓦楞纸箱主要采用草浆，所以瓦楞纸箱箱板纸在制造过程中，给环境尤其是水带来了污染，这种污染是一种前期污染，是包装的前期污染，虽然瓦楞纸箱可以方便地回收利用，但从环保方面考虑，在形成的过程中，瓦楞纸箱对环境造成了不可忽视的污染。如果从瓦楞纸箱形成后对包装来说，应该说是环保的，本身对产品无污染，回收利用也很方便。但是在瓦楞纸箱形成以前，已经在造纸的过程中对环节造成了污染，从系统的角度来看，瓦楞纸箱也不能算作一种完全环保的包装物。

为解决纸包装材料生产阶段污水污染问题，全社会与相关企业一直在努力，其中不乏一些成功的案例。例如，天津万利天然纤维薄膜有限公司（以下简称天津万利公司）以国产废纸为原料生产高强瓦楞原纸，年生产能力为8万吨。2002年11月实现全生产流程废水零排放，该公司2003年吨纸平均耗用清水量为2.84m³。天津万利公司在研究和探索制浆造纸生产用水零排放的实践中主要采取了3个方面的技术措施：①节流降耗，使用水量最小化；

②分工序封闭循环，提高水的利用率和纤维的回收率；③对系统水进行二级生物处理，提高回用水质量。

全废纸制浆造纸生产用水零排放是一项系统工程，它包括生产用水零排放技术创新改造和零排放技术管理两部分，二者缺一不可，否则，零排放很难实现。主要存在的问题有：①瓦楞原纸的质量指标主要是成纸物理强度，即裂断长和环压指数，决定成纸物理强度的是纤维原料和生产工艺条件，对生产用水质量关系不大，但水系统封闭循环导致的阴离子垃圾积累对干强剂的施用效果有影响，对常规施胶不利；②对脱水器材的使用有影响，尤其使脱水毛布容易脏污，在生产实践中要依据具体情况采取相应对策，还要和毛布制造厂加强联系，使其帮助选型或特制适合使用的毛布；③生物法处理后水的 pH 值为8.3～8.5，生产流程中各部位的液态 pH 值都不低于 7.2，对设备及管道的腐蚀不明显；④污水生物处理系统在处理水量增加后，可能会出现毛布滤水不良和设备、管道内部结垢现象，需要调整好氧段和厌氧段运行工艺，在生物法处理中厌氧段和好氧段适度配置是必须慎重考虑的。

4.4.2.2 包装的后期污染

包装的后期污染一般指包装产品开箱后对包装废弃物处理阶段引起的环境保护问题，一般人们对包装后期污染问题看得见，体会较深，所以人们对后期污染问题最有发言权。通常所说的包装污染问题，如果没有特别指明，就是说的后期污染问题，主要指包装废弃物造成的视觉、触觉、味觉、嗅觉不适问题等。

人们习惯将塑料污染比喻为白色污染，主要是发泡塑料饭盒和塑料袋大部分是白色所致。塑料作为人工合成的高分子材料，由于具有良好的成型性、成膜性、绝缘性、耐酸碱、耐腐蚀性、低透气等特点，广泛用于家电产品、汽车、家具、包装用品、农用薄膜等许多方面。随着塑料产量增大、成本降低、大量的商品包装袋、液体容器以及农膜等，不具有回收再利用的价值，就成了用过即弃的消费品。用过即弃的塑料袋等消费理念，使得塑料制品也进入了环保重点关注的行列，塑料在带给人类方便的同时，也给环境带来了危害，这些危害主要表现在人们使用了产品以后，因此称作后期污染。

塑料包装的后期污染主要表现在以下几个方面：

① 被埋在土壤中的废塑料制品会阻碍农作物吸收养分和水分，导致农作物产量下降。

② 生活垃圾中的废塑料制品很难处理，填埋处理不仅会占用土地，而且长时间不能降解；焚烧处理会产生大量的粉尘和废气，对人体健康以及环境造成严重的破坏。

③ 因塑料包装的质量无法保证，所以从垃圾中分拣出来的废塑料的利用价值很低。

④ 塑料进入公路、铁路沿线两侧，废塑料袋及塑料泡沫饭盒满目皆是，形成了"白色污染"；抛弃在陆地上或水体中的废塑料制品，被动物当作食物吞入，导致动物死亡，在动物园、牧区、农村、海洋中，此类情况已屡见不鲜。

4.4.2.3 包装的中期污染

包装的中期污染指包装物在成型过程中或者在产品进行包装的过程中引起的污染，这些污染包括溶剂挥发造成的污染、胶黏剂带来的污染、切割边角料带来的污染、塑料热封带来的污染、塑料蒸煮带来的污染等。中期污染易于被人们忽略，因为大部分消费者对包装加工过程并不了解，所以中期污染一直以来被人们忽视。

例如瓦楞纸箱包装，其原纸加工所造成的污染属于前期污染，纸箱加工过程中使用的胶黏剂等引起的污染属于中期污染,而在包装产品开箱后的污染则属于后期污染。

又如玻璃瓶包装,其玻璃瓶成型加工中造成的污染是前期污染,包括二氧化硫烟气排放等,灌装过程中的刷瓶等属于中期污染,而玻璃瓶的回收和清洗等属于后期污染。

又如塑料瓶的包装,其吹瓶加工属于前期污染,灌装清洗属于中期污染,而回收利用则属于后期污染。

每一个环节都可能有或多或少的污染,但不能将瓦楞纸箱的前期污染与塑料容器的前期污染相提并论,不属于一个档次的污染,而我们在阐述污染时往往不分前期和后期,给人以误导。包装设计师在进行包装设计时一定要站在系统设计的高度,全面考虑每一种包装材料的环保性能。

4.4.3 包装环保评价

4.4.3.1 包装材料传统的环保评价误区

在包装行业中,常用的类别主要包括:塑料包装、纸类包装、金属包装、玻璃包装、竹木包装等五大类,使用最广泛的材料主要是塑料和纸张,对这两种材料的环保性能方面的评价一直都非常有争议。

长期以来,人们的观念认为纸张易于降解,所以是环保的;塑料因为降解周期长,被认为不环保,但是塑料是否完全不环保,需要通过对纸张以及塑料全生命周期分析和相关数据的对比,才有助于探讨这两种包装材料或者所有包装材料的环保性。

在纸张生产过程中,需要经过砍伐树木、制浆、流浆等十几道工序,主要的原料来源依赖于树木的采伐,特别是在发展中国家,森林的无序乱砍滥伐已经造成对生态的毁灭性破坏;制浆工序则是整个造纸工业中,消耗水并排放大量污染水的一个主要环节,在造纸废水中,不仅含有大量造纸原料(约有20%原料随废水流失),而且含有大量化学药品及其他杂质,所以如果造纸废水处理不当,会对水体造成极大的危害。

塑料的生产过程,主要通过对炼制的石脑油裂解生产出乙烯,并经过单体的聚合,做成各种树脂粒子;在整个生产过程中,并不需要消耗水资源;针对其降解周期长的特点,只要通过合理的分类回收再利用,能使其对环境的影响减少到最小的程度。

美国 SETAC 机构(环境毒物学及化学学会)发布了关于 PE 袋与纸袋在生产过程中的能耗与排放状况,如图 4-23 所示。

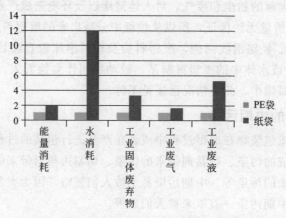

图 4-23 PE 袋与纸袋生产过程能耗与排放对比

通过图 4-23 与表 4-20 的这组数据的对比，可以看到生产环节上塑料在能耗与排放方面是具有优势的。所以那种简单地以材料是否易于降解来判断材料的环保性的观点是片面的。

表 4-20　1000 个 PE 袋与纸袋生产排放及能耗对比

比较项目	PE 袋（1000PCS）	纸袋（1000PCS）	备注
尺寸（长×宽×高）/cm	27×13×49	23×12×39	相同体积
质量/g	6.85	21	
消耗能量/kcal	9930	126000	包括回收/堆肥
水消耗/kg	20.6	2310	
CO_2 排放/kg	28.1	49.0	
SO_x 排放/g	38	126	
NO_x 排放/g	13	204	
COD 产生/g（Chemical Oxygen Demand）	5.36	130	
工业废弃物/kg	0.2	0.8	

注：1cal=4.1868J。

4.4.3.2　包装材料环保评价考虑的出发点

通过上述的数据与全生命周期分析，首先，在包装材料的选择上，应考虑是否消耗森林、石油、矿产和水资源，并从减少对环境破坏的角度进行选材。

其次，在设计方案的选择上，应考虑是否节省生产工序；是否节约能耗、减少排污；是否在设计时考虑减量化原则。这几个要点需要在生产环节进行评估，采用工序少、耗能少、排污少和减量化等原则。

最后，尽量选用同质化材料，避免采用复合材料（如木塑、纸塑、铝塑等），并做好材料标识，便于分类回收，提高材料的回收利用率；少用或不用印刷和黏合工艺，减少污染，保护员工和消费者的健康；避免废弃后再回收过程中的二次污染。

4.4.4　包装设计师的责任

包装设计的目的不仅仅是为了销售，还要从长远的人类利益出发，在进行包装设计时应坚持以人为本。所以每一个包装设计师要肩负起自己的责任，树立正确的社会道德观念，不能因一时的蝇头小利就不计社会后果，逃避自己在社会中的责任，造成不良的损害。

4.4.4.1 坚持"与人为善"的包装

（1）"师法自然"的材料选择　包装设计中的第一步是包装材料的选择与设计，其中主要包括包装材质的选择、制作工艺、运输、安全、印刷工艺等方面。

材料贴近自然，对生态环境和人类健康的影响可以控制到最小，能够实现重复使用和再生，符合可持续发展的包装，也称为"生态包装"或"绿色包装""环境之友包装"。对于包装设计的理念来说，就要求设计师更加深入地了解各种包装材料的特性、成本、制作过程以及生产前后对环境产生的影响等因素，本着负责的态度，采取正确的方法，做出更加符合可持续发展的包装设计，丢弃原来过分强调包装外观的设计。材料的"师法自然"不仅仅承担起了对消费者的责任，也承担起了对"自然"的责任；这种责任不仅是商品消费的"当时"，更会一直延续到商品消费"以后"甚至若干年之后。其内涵其实就是：包装材料的无害化、长寿命、单一化以及再利用。

① 包装材料的无害化。常见的包装结构材质包括纸包装容器（折叠纸盒、固定纸盒、瓦楞纸箱），塑料包装容器，玻璃、金属、陶瓷包装容器等诸多品种。

以前常用荷叶、竹筒、竹篓等包装食物，这些包装材料取之自然，还之自然，是非常环保的材料，但是不适合大规模生产，因为在取材、清洗、制作等方面不适合批量生产，但是现在，许多负责任的设计师在进行包装结构设计之前，首先要对材质进行了解。如图 4-24所示，设计师就地取材运用干枯稻草进行高温压制，采用单色印刷纸进行包装封口。所以包装的成本低廉，安全卫生，其主要特点是保持了稻草原有的肌理、颜色和天然温暖的感觉，从而使包装材料既具有环保性，又具有艺术性，而且包装废弃物易于处理。

图 4-24　"Happy Eggs"包装

② 使用寿命长的材料。采用可回收、复用和再循环使用的包装，在提高包装物生命周期的同时，也减少了包装废弃物的产生。玻璃就是可循环使用材质的代表，现在的啤酒、牛奶等的包装很多都是玻璃材质的包装，如果玻璃能被广泛应用于包装领域，将会节约更多的资源。但是，目前的循环玻璃制品设计比较单一，材料寿命较短，需要借鉴其他国家的经验对其做出改进。例如在日本，增加了啤酒瓶的强度，其使用率高达几十次，而如图 4-25 所示就是 2010 年获得国际设计奖的一个日本品牌的牛奶包装设计，简单自然，清新脱俗。

图 4-25　日本某品牌牛奶包装设计

③ 使用单一材料，以便于回收利用。为便于回收利用，采用复合材料的包装应使用可拆卸式结构。再循环包括能源回收和物质回收，可以是针对整个社会开放式的系统，也可以是仅对企业商品的再循环系统。纸张、可再生塑料、铝材制品等可再生包装在我们的生活中出现最多，对它们进行回收利用能够很有效地减少污染，节约能源。

每一种材质都有其优点和劣势，就拿纸质包装来说，它是一种源于自然又能回归自然的可再生利用的绿色材料，在各个领域应用广泛，而废纸也可以较好地进行回收和再利用。各国现都在极力探索研究废纸利用的新途径（如生产包装及建筑材料、生产甲烷、制造铅笔杆、改善农牧业生产等），并取得了很大的进展。图 4-26 是利用回收的废纸加工生产出的纸浆模塑包装的巧克力，体现了良好的生态思想，可以回收降解，设计风格干净、清爽，深受年轻时尚人群喜爱。

图 4-26　纸浆模塑巧克力包装设计

在这样的舆论大环境下，纸包装也并不是像很多人认为的"以纸代塑"就可以万事大吉。在使用过程中的纸包装当然很环保，废弃后也容易降解，但是在造纸的过程中需要大量树木已经产生大量污染物，废纸的回收、运输等环节也不是那么容易。例如：食品类的纸包装、纸塑复合材料、受到污染的纸制品等都不可回收再利用。而某些种类的塑料在这些方面则拥有更好的性能，比如，由美国研制出的玉米塑料包装材料能在水中迅速溶解，可避免污染源和病毒的接触侵袭；英国研制成功的油菜塑料、小麦塑料，日本的木粉塑料等丢弃后都能在自然界被自行分解，没有污染残留物。

（2）敦厚质朴的形态设计 在包装造型设计中，包装的造型会受到材质的质感、厚薄、软硬等特性的影响，有各种材质及不同形态的袋、箱、盒、桶和各种不同造型的瓶、罐、捆扎包装等，任何结构设计造型都必须借助所使用材料特性和各部位具体的结构来组合完成，同时还须依据特定的包装功能与形态进行设计，确定各部位间的具体结构以及组合方式，产生不同的包装形态。

① 造型的简化。"合适的包装"设计理念首先在日本的包装设计行业开始流行，包装设计在满足安全的基础上，要尽量做到"轻、薄、短、小"，精简结构，从而降低能耗，减少垃圾，并且要易于运输、码放。由设计师原研哉等作为主创的"无印良品"就是一个很好的例子。简化到极致的包装设计既没有华丽的色彩，也没有炫目的外形，却显得简洁大方，在朴素中透出现代感。

再反观我们国家每年月饼的包装，某些不良企业为了追求更多的附加值，在设计上喧宾夺主，包装的外盒体积越来越大，层次和结构越来越复杂，其外包装价值远远超出了被包装的月饼价值，且外包装回收率低，这不仅浪费了材料资源，而且增加了环境污染。

② 造型功能的实用性。造型的"敦厚质朴"可以体现出造型的"实在"与"实用"，将功能和包装结合在一起，商品的包装不仅有收藏、保存和方便运输的作用，还负有回收垃圾、宣传和推销商品的责任。图 4-27 的干果包装将干果的储藏、垃圾的承载结合在一起，打开的外包装盒可以直接当作果皮的垃圾盒使用。

图 4-27 "Pistachios"包装

另外一个例子是 GIGS 的 U 盘包装（见图 4-28），也是将产品与外包装结合在一起，看似无设计，其实"无设计"就是更大的设计，"少即是多"，在看似的无设计里，加入了设计师更多的社会责任感，更多的对自然的感悟，对自然的尊重。

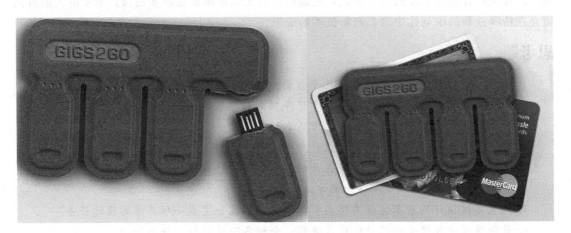

图 4-28　GIGS 的 U 盘包装

③ 印刷工艺简化。很多印刷颜色中含有重金属，消耗的能源量随着印刷色彩的增多而上升。对印刷工艺和流程进行简化，可以节约能源、减少污染。所以采用单色或专色印刷是一种负责任的做法。

4.4.4.2　包装设计与商业道德

在选购产品时只能观察到外包装的条件下，包装设计已成为引导消费者行为的一个重要手段。包装设计的视觉效果、质量体现等因素能够对消费者的购买欲望进行诱导或抵制。为在消费者面前能够将优质产品的面貌清晰显现，设计师更加频繁地采用如水晶样透明的玻璃纸进行包装设计：欧美地区的产品在 20 世纪 90 年代后期也同样流行采用半透明塑料作为包装材料。产品生产厂家利用包装的透明性证明自己的诚实和对自己产品自信的坦然态度，也能打消消费者对产品质量产生的困惑。产品包装采用透明的表面效果不但使产品的优良品质一览无余，而且在封闭与通透的交织中，包装设计能够达到虚实相间、亦真亦幻的动人效果。优良产品在这样的设计陪衬下能够脱颖而出。

一些商业欺诈现象泛滥成灾，随着技术的现代化非但没有受到遏制反而愈趋隐蔽，这都是为了在激烈的竞争中获取利润。在一些业主看来用低质低价的产品以次充好似乎是一条永远的致富捷径。但社会无疑在逐步加大对这一损人利己、损害社会利益的"捷径"的谴责和打击力度。我们所生活的商业社会中消费者对生产商的诚信越来越失望，大量假冒伪劣商品以相对低廉的价格，对优质产品的包装进行拙劣模仿从而在流通渠道中招摇过市、畅通无阻——这虽然能够满足一部分消费者对于低档产品的消费欲望，但在长远的意义上这种行为会削减甚至破坏经济繁荣的前景，阻挡我们的生活质量向高档次前进。

设计艺术不单纯是为了美化我们的生活，更重要的是要提高我们日常生活的质量，那么，设计师就有义务推动和促进公平交易的实现。

在现实生活中，包装设计已成为扩充产品品牌、提高产品竞争力、强化产品特征、树立企业形象的标识。"包装能赋予产品以独特的个性。"独特新颖的包装设计使产品在同类商品中脱颖而出，能够对市场竞争进行良性的引导。而竞争又使市场对新的包装设计的需求大量增加。包装设计作为视觉和技术的综合体对于科学和艺术双重因素的依赖和体现是毋庸置疑的，实现完美的设计不是那么容易的。随着全球化市场的扩大和相关知识产权保护措施的完善，以及国际合作与交流的逐步深化，包装设计的发展环境也将逐步改善，未来的发展方向将是在精辟独到的原创性中融汇高新技术的成果。

思考题

1. 包装系统设计的核心思想包括几个方面？请分别简要解释其含义。

2. 如何理解整体包装解决方案是基于服务模式的包装系统设计？

3. 请解释说明产品包装价值链各环节运行过程。

4. 绿色包装生命周期设计的基本设计原则是什么？

5. 基于生命周期的产品包装系统设计的基本框架是什么？

6. 举例说明包装系统 LCA 评价的方法。

7. 包装系统设计的基本方法有哪些？如何将它们结合完成一项具体的设计任务？

8. 请简要阐述包装系统设计的设计流程，分析各阶段的核心任务指标。

9. 什么是过度包装？如何正确理解过度包装的"度"？

10. 目前针对纸包装和塑料包装的环保评价各有其偏见和倾向性，请根据你的理解简要分析这两类包装的环保评价。

11. 包装系统设计的发展对包装设计师提出了哪些职业要求？

第5章

包装系统设计的应用案例分析

5.1 果蔬产品的包装系统设计

5.1.1 果蔬包装系统设计基本要求

果蔬生鲜类产品的包装系统设计除了常规的选材、结构与工艺设计外，其核心要求是合理准确地选用保鲜技术以确保产品品质的稳定，所以该类产品的包装系统设计的基本要求集中在保鲜技术的掌握和选择上。

5.1.1.1 常规生鲜类产品保鲜技术的选用

（1）气调保鲜运输技术　为满足远距离运输的需求，可通过控制 O_2、CO_2 的浓度、储存温度及最大程度调节蔬菜和水果的呼吸作用，可达到传统冷藏时间的 $5\sim10$ 倍。

优点：使用范围较广，使用方式简单方便，且最大限度地保证了果蔬的品质，耗能较少。

缺点：目前国内气调保鲜技术应用尚不成熟，不同果蔬适用浓度区别较大，技术设备的开发需要多方面的合作，限制了其大范围的推广。

（2）冰温技术　是将食品储藏温度控制在 $0℃$ 与其生物冰点之间，在降低其呼吸速率的同时，使其仍然能够保持细胞活性。这种技术可使果蔬产品在其充分成熟之后也能抑制呼吸作用，保鲜效果优于传统的冷藏和气调保鲜技术。冰温保鲜技术目前在发达国家应用较多，国内在近几年也开始使用。

优点：通过控制果蔬储存温度来降低代谢速率，可使果蔬的细胞和营养元素的成分得到较好的保持，并且有效抑制有害微生物的生长与繁殖，进而达到延长保鲜期的效果，这种技术属于物理调控，不会对人体和环境产生有害后果。

缺点：果蔬的冰温点较难确定，而且由于每种果蔬的冰温各不相同，有些果蔬对温差的细微变化十分敏感，控制难度较大。

（3）电离辐射技术　该技术具有良好的保鲜效果，除了可以杀虫、杀菌以外，通过电离辐射使果实缓慢成熟。电离辐射不破坏被储藏食品的外形、组织结构以及原有的色、香、味与营养成分，无化学药剂的残留，在常温下保存期长。近年来电离辐射保鲜技术发展的很快。

优点：有消毒防腐、杀虫、杀菌的作用，不破坏果蔬外观，可以延缓果实的成熟期；常温下有较长保存期限；不存在化学试剂的残留。

缺点：不同食品的保鲜效果有比较大的差别，尤其是肉类食品的保鲜效果不明显；口感和风味的保持结果尚不明确，且保鲜成本较高。

（4）臭氧保鲜技术　这是一种冷杀菌技术，主要利用臭氧的强氧化性，常用于水果采摘后的保鲜。特定浓度的臭氧处理可使果蔬表皮的气孔关闭，减少水分流失和养分缺失，继而起到保鲜作用。此外，臭氧还可以降解果蔬上的农药残留。用臭氧水对食品进行浸泡处理，还具有除杂、杀菌的优点。

优点：调节果蔬的呼吸作用使果蔬保质期延长，加快残留农药的降解速率。使用臭氧水进行保鲜处理，可使处理过程更加简单方便。

缺点：臭氧具有鱼腥味，使用若超过人体摄入量，会引起中毒，对人的身体健康有一定的危害性。

（5）葡萄籽提取液浸泡处理技术　葡萄籽提取物中的原花青素是一种天然的强效抗氧化剂，不仅用于化妆品行业，在食品领域也得到了广泛应用。原花青素可以有效地延长果蔬的保鲜时间，且通过小鼠遗传毒性试验可证明其无毒安全。

优点：纯天然提取物无毒无害，抗氧化能力强，是极佳的保鲜处理物质。

缺点：成本高，花青素提取效率低，难以普及。

（6）食品涂膜技术　食品涂膜的种类主要有聚乙烯醇（PVA）生物保鲜膜、多糖涂膜、蛋白膜、纳米 TiO_2 膜以及复合膜等。

① PVA 生物保鲜膜技术。PVA 生物保鲜膜技术是利用 PVA 生物保鲜膜选择透气性，形成低 O_2、高 CO_2 的环境，抑制果蔬的自身呼吸作用，从而达到保鲜的目的。

优点：可有效抑制果蔬水分流失，主要表现为减少果蔬的失重率，在不同程度上延长果蔬的保鲜期。

缺点：PVA 生物保鲜膜在不同的水果蔬菜中的保鲜效果差异较大，有较大的局限性。

② 多糖涂膜保鲜技术。多糖涂膜保鲜技术是利用多糖分子之间可形成致密的网状结构从而使多糖涂膜具有极好的气体阻隔性，有效阻断果蔬与环境的直接联系，类似于气调保鲜技术，使包装内部 CO_2 的浓度增加，O_2 的含量降低，最终使果蔬的代谢水平下降，减少水分散失，从而延长果蔬的保鲜期。同时，多糖涂膜保鲜技术还可以增加果实表面的光泽度，改善果实外观。

不同多糖的作用机理不尽相同，例如甲壳素和壳聚糖有抑菌功能。目前日本的水果、熟肉的保鲜技术中已经广泛使用了壳聚糖。

优点：原料来源广泛、成本低且安全性高，而且由于涂膜自身的特性，使其有增加果实表面光泽度和容易成膜的特点，能有效地降低果蔬腐败的程度。

缺点：同样是由于涂膜自身结构的限制，成膜后的保湿性、抗菌性和抗水性较弱，膜的浓度和厚度较难控制，会导致果蔬无氧呼吸、消耗其自身的营养物质、影响口感和其货架寿命。

③ 蛋白膜保鲜技术。蛋白膜的作用机理是破坏蛋白质内部的相互作用，使分子内部的疏水基团暴露出来，分子间的相互作用加强；同时分子内的一些二硫键断裂，形成新的二硫键后可形成立体网络结构，得到具有一定强度和阻隔性的膜。例如，胶原蛋白膜是肉制品加工与保鲜中最为成功的工业应用方面的例子。用胶原蛋白膜包裹肉制品后，可以减少肉类汁液流失、色泽变化以及脂肪氧化，从而提高了储藏肉制品的品质。胶原蛋白膜不仅可保持肉制品的结构完整，而且可防止氧气和水蒸气与肉制品直接接触，从而延长肉制品的保存期。此外，大豆蛋白膜也可用于生产肠衣和水溶性包装袋。蛋白膜原料来源广泛，并且具有很高的营养价值。

优点：蛋白膜对氧气和二氧化碳的阻隔特性优于多糖膜；原料为蛋白质，含人体所需的氨基酸，具有一定的营养保健作用。

缺点：可食性蛋白膜普遍存在机械强度不足、抗菌性和抗水性差，成本高等问题，单一的蛋白膜目前还很难适应食品保鲜和包装的要求。

④ 纳米 TiO_2 膜保鲜技术。纳米 TiO_2 保鲜膜中所含的纳米 TiO_2 能破坏微生物的细胞壁、细胞膜等结构，从而使细菌等微生物自身分解，起到抑制或杀死微生物的作用。同时，纳米 TiO_2 还可将果蔬储藏过程中释放的乙烯分解成水和二氧化碳，降低乙烯浓度，从而延长果蔬的储藏时间。纳米 TiO_2 可以和壳聚糖一起制成纳米复合膜。

优点：净化能力强；无二次污染；降解速率较其他技术显著提高。

缺点：成本高；对人体健康有影响；技术不够成熟。

⑤ 复合膜保鲜技术。每种薄膜都有各自的适用范围，如果按照其各自的优缺点进行互补搭配制成复合膜，那么在很多方面各自的缺点将会得到一定程度的改进。例如，在壳聚糖中加入纳米氧化锌，除了膜的一些性能发生变化外，其抗菌效果可得到增强。因复合膜独有的特点，使其在保鲜技术中占有一席之地。

优点：复合膜可抑制微生物的生长，保持较低的失水率，减缓因呼吸作用引起的营养物质消耗；与单一成分的壳聚糖膜相比，复合膜的保湿性、透光率均可得到改善，这对减少果蔬的有氧呼吸、延缓呼吸高峰的出现、保持水果的风味有较好的作用。

缺点：目前组合形式较为单一，且由于材料种类复杂多样造成配置成本偏高。

5.1.1.2　前沿活性包装技术的应用

活性包装是指能够延长包装食品的货架期，保持或改善食品品质的包装技术。活性包装体系主要包括吸收剂、释放剂和其他系统。活性包装有很多种分类，常用分类方法主要有：①抗菌包装系统，利用抗菌剂或抗菌材料来抑制微生物的生长；②吸收系统，吸收包装内的氧气、水分、乙烯等容易导致食品腐败的物质；③释放系统，在包装体系内释放一些如二氧化碳、防腐剂、抗氧化剂等能够抑制食品腐败变质的物质；④其他活性包装系统，如时间-温度指示系统等。

（1）抗菌包装技术　抗菌包装是通过直接运用本身具有抗菌功能的聚合物薄膜，或在包装材料内部/表面添加抗菌剂，抑制腐败菌和病原微生物对食品的侵染，延长食品的货架期，且能最大限度地保持食品的风味、质量和安全性，防止二次污染的包装技术。

抗菌包装可以细分为：①混合抗菌剂包装；②涂布或吸附抗菌剂包装；③固定抗菌剂包装；④含挥发性抗菌剂的小包装；⑤自身具备抗菌性的包装。

（2）乙烯吸附包装技术　果蔬的呼吸作用在吸收 O_2 释放 CO_2 的同时，产生少量的乙烯，乙烯是一种植物内源激素，有促进果实成熟的作用。当释放的乙烯在果蔬周围达到一定量（浓度很低）时，便会加速水果蔬菜的成熟与衰老，降低果蔬的商品价值。乙烯吸附包装技术就是及时吸收包装内因呼吸作用产生的乙烯，使包装内环境维持一个合适的气体浓度，延缓果蔬的成熟与衰老过程。

（3）二氧化碳控制包装技术　二氧化碳控制包装系统指能吸收或释放二氧化碳的体系。当果蔬包装中的二氧化碳体积分数在 $10\%\sim80\%$ 之间时，会阻碍好氧微生物的生长，从而减缓生物化学反应，降低果蔬呼吸和衰老过程。因此通常在果蔬包装膜上加载二氧化碳释放系统来增加二氧化碳的浓度；而果蔬自身的呼吸作用也会不断产生二氧化碳，过量的二氧化碳累积又会促使果蔬糖酵解，病菌微生物大量繁殖，加速果蔬腐败，此时则可利用二氧化碳吸收系统降低包装中二氧化碳浓度。

（4）湿度控制包装技术　果蔬通过蒸腾作用产生水分，包装时需要控制果蔬储藏过程中的相对湿度，以维持新鲜果蔬的高品质。包装内的相对湿度如果过大会促进微生物的生长繁殖，相对湿度太低也会导致果蔬的品质下降。在大多数情况下，包装材料本身就可以调控包装内外环境之间的水分迁移，并提供足够的屏障，但在某些情况下，仍需对包装内的水分进行控制，以此来避免液态水的聚积。常用的除湿剂有硅胶、天然黏土矿物（如蒙脱石）、氧化钙、氯化钙、改性淀粉等，硅胶可吸收高达自身质量 35% 的水，因此可有效维持干燥食品包装内的干燥条件，而水分活度低于 0.2 时，沸石对水分的吸收也高达 24%。

（5）脱氧包装技术　脱氧包装是在包装材料中添加氧气吸附剂或者在包装内放置脱氧剂小包装袋，通过物理吸附或者氧化还原反应来除氧。氧气是酶促褐变和叶绿素光敏氧化极为重要的反应物，并且有利于呼吸作用，促进微生物的生长繁殖，因此包装内氧气过多会极大地降低果蔬的储藏品质。传统的抽真空和气调包装不能完全清除包装内的氧气，这时可通过脱氧剂进行清除。有某些可食性涂膜也有氧气清除性能，可应用于果蔬保鲜。

（6）乙醇气体释放包装技术　由于高浓度的乙醇可抑制微生物营养细胞的生长，乙醇作为一种抗菌剂已被广泛应用。带乙醇发生剂的包装系统使用 KOP/CP，OPP 等乙醇阻隔性包装材料，将粉末状的乙醇发生剂与包装基材薄膜制成香囊或衬垫，放置于封闭的果蔬包装内部，可以起到乙醇长效释放的效果。

5.1.1.3　前沿智能包装技术的应用

智能包装是指能监测并指示包装内部食品周围环境变化的包装技术，它可以提供食品在存储和运输过程中的相关质量信息。智能包装根据功能可以分为包装外部指示和包装内部指示。通过指示可以更好地获取诸如新鲜度、微生物污染、温度变化、包装完整性等产品信息。

（1）时间-温度指示卡　时间-温度指示卡可以记录食品在不同温度下所经历时间的长短（温度历史），并通过其颜色变化表明食品的储存情况。时间-温度指示卡的原理主要基于酶促反应、扩散、化学反应等，通常以机械变形或颜色变化的形式表现。现在商业上应用的主要有 VISAB，Lifelines Freshness Monitor 和 3M Monitor Mark 等 3 种时间-温度指示卡。VITSAB 是一种酶型指示卡，其工作原理是底物经过酶促反应导致 pH 值降低，从而引起颜色的变化。Lifelines Freshness Monitor 是建立在聚合反应基础上的指示产品。3M Monitor Mark 指示卡基于脂质扩散原理。

（2）泄漏指示卡　包装的密封性是保持无菌食品和自发气调包装食品等质量的必要条件。泄漏指示卡可以指示包装在整个流通过程中的完整性。无呼吸作用食品的气调包装特点是要维持较低质量分数的氧气（2%）和高质量分数的二氧化碳（20%～80%），泄漏会增加氧气和降低二氧化碳的浓度，泄漏指示卡通常贴在包装的内侧，可以提供包装内这 2 种气体的质量分数信息，从而指示包装的完整性。对于易腐食品，排出 O_2 和注入高浓度 CO_2 以防厌氧菌生长，可增加食品的稳定性。在包装工序完成后，渗漏指示剂贴附于包装内表面，可给出的包装完整性信息将贯穿销售链的始终。可以反映食品流通中包装的完整性，这大多是通过生化学反应引起的颜色变化实现的。泄漏指示卡的指示剂主要包括氧气指示剂、二氧化碳指示剂、水蒸气指示剂、乙烯指示剂等。

（3）新鲜度指示卡　新鲜度指示卡通过与微生物生长过程中产生的新陈代谢产物反应，可以直接显示食品微生物组织繁殖中生成的代谢物与食品发生反应时的微生物质量。微生物的存在为食品的有效保存期和安全性提供了天然的指示剂。食品中腐败微生物的代谢会产生许多代谢产物，如有机酸、乙醇、挥发性含氮化合物、生物胺、二氧化碳、含硫化合物等。新鲜度指示卡是基于腐败微生物的代谢产物会引起指示标签变色的原理。目前应用的主要有pH 值敏感指示卡和对挥发性物质或气体敏感的指示卡。

例如，肉质新鲜度指示标签［见图 5-1(a)］，当肉质腐败开始时，微生物分解产生的氨气会与标签中的化学物质发生反应，标签的颜色会随着时间的推移逐渐由白色过渡到紫色。标签完全变成紫色后，印制在标签上的条形码就会无法被扫描器识别，则商品就无法购买了。这种标签可在生鲜超市中使用，随着新鲜度的流失，随着标签颜色的加深，就算是买菜新手，也不用担心买到不新鲜的肉。图 5-1(b) 所示是另一种可粘贴的食品新鲜性指示标签。它被肉类生产商、分销商等贴在包装好的鲜肉上，用于探测肉类产品的新鲜程度及是否变质。当标签上的"Q"内部颜色呈现为橘黄色时表明产品是新鲜的；随着产品变质程度的增加，"Q"内部颜色开始由橘黄色向灰色渐变。这种标签是由食品级的可显示材料制成的，其成本不到肉类食品平均包装总价格的 1%。

(a) 肉质新鲜度指示标签

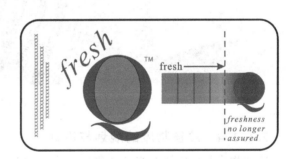

(b) 可粘贴的食品新鲜性指示标签

图 5-1　新鲜度指示卡

（4）病原体指示卡　病原体指示卡用来检测食品中的特定污染物，它主要通过固定的抗体来检测病原体。例如，Toxin Alert 公司生产的 Toxin Guard 体系；另一种应用于商业体系的病原体指示卡 Food Sentinel System 基于免疫反应，用于检测特定的微生物，如沙门菌、李斯特菌、大肠杆菌等。检测反应发生在指示卡的条形码内，当遇到特定的微生物时条形码就会变得模糊不清。

（5）生物传感器　生物传感器是一种微型的分析装置，能够检测、记录、传递特定生物反应的信息。这种装置由生物部分和物理部分组成，生物部分可与特定分析物反应，物理部分可将生物信号转换为物理信号。物理信号可以用多种方法检测，如安培计、电位计、光学或者测热量的方法。

（6）射频识别技术　射频识别（RFID）通常称为电子标签。是一种非接触式的自动识别无线数据通信技术，由标签和识别设备组成，标签通过射频信号自动识别目标对象并获取相关数据，并将它的信息通过无线电波反馈给识别设备。标签内置芯片，编有特定信息的程序，用来识别和跟踪，具有可追溯、方便管理等特性。射频识别标签储存的信息量比二维码和条形码大得多。当贴有 RFID 标签的物品经过识别设备时，标签上的数据被解码并传送到计算机上进行处理。射频识别标签与条形码相比，具有数据防篡改的能力。射频识别信息在一定距离范围内可以穿透某些材质，做到不破坏包装即可检测内部产品，便于统计。RFID 标签可以分为主动式和被动式，主动式是由电池供电，主动发射信号，有效距离约为 50m；被动式标签由识别设备提供能量，有效距离约为 5m。一般的 RFID 标签频率有低频、高频和微波频率，目前主要向超高频率方向发展。低频比较容易穿透纸张、塑料等非金属材料，且价格优势明显。RFID 标签由标签印刷工艺进行印刷制作，使射频电路具有了商业化的外衣（见图 5-2）。RFID 标签具有可读写、反复使用和耐高温、不怕污染等传统条形码所不具备的优势，处理数据过程无需人工干预，可工作于各种恶劣环境。RFID 技术可识别高速运动物体并可同时识别多个标签，操作快捷方便。世界范围内，沃尔玛、麦德龙等大型仓储式零售商的主要工厂产品都配备 RFID 标识，以满足未来智能化包装的巨大需求。

图 5-2　RFID 标签

5.1.1.4　冷链物流的规划与设计

冷链物流是指生鲜农产品从供应地向接收地的运输过程中，进行的一系列冷冻/冷藏、储存、装卸、搬运、包装、流通加工、配送、信息处理等过程，通过保持其品质所必需的适宜温度来维护产品品质，最大限度地保证产品质量安全、降低产品损耗，满足客户需求，是一种具有商业价值的专业物流服务。

冷链物流可以将大量生鲜农产品高质量地从原产地运往消费地，满足消费者的需求。不久的将来，冷链运输将成为生鲜运输的主流方式。

（1）我国冷链物流现状　目前，国内果蔬、肉类、水产品冷链流通率分别只有 5%、15% 和 23%，冷藏运输率分别为 15%、30% 和 40%，低于发达国家平均水平。某些发达国家的肉禽冷链流通率已经达到 100%，果蔬冷链流通率也达到 95% 以上。据中国物流与采购联合会估计，目前中国已有冷藏容量仅占货物需求的 20%～30%，中国冷链物流产业蕴藏着巨大商机。

第三方冷链物流是专门针对冷链物流产业需要而产生的专业物流模式。第三方冷链物流企业提供高效、专业、全程的冷链物流服务和解决方案。结合生鲜果蔬产品的包装系统设计需求，设计者需要了解冷链物流的相关情况。

（2）鲜蔬鲜果冷链物流效率　在鲜蔬鲜果冷链物流中主要的业务包括运输、仓储和装

图 5-3　第三方冷链物流运输工具

卸，运输和仓储是其主要考察物流效率的两个方面。由于冷链物流的特殊性，果蔬在运输过程中，需要保证持续稳定的低温，在长距离的运输中更是如此，所以它对于运输工具（见图5-3）有很高的要求，需要更低的成本、更高的运输效率，可以减少资源浪费，并减少对环境的负面影响。

① 运输方面，评价冷链物流效率的指标主要是考察货损率。冷链运输的货损率是指在一定时间内，冷链运输中鲜蔬鲜果的损失价值额和所运输鲜蔬鲜果价值的总额之比。冷链运输的货损率越低，物流运输的安全程度越高，越有利于绿色物流的发展。

我国鲜蔬鲜果冷链物流的货损率高达 25％～30％，每年大约有超过 1 亿吨的果蔬农产品在运输和储存环节腐烂损失，经济损失达到 1000 亿元以上。这不仅是资源的极大浪费，也对我国经济发展造成了不利影响。

② 仓储方面，衡量冷链物流效率的指标主要是考察利用率。鲜蔬鲜果冷链物流运行的主要物质基础和设施是冷库，冷库的利用率可以反映冷链物流对于冷库的利用水平。冷库利用率高也表示冷链运作的水平较高。

我国冷库利用率整体偏低，仅为 10％左右，设施存在一定结构性矛盾，冷库建设较为滞后，现代化和专业化冷库偏少，低温加工的配送中心和冷藏库等建设的投入不足。

5.1.2　果蔬包装系统设计案例分析（以樱桃为例）

樱桃是落叶果树中果实成熟最早的鲜销高档果品，其成熟期集中在 5～6 月份，成熟的果实色泽鲜艳、香味浓郁。樱桃极不易储存，在储运过程中容易腐烂、掉梗、褐变、品质变劣，主要由于樱桃呼吸强度大，呼吸跃变明显。在对樱桃进行运输包装设计时，应将果实的保鲜方法考虑在内，既能保证运输安全，又能保鲜，提升樱桃的商品价值。

首先以 6W 方法的设计思路进行提问：

（What）樱桃是什么东西，它有哪些特点，需要什么材料进行包装，应该达到什么效果，最终的设计目的是什么等；

（Where）樱桃是哪里产的，要销往何地，包装材料从哪里来，是国内的还是需要进口，以及设计的应用区域在哪里，销售和存储的环境怎么样等；

（How）怎样吃，是否方便，如何实现这种设计，包装的质量如何，应该如何进行检测等；

（When）樱桃什么季节成熟，多长时间会腐败，以及它的保质期、保存期、货架寿命等；

（Who）消费对象是谁，销售人员，市场适应人群，设计人员等；

（Why）它为什么需要包装，为什么这样设计，为什么选用这种包装材料等一系列的问题。

分析目前市场常见的几种樱桃保鲜方法，并根据所采用的保鲜方法设计具有保鲜作用并符合保鲜储藏环境的包装系统。

5.1.2.1 保鲜方法

目前市场所见樱桃的保鲜方法大致有 3 类：①温控低温保鲜法，即将摘采后的樱桃置于恒温 $1\sim3℃$、相对湿度为 $90\%\sim95\%$ 的冷库中储藏，该方法利于维持较好的采后果实品质；②气调储藏保鲜法，通过樱桃果实的呼吸作用使其果实周围的二氧化碳含量保持在 $10\%\sim25\%$，氧气含量在 $3\%\sim5\%$ 的范围内，该方法能有效延长水果的储藏期；③化学保鲜剂保鲜法，该方法是运用各种不同配方的保鲜剂涂布在樱桃表面，形成一层抑制气体交换的保护膜，降低果实的呼吸强度，以延长樱桃的储藏时间。化学保鲜剂储藏法的有害物质残留问题较严重，所以该方法正日益受到有关管理部门的限制。

冷藏结合气调包装储藏是果蔬采摘后储运过程中最有效的保鲜储藏方法之一，既可在冷藏基础上维持较好的采摘后果实品质，又可有效延长果品的储藏期。在本例中，即采用这种联合保鲜方式。

5.1.2.2 保鲜包装系统设计

因为本例中樱桃的保鲜方式采用冷藏联合气调的方式，在樱桃的保鲜运输包装系统设计中，应考虑气调包装系统的组成以及冷藏过程中的包装容器应具备一定的抗压及防潮能力。所以，樱桃的保鲜运输包装系统由气调保鲜包装和适用于冷藏的运输包装两部分组成。

气调保鲜包装由内包装和中包装组成。内包装的主要作用是保鲜以及方便零售，需采用具有保鲜功能的材料进行透气性的结构设计。中包装主要作用是实现气调保鲜功能，需使用具有透气性良好的包装材料；运输包装需要在运输过程中起到保护作用，使果实不被挤压损伤，在整个包装系统中属于外包装，应具备足够的抗压能力，并在设计中需考虑在冷库内储藏时所应具备的防潮功能。

采用由内而外的设计方法，按照"内包装—中包装—外包装"的次序进行设计。

（1）内包装设计 适用于樱桃果实颗粒的内包装材料很多，较常见的有聚乙烯（PE）保鲜膜、聚丙烯（PP）塑料以及普通卡纸。

对这 3 种包装材料和包装形式进行保鲜效果试验，选择保鲜效果较好的材料进行内包装的设计。

樱桃实验样品单果重 $7\sim8g$，带果梗采收。采摘后的樱桃在 0℃条件下预冷 24h 后，挑选表皮完好、无烂果现象的樱桃按每份果实净重 $(300\pm2)g$ 进行分组包装，分别装入 PE 保鲜膜袋、PP 保鲜盒以及普通卡纸纸盒，在温度为 $0\sim1℃$、相对湿度为 $80\%\sim90\%$ 的冰箱内储藏。16 天后对冰藏后的果实进行称重，计算出储藏前后的果实的质量差，以测定失水率。同时，挑拣出果实表皮出现大量褐变甚至腐烂的水果进行称量，将其与储藏前的水果质量进行比较，以测定烂果率。

实验结果显示，16 天后 3 组果实的失水率和烂果率如图 5-4 所示。

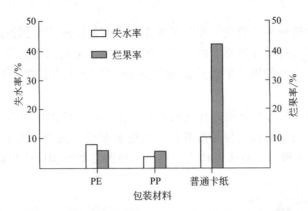

图 5-4　樱桃包装储藏 16 天后的果实失水率和烂果率

由图 5-4 可见，经过 16 天的储藏，3 种包装容器的果实失水率和烂果率存在明显差别。其中普通卡纸纸盒的果实失水率为 11.23%，烂果率为 41.26%；PE 保鲜袋的果实失水率为 8.68%，烂果率为 6.31%；PP 保鲜盒的果实失水率为 3.41%，烂果率为 5.83%。可见，采用 PP 材料进行樱桃的保鲜储藏包装效果较好。

由于内包装的主要作用为保鲜果品并且便于零售，而且樱桃果实颗粒较小，果皮薄易损伤，所以内包装的容量应以每盒 0.5～1kg 为宜。本案例中，内包装盒的容量设定为 1kg，包装盒为扣盖式盒结构，包装盒结构效果见图 5-5 所示。

图 5-5　内包装盒结构

在进行 PP 保鲜盒的结构设计时，应注意以下几点：①容器壁厚设计，壁厚应均匀，且 PP 塑料成型容器厚度不得小于 0.75mm，在本例中，由于内包装盒属于小型塑件，按照热塑性塑料制品的最小壁厚及常用壁厚推荐值，PP 保鲜盒壁厚取 1.25mm；②圆角设计，保鲜盒角隅处易成为强度薄弱部分，故容器角隅处应设计成 3～12mm 的圆角，本例中，包装盒内角隅处圆角为 10mm；③脱模斜度设计，包装盒盒体部分沿着脱模方向应设计有 2°的脱模斜度；④透气结构设计，包装盒盒盖及盒体底部应设计有透气孔，本例中，透气孔设计为长槽型，对比樱桃果实的颗粒大小，槽宽设置为 8～10mm。

（2）中包装设计　根据气调保鲜的需要，可在内包装与外包装之间使用一层厚度为 0.06mm 的透气性 LDPE 薄膜进行收缩裹包包装，这在整个包装系统中属于中包装，薄膜尺寸设计依据外包装内尺寸确定。由于樱桃呼吸作用与透气性薄膜的气体渗透作用，各包装层次的气体在内包装内、透气性薄膜包装内以及外包装外部形成不同梯度的气体成分，达到气调保鲜的作用。

（3）外包装（运输包装）设计　外包装的作用为在运输过程中保护内容物不受挤压或碰撞损伤，从低成本及可持续发展要求的角度出发，本例仍采用瓦楞纸箱包装。例中所采用的瓦楞纸箱为目前市场常见的用于果蔬运输包装的 BC 楞 0201 型瓦楞纸箱，瓦楞纸板计算厚度为 7.1mm。

由于内包装盒属于长方形结构，在瓦楞纸箱内部按照立放的形式进行摆放，按照纸箱的最佳尺寸设计原则，内包装长边与瓦楞纸箱的宽边相平行。箱内按上下 2 层摆放内包装盒，共摆放 6 盒，如图 5-6 所示（具体设计方法参见《包装容器结构设计与制造》教材）。

图 5-6　瓦楞纸箱包装系统示意图

樱桃装箱后整箱毛重约 6.5kg，置于冷库储藏，纸箱堆码 10 层，计算出瓦楞纸箱应具备的堆码抗压强度为 2869.4N，由马基公式推算出纸箱应具备的边压强度为 40.6N/cm，可以得到瓦楞纸箱的配纸为：面纸选用定量为 150g/m² 的 B 级箱纸板，中间两层楞纸选用定量为 125g/m² 的 B 级瓦楞纸，芯纸选用定量为 140g/m² 的卡纸。

由于樱桃包装后置于冷库中储藏，应在瓦楞纸箱面纸上印刷上防潮涂料，如拔水剂，以防止纸箱搬出冷库后因吸潮而使强度降低。

5.1.2.3　储藏前后樱桃品质测定与评估

樱桃样品在采摘采后 0℃ 条件下预冷 24 小时后按本案例设计的包装系统进行装盒、装箱，放入恒温 1~3℃、相对湿度为 90%~95% 的冷库中储藏 16 天后，所得各参数数据参见表 5-1。

表 5-1　包装系统对樱桃的保鲜效果

贮藏时间/d	可溶性固形物含量 /%	抗坏血酸质量浓度 /(mg/100g)	可滴定酸含量 /%	还原糖含量 /%
0	13.05	2.57	1.59	14.25
16	12.68	1.93	1.02	10.75

测试项目与方法包括以下几项：
① 呼吸强度的测定采用静置法；

② VC 含量的测定采用碘酸钾滴定法；

③ 还原糖含量的测定采用 3,5-二硝基水杨酸法；

④ 可溶性固形物含量的测定采用手持式折光仪测定法；

⑤ 可滴定酸含量的测定采用酸碱中和滴定法。

由表 5-1 可知，经过 16 天的储藏，所设计的包装系统对抑制可溶性固形物的降低有明显效果，虽然樱桃的抗坏血酸质量浓度、可滴定酸含量以及还原糖含量都有所下降，但并不是很明显。此外在整个运输储藏期间，樱桃的失水率仅为 1.98%，烂果率为 3.72%，达到了很好的保鲜效果。

5.2 电子产品的包装系统设计

5.2.1 电子产品的包装系统设计要求

大部分电子产品在售卖时都是从包装中取出直接与消费者见面的，内包装只是在其售出后被用于方便消费者携带。所以电子产品的包装无论是内包装还是外包装，其对产品的容装与保护功能都是最主要的。因此，电子产品的包装又被称为输送包装（工业包装）。电子产品要经历从出厂到送达最终顾客手中的流通过程，这其中有各种各样的环节，如运输、装卸时的振动、冲击，保管中的堆放承重等，这些过程都很容易使产品受到损伤。因此，保护产品安全是包装的基本任务，与此同时，还要求尽量以最小的消耗来实现这一目的。产品在到达最终顾客后，包装的任务就已完成，变为废弃物。因此，从环境保护的需求出发，包装应能节省资源、能满足再利用等环保要求。

在这种背景下，对于电子产品企业来说，如何使产品包装有利于环境保护，是提高市场商品力（销售竞争力）相关联的一个问题，需要积极认真地对待。

5.2.1.1 电子产品包装的环保设计类型

随着废弃物总量的增多，企事业单位、消费者对废弃物处理所需的作业、费用负担变得很大。各方面都需要可降解或者可回收绿色包装。为实现资源循环，日本和其他一些国家，先后制定了关于资源利用的法律。根据包装法规和市场要求，对于适用于电子产品的环保型包装细分，可以归纳整理成以下几大类（见表 5-2）。

表 5-2　电子产品环保型包装设计种类

设计种类		实现方法
不要包装	包装使用量为零(无包装)	直送(用防损伤的垫子等)，叉车装卸，防护管(罩、盘、架)，改善产品耐压、耐冲击强度
必要的最小包装	使用最少的包装材料,省资源、节能包装,简易包装	对产品保护进行必需的最小限缓冲包装理论设计,改善产品强度、突起结构、尺寸,降低流通外力(改善物流)
再生、再资源、再商品化的包装	可再利用的包装,容易再生利用的包装,利用再生材料,有效利用有限资源	利用纸系材料,利用废塑料
容易回收处理的包装	分类、回收不耗费人工和费用的材料、结构	可以分割、分解、分离的结构,采用单一包装材料,无粘贴包装,减少包装部件数量,减少复合材料

设计种类		实现方法
再利用再使用的包装	可重复使用的包装,无废弃物(用后要扔掉)的包装	周转包装,特定顾客→工厂间的输送包装,从顾客处回收废材料
容易废弃处理的包装	容易填埋、焚烧处理的材料、结构	低燃烧热值材料,自然还原包装(可生物降解),避免使用有害材料
以人为本的包装	受组装、销售、流通作业人员喜欢的包装,受一般消费者喜爱的包装	对包装的组装作业性、再开启性、装卸性和保管性进行完善,对产品的视认度、取出、携带、再回收等加以改进

5.2.1.2　电子产品包装的设计要求

电子产品包装在保持实现产品保护功能的同时,通过改善流通或者调整产品本身的强度,正在逐步实现环保包装。与包装有关的设计部门和流通业务部门应联手,应用包装系统设计的原理,使各生产企业的总费用达到最小。

(1) 最小包装设计　根据可持续发展的设计思想,使用瓦楞纸板包装材料代替 EPS,是一种可降解并且有益于环境的选择。但在多数情况下,由于容器制造的加工过程和相关工序增加,会使包装费用提高。解决这一问题的对策,应以产品包装强度在流通外力作用下的表现为依据,采取最小包装设计方法,满足必要强度。

(2) 产品强度与包装强度匹配的设计　电子产品的包装的主要目的是保护产品,同时也要求包装设计者能用最少的费用来达到这一目的。但产品总会有一些薄弱、突出的部分,称为易损件,即使能做成最好的包装,由于包装容积变大、输送和保管效率下降等原因,总费用也要增加。这表明产品的强度因素(形状、尺寸和重量等)与包装费用(包装使用量)之间,有一种成本对应的关系。

为了有效保护环境、降低成本费用,有必要从产品开发时,将产品与包装强度相匹配,进行成本最小的包装设计。这可以把产品和包装看成一体化的商品组合,应当用最少的包装费用保证必要强度。也就是说,对电子产品本身,不只考虑使用环境,还要对流通环境加以研究,都要有相当程度的耐受性,以求得产品包装总成本的降低。

(3) 使用有限元法设计包装　电子包装材料的必要特性是对能量的吸收性、复原性、加工性、经济性和材料来源情况等。长期以来,传统缓冲包装设计使用的材料大多是发泡苯乙烯(EPS)、发泡聚乙烯(EPE)等发泡树脂材料。主要是由于这类材料性质稳定,设计技术成熟。近年来,由于世界环境问题日益突出,对包装材料废弃物的处理和再利用受到广泛关注。为适应这种形势,发泡树脂逐渐被瓦楞纸板之类的纸板材料来替代。

但是,纸板材料的缺点是受水分的影响大,性质不稳定,没有复原性,并且材料本身易压曲变形,所以进行定量设计的难度较大。目前,用纸板材料的缓冲包装设计技术以结构缓冲设计为主,通过纸板的折叠产生不同的空间结构达到缓冲的目的,这种设计方法各国都还没有确定的标准。一般可运用有限元法进行仿真设计,例如 ANSYS 有限元分析与仿真,这种方法正越来越多的应用于产品的包装设计(见图 5-7)。

5.2.1.3　电子产品包装的课题研究趋势及要求

(1) 研究开发总费用最小化设计　今后的电子产品包装,不仅要保证包装上的功能,同

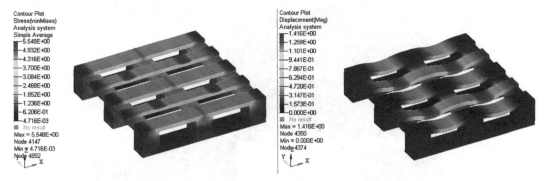

图 5-7　ANSYS 有限元分析与仿真

时又要考虑环境保护。重要的是相关各方面要统筹兼顾，以求总体达到最佳匹配（总费用最小）。这种设计观念符合包装系统设计的基本思想。

电子产品包装从流通环境到保护产品，有很多工作过程（产品设计、输送、储存、装卸等），彼此密切相关。所有这些工作相互间都有一种经济互补的关系。

因此，必须认真做好从产品开发开始，到产品→包装→流通各环节中包装强度互补调整，运用包装系统设计的方法，努力研究开发总费用最小化的设计。

（2）实现重复使用包装　现在国内的流通（输送、装卸、储存），采用无包装设计的产品很少，今后需要有计划地研究开发可重复使用的包装。但是包装的重复使用，不能只依靠电子产品生产厂商。回收体系的构建、包装质量管理、可重复使用材料和结构的开发等，必须通过物流公司、包装材料企业和顾客协同解决。另外，也需要与政府行政部门、高校、科研院所合作，建立相应的协会、实验室进行研究和讨论。

（3）适应营销流通体系的变化　由于电子商务的扩大（网络直销），尤其是近年来消费者网购的习惯已经越来越普遍，包装需要适应物流的多样性。过去的流通业务委托运输公司的大宗输送——机械装卸，而现在大多转为一般的小批量混装送货上门——人工搬运流通。随着物流环节的集约化，直接输送增多，产品受到振动和下落冲击压力的机会也增加。这样一来，对于包装的要求也比以前提高，需要设计更加严密的保护体系。另外，为适应销售形态的变化，利于促进销售，也需要有醒目广告功能的包装设计。

"微创新、快节奏"是电子商务运营和发展的显著特点，也是行业竞争日益激烈、科技进步加速的必然结果。微创新包装在原有包装的基础之上，经过细微改动，不仅使原有的包装在结构和功能上实现一定突破，还能持续不断地给消费大众提供新鲜体验。例如小米手机，其包装在微创新的道路上，不断地给消费者和"米粉"们呈现惊喜。与知名品牌相比，小米不具备多层次的渠道销售，网络直销一直是其主要的销售渠道，在这一销售模式下，包装成为小米品牌形象的重要代言者，因为不论是内包装还是外包装，不论是包装的安全性还是包装设计的美观性都将直接归于小米（见图 5-8）。

（4）应对经济全球化趋势　随着生产市场向海外的转移，在包装问题上需要考虑产地包装材料的供应、质量保证、包装过程（设计、试验评价、改善）、技术传承、流通压力、当地对环境废弃物的限制等多方面因素。同时还要考虑与国内生产流通不同的设计、试验与交货标准。

（5）宜人化设计（人因设计）　关于包装设计，除了考虑产品保护和适应流通外，还有包装装配、包装标识的视认性、包装装卸性、产品的信息展示性、开箱后的再装性、产品取

图 5-8　小米系列包装图例

出的方便性等多方面要求，这些都需要反映出对人（如生产线装配人员、流通工作者、销售营业人员和消费者）的关心，充分体现"以人为本"的人性化设计理念，特别是面向老龄社会群体、婴幼儿群体、少数民族人群，设计更加细分。

5.2.2　电子产品的包装系统设计案例分析

案例一　本案例主要针对电子产品包装系统设计与性能评估进行阐述。

本次设计选择的研究对象是笔者所在公司生产的某电子产品，产品的功能：GPRS电子导航装置，兼有视频、音频播放等功能，主要用于汽车导航和家庭娱乐，属于精密电子仪器。该款产品的型号为DA-09，产品体积轻便且功能强大，市场十分广阔。DA-09主要用于出口，因而包装要求严格。

DA-09的脆值为80G，主机的外形尺寸为：258mm×196mm×40mm，附件及其质量如表5-3所示。

表 5-3　DA-09 GPRS电子导航装置附件及其质量

名称	主机	电池	客户卡	旅行包	充电器	变压器	电源线	遥控器
质量/g	945	285	150	288	105	202	112	35

分析方法：用6W方法进行分析。

• 包装开发方案探讨

前期的需求分析过程中，对各部门、各环节的设计需求进行了汇总，基本情况如下：

① 产品的包装设计部门要求包装具有包容性和保护性，最大程度保证产品的使用功能。

② 采购部门要求包装材料的价格适中，供货商可靠。

③ 制造部门要求包装的装配活动节约工时且操作简便。

④ 仓储部门要求货物在仓库中能够科学合理的堆码，并且具有一定的堆码强度和最大堆码高度。

⑤ 物流部门要求包装能承受物流环节中可能出现的任何外部打击。

⑥ 市场部门要求包装设计能够跟随社会发展的趋势和人们的思想潮流，进而迎合终端消费者。另外，包装活动还要考虑环境保护，同时满足零售商和终端消费者的需求。

・ 瓦楞纸板缓冲系统设计

在本案例中，根据导航仪主机及附件的结构和重量选型，选用 E 型单瓦楞纸板进行折叠插接成型所需要的缓冲衬垫，其结构如图 5-9～图 5-11 所示。

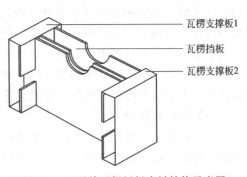

图 5-9　E 型单瓦楞纸板内衬结构示意图

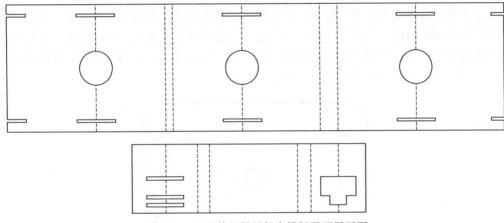

图 5-10　E 型单瓦楞纸板支撑板平面展开图

图 5-11　E 型单瓦楞纸板缓冲衬垫组装示意图

由图可知，衬垫结构由左右两块支撑板与中间挡板三部分组成，呈对称结构。三块纸板经过折叠插合连接在一起。挡板的包裹结构与外包装盒相配合形成四个空间，可以依次摆放旅行包、主机、电池和客户卡；另外，两层 E 型单瓦楞纸板可以起到一定的缓冲作用，使主机与附件不会由于相互碰撞产生外观上的磨损。两块支撑板的立体折叠结构可以在一定程度上满足承载和吸震的要求，同时，也可以加强包装件的顶部跌落要求和堆码要求。

缓冲衬垫的折叠式框架结构对于固定各包装物件和包装件的缓冲保护有较确定的作用，目前在小型电子设备内包装的保护中较为常用。

· 内外包装设计

基于绿色包装 4R1D 的原则，本案例在内外包装设计方面，通过各种材料对比分析，最终选择瓦楞纸板作为包装材料，主要包括附件盒、内包装盒及外箱的设计。瓦楞纸箱的选型主要取决于内装物的最大质量和最大综合尺寸，确定瓦楞纸箱的纸板与尺寸参数后，还应校核与纸箱堆码高度有关的抗压强度。

（1）附件盒的设计　鉴于包装设计的"减量化"原则，由于附件中充电器、变压器、电源线、遥控器的可承受冲击载荷较大，所以把这几种附件集中在一个附件盒中，达到可节约包装材料与空间的目的，同时对于整个包装盒而言也可在内部起到支撑的作用。根据被包装产品的实际情况，选择 E 型单瓦楞纸板制作附件盒，附件盒盒型选用 0427 型盘型纸盒（飞机盒），附件盒的平面展开图如图 5-12 所示。

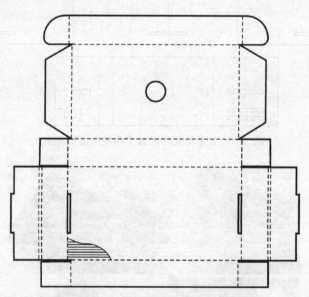

图 5-12　附件盒的平面展开图

（2）内包装盒的设计　根据产品、缓冲衬垫、附件盒的具体情况，内包装盒选择 B 型单瓦楞纸板材料进行设计。B 型瓦楞纸板适合印刷，且具有良好的缓冲性能。根据国际纸箱标准，选用的是 0206 型箱型，内包装盒平面展开图如图 5-13 所示。

（3）中包装热收缩膜　热收缩薄膜主要用于包裹内包装盒，其主要作用是防盗，在商品的销售过程中，防止内包装盒被打开，同时，通过热收缩膜的包装，也可以起到防尘防潮的作用。

以前常用的收缩薄膜是聚氯乙烯（PVC），因其环保性差，难回收，加热时分解的产物氯化烯单体已被医学界列为致癌物质，这些情况不符合绿色包装设计的要求，所以 PVC 收缩膜在欧洲和日本已被禁止使用。

双向拉伸聚烯烃（POF）同时具备了聚乙烯（PE）和聚丙烯（PP）的所有优点，其性能又远远优于单纯的聚乙烯膜和聚丙烯膜，是符合美国 FDA 标准的无毒环保型热收缩包装

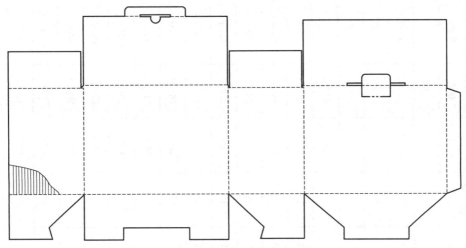

图 5-13 内包装盒平面展开图

材料。POF 薄膜具有无毒环保、高透明度、高收缩率、良好的热封性能、表面光泽度高、韧性好、抗撕裂强度大、热收缩均匀及适合全自动高速包装等特点，是目前国际上使用最广、最为流行的环保型热收缩卫生包装材料。

所以本案例中选择 POF 作为热收缩薄膜材质。

（4）外包装箱的设计 外包装箱是整个产品的运输包装，在本案例中，外包装箱选用 0711 型自锁底 C 楞单瓦楞纸箱，其设计过程与内包装盒类似，外包装箱的平面展开图如图 5-14 所示。内包装盒在纸箱内的装载数量和装箱方式可采用纸箱最佳尺寸标准的要求进行设计。

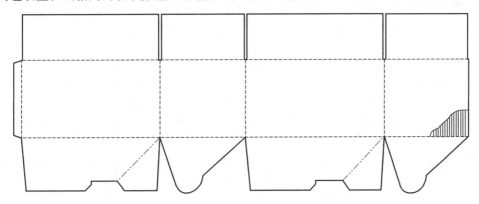

图 5-14 外包装箱平面展开图

（5）托盘（栈板）的设计 本例设计使用的托盘不是标准尺寸托盘，根据企业或客户的要求进行非标尺寸设计纸质托盘结构，如图 5-15 所示，托盘的外形尺寸为：1091mm × 987mm × 130mm。纸箱在托盘上堆码层数的计算和论证参照《运输包装设计》教材。

（6）集装箱包装规范设计 集装箱（货柜）用于集装货物，使用较多为两种规格标准：20′货柜和 40′货柜。集装箱各种货柜的内外尺寸标准可参照表 5-4 所示进行选择。

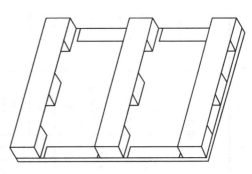

图 5-15 托盘设计

表 5-4　集装箱各种货柜的内外尺寸对照表

箱型		外尺寸 [(')(英尺)(")(英寸)]/[(mm)(毫米)]			内尺寸 /mm			箱门 /mm		内容积 /m³	质量 /kg		
		长	宽	高	长	宽	高	宽	高		自重	载重	总重
干箱	20'	20'/6096	8'/2438	8'6"/2591	2529	2340	2379	2286	2278	33	1900	22100	24000
	40'	40'/12192	8'/2438	8'6"/2591	12043	2336	2379	2286	2278	67	3084	27396	30480
	40'超高	40'/12192	8'/2438	9'6"/2896	12055	2345	2685	2340	2585	76	2900	29600	32500
	45'	45'/13716	8'/2438	9'6"/2896	13580	2347	2696	2340	2585	86	3800	28700	32500
冷冻箱	20'	20'/6096	8'/2438	8'6"/2591	5440	2294	2273	2286	2238	28	2750	24250	27000
	40'	40'/12192	8'/2438	8'6"/2591	11577	2294	2210	2286	2238	59	3950	28550	32500
	40'超高	40'/12192	8'/2438	9'6"/2896	11577	2294	2509	2290	2535	67	4150	28350	32500
	45'	45'/13716	8'/2438	9'6"/2896	13102	2286	2509	2294	2535	75	5200	27300	32500
开顶箱	20'	20'/6096	8'/2438	8'6"/2591	5919	2340	2286	2286	2251	32	2177	21823	24000
	40'	40'/12192	8'/2438	8'6"/2591	12056	2347	2374	2343	2274	67	4300	26180	30480
框架箱	20'	20'/6096	8'/2438	8'6"/2591	5935	2398	2327	—	—	—	2560	21440	24000
	40'	40'/12192	8'/2438	8'6"/2591	12080	2420	2103	—	—	—	4300	26180	30480
平台箱	20'折叠	20'/6096	8'/2438	8'6"/2591	5966	2418	2286	—	—	—	2970	27030	30000
	40'折叠	40'/12192	8'/2438	8'6"/2591	12064	2369	1943	—	—	—	5200	39800	45000
	20'	20'/6096	8'/2438	—	—	2197	—	—	—	—	1960	18360	20320
	40'	40'/12192	8'/2438	—	11823	—	—	—	—	—	4860	39580	44440
罐箱	20'	20'/6096	8'/2438	8'/2438	—	—	—	—	—	20	2845	21540	24385

注：1'（即 1ft（英尺））=0.3048m，1"（即 1in（英寸））=0.0254m。

本例中，使用干箱标准 20' 和 40' 集装箱货柜，单个托盘堆放产品的外尺寸为：1091mm×987mm×2195mm，在货柜中摆放规划设计为：20' 货柜放 6 排，每排放 2 个托盘，如图 5-16 所示。40' 货柜中放 12 排，每排放 2 个托盘，如图 5-17 所示。

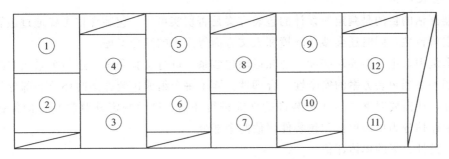

图 5-16　20' 货柜包装规范示意图

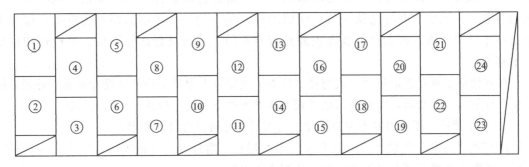

图 5-17　40' 货柜包装规范示意图

（7）纸护角　纸护角根据 BB/T 0023—2017 行业标准进行设计使用，用于托盘堆垛的边缘，它的作用是对货物进行支撑与固定，防止货物因冲击振动造成散倒。

常用的纸护角类型是 L 型纸护角（见图 5-18），主要分为等边和不等边两种。纸护角的边宽推荐优先选用 30、35、40、45、50、55、60、70、80、90、100（单位：mm）。厚度推荐优先选用 3.0、3.5、4.0、4.5、5.0、6.0、7.0、7.5、8.0（单位：mm）。

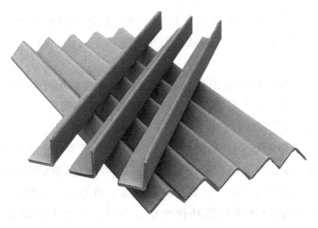

图 5-18　L 型纸护角

本例中，采用的等边纸护角边宽为 50mm，厚度为 6mm。

本例中设计三种纸护角：直立用于托盘四周的纸护角 $L_1 = 1700mm$，最上面一层托盘长度方向的纸护角 $L_2 = 800mm$，用于宽度方向的纸护角 $L_3 = 600mm$。

· 包装评估

包装评估的目的是判定所设计的包装方案是否切实可行，包装评估主要通过包装测试来证明方案可行性，同时还会涉及环境和人文方面等因素的综合考虑。

在本例中，主要需要对缓冲系统和运输包装系统进行实验测试，这两个系统中的每个包装形式都关系到包装方案的安全性、合理性。除了每个组成包装方案的环节和部分都达到设计要求外，还需要对整个运输包装件的性能进行评估，进而判定其对包装件的保护性。所以，包装评估分为单体评估和包装件评估两个部分。

（1）设计方案的单体评估

① 内包装盒评估。内包装盒的评估过程包含以下五个部分。

a. 外观评估。评估内容主要是印刷质量：印刷的色调是否与客户提供色稿一致；颜色的明亮度、纯度是否与色稿一致；印刷的油墨是否均匀；印刷套印是否准确；细小线条与字体是否印刷清晰；内包装盒表面是否有水印、污点或划伤等不良；刀模裁切口是否平整等。

外观评估主要是采取目视方式与样品比对，观察以上项目是否满足设计要求。外观评估是整个评估环节的基础，需要在满足外观要求的前提下才能进行其他方面的评估。

b. 尺寸评估。评估内容为主要尺寸、刀模尺寸是否符合设计要求。

c. 实配性评估。所设计的内包装盒与缓冲衬垫、附件盒、外箱等是否配合合理，且能按设计思路正确盛装产品与附件，确认装配作业方便。

d. 可靠性评估。内包装盒的主要可靠性评估包括基重测试、耐摩擦测试和抗压测试。

基重测试：基重测试是验证瓦楞纸板各层材质是否符合设计要求的定量的测试。

耐摩擦测试：耐摩擦测试是对内包装盒油墨印刷的精致程度给予模拟运输中摩擦碰撞条件的试验，它主要考察内包装盒的耐磨性能。

抗压测试：抗压测试是验证内包装盒是否能经受预算负载的冲击的试验。试验前将折叠成型的内包装盒在温度为（23±1）℃、50％±2％RH 的环境下放置 24h，试验时抗压强度测试机以 10cm/min 的速度进行抗压试验。

e. 环保性能评估。环保性能评估主要是为了确保在包装材料中不混入规定的禁止使用的化学物质，使之符合国家标准。在包装材料中，主要是对镉、铅、汞和六价铬四种重金属的含量进行管控。

② 外包装箱评估。与内包装盒的评估项目类似，外包装箱评估包括外观、尺寸、实配性、可靠性和环保性能等几个方面，两者的评估方法基本相同。

③ 缓冲衬垫评估。瓦楞纸板缓冲系统的评估项目包括外观、尺寸、环保性能和跌落 G 值。外观评估的重点在于确认各刀模切口平整、无毛边、无裂口、无表面破损。尺寸评估是对主要尺寸进行量测，确认与主机、附件、内包装盒和外包装箱的实配性。

缓冲衬垫的环保性能测试方法、仪器与内包装盒、外包装箱类似。

④ 纸托盘评估。纸托盘评估包括环保性能、外观、尺寸和功能性评估。外观评估重点观察托盘表面有无破损；接合部位、包边部位是否紧凑、无开裂；面板是否平整、无

翘曲；脚柱高度是否一致等。尺寸评估是对主要尺寸进行量测，同时确认与外箱、货柜的实配性。

托盘的环保性能测试方法、仪器与内包装盒、外包装箱、缓冲衬垫类似。

（2）运输包装件的评估　流通领域中运输包装件在装卸、运输、储存、搬运的过程中，需要考虑不同程度的振动、冲击、压力、跌落等载荷的作用。为了保证包装件不被损坏，在运输之前必须对其进行运输性能测试，判定包装的功能是否符合条件，并检验包装件是否符合标准，通过研究包装件破损的原因和预防措施改进包装，达到提高包装质量、减少产品损坏的目的。测试项目根据国家标准进行项目选择与测定（见表5-5）。

表5-5　运输包装件测试的项目

序号	试验项目	确定量值因素	试验设备	标准
1	温湿度预处理	环境温度，环境相对湿度，时间	环境温湿度气候箱	GB/T 4857.2—2005《包装　运输包装件基本试验　第2部分：温湿度调节处理》
2	堆码试验	载荷，持续时间，环境条件	一定重量的砝码	GB/T 4857.3—2008《包装　运输包装件基本试验　第3部分：静载荷堆码试验方法》
3	压力试验	最大载荷，压板移动速度，环境条件	压力试验机	GB/T 4857.4—2008《包装　运输包装件基本试验　第4部分：采用压力试验机进行的抗压和堆码试验方法》
4	振动试验	频率（定频、变频），加速度或位移幅值，持续时间，环境条件	机械振动台，电液振动台	GB/T 4857.7—2005《包装　运输包装件基本试验　第7部分：正弦定频振动试验方法》 GB/T 4857.10—2005《包装　运输包装件基本试验　第10部分：正弦变频振动试验方法》
5	水平冲击试验（斜面、吊摆、水平冲击）	水平速度，冲击次数，冲击面上附加障碍物，吊摆质量，环境条件	斜面冲击机，吊摆冲击机，可控水平冲击机	GB/T 4857.11—2005《包装　运输包装件基本试验　第11部分：水平冲击试验方法》 GB/T 4857.15—2017《包装　运输包装件基本试验　第15部分：可控水平冲击试验方法》
6	喷淋试验	喷淋水量，持续时间	喷淋箱或喷淋室	GB/T 4857.9—2008《包装　运输包装件基本试验　第9部分：喷淋试验方法》
7	跌落试验	冲击高度，冲击次数，包装件状态，环境条件	跌落试验机，垂直冲击试验机	GB/T 4857.5—1992《包装　运输包装件　跌落试验方法》

测试后，要求内包装盒的印刷面不能有磨伤，在取出产品时瓦楞纸板缓冲衬垫不能分离，产品及附件的功能不能有异常。

案例二　本案例主要针对产品包装系统设计与可量化评估指标进行阐述。

通信设备上用电缆线一般都是以铜铝为主要原料，通过相应的拉伸、绞合并在上附属不同材料而形成；电缆线其自身的重量较重，比较耐压。每个订单电缆线数量随客户需求而变化，所以每个包装箱的内装物重量都是在一定范围内变化的。

· 原木箱包装方案

目前大多数的电缆线采用的包装箱为木箱，一般为传统的木箱，或钢片木箱的包装形式。本案例电缆线原木箱包装方案是采用厚度为 6mm 胶合板材料制成的钢片木箱（见图 5-19），运输方式主要是采用 40′ 的标准集装箱柜海运从上海出口到南美洲。此方案规定内装物装载重量为 50kg。

图 5-19　钢片木箱及木箱内装电缆线（参见文献 [25]）

• 以纸代木新方案

新包装方案设计特点是：在托盘上增加一个底板连接结构，该结构可以将托盘与外箱连接在一起，并阻止外箱在托盘上的移动；然后再通过打包带固定方式，可以将外箱完全固定在托盘上，效果等同于钢片木箱，如图 5-20 所示。

(a) 托盘连接方式展开示意图　　　　　　　　　(b) 瓦楞纸箱放置示意图

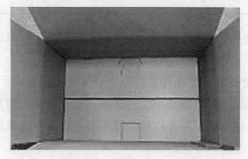

(c) 瓦楞纸箱与托盘连接好的示意图　　　　　　　(d) 瓦楞纸箱与托盘打包示意图

图 5-20　以纸代木新方案组装图（参见文献 [25]）

- 针对两种方案进行比较

原方案物料部件为：托盘连木箱底板、箱围板、盖板。

原方案装配时需要有弯折钢片的手工具；对于新方案而言，其中封箱胶带与打包带作为一种辅助打包材料或辅助装配工具，如果除去这些辅助物料，那么新方案就仅为两件定制物料部件，见表5-6。

表 5-6　两种方案基本情况比较

比较项目	原方案	新方案
外形尺寸/(mm×mm×mm)	620×370×365	620×370×380
主要材质	胶合板、钢片	瓦楞纸板、胶合板
物料部件数/件	3	4
包装成本/元	52.5	41.1

- 对包装方案中可量化的评估指标进行计算

（1）产品运输成本（包装好的产品运输成本）　主要是指产品运送到终端用户处所花费的运输成本，而这个是通过车辆的装载数量来进行核算的。

新方案与原方案相比，主要的改变在于代木纸箱，其托盘结构没有变化，所以两方案的装卸效率没有变化；但是两个方案的包装箱最终外形尺寸产生了变化，所以运输效率主要集中在产品运输过程中的装载率（装载数量）上。

其产品采用40′的标准集装箱从上海出口至南美，一次运输成本大约为32000元每柜；计算可知，原方案整个集装箱柜可装载684个，装载率为88.26%，折合每产品运输费用为46.8元；新方案同样可以装载684个，但是装载率为91.89%，折合每产品运输费用为46.8元。

（2）产品包装装配成本（装配人工成本）　主要是指产品包装装配过程中所花费的时间以及核算出的装配人工成本。

原方案的每个围板上一共有16个钢片需要与底板以及盖板进行对孔和弯折固定，一个产品的包装装配时间是5分30秒，折合人工成本约是1.37元；新方案则按上述装配过程图片进行装配，一个产品的包装装配时间是6min，折合人工成本约是1.5元。其中人工成本按每人每小时15元计算。

（3）包装仓储成本（仓储成本）　主要是指包装打包好后在仓库中所在库位的大小，从而对其仓储费用进行核算；其中在仓库中的空间高度采用与运输车辆的有效装载高度来进行计算，这样可以有效提高装车的效率，同时减少再包装的工序。

原方案主要包装平均每套所占面积约为0.03m²，折合仓储成本为0.03元；新方案主要包装平均每套所占面积约为0.04m²，折合仓储成本为0.04元。其中仓储成本按每天每平方米1元计算。

（4）包装运输成本（空包装运输成本）　主要是指包装从包装供应商运送到客户处所花费的运输成本的核算。

原方案主要包装平均每套运输成本为0.67元；新方案主要包装平均每套运输成本为0.87元。其中运输成本按5t运输车，每公里行驶费用为3.5元计算，其中车辆内有效运输装载空间为7.2m×2.2m×2.2m，往返送货距离为100km。

（5）产品包装拆卸成本（拆卸人工成本）　主要是指产品包装拆卸过程中所花费的时间以及核算出的拆卸人工成本。

原方案的拆卸需要将盖板上8个钢片全部反弯折直立后，再将盖板完全取下，大约需要2min，折合人工成本约是0.5元；新方案需要将两个打包带剪开，同时划开封箱胶带，1min内即可完成，折合人工成本约是0.25元。

（6）包装部品成本　见表5-6。

将所有量化评估指标进行计算统计后的成本值见表5-7。从可量化的数值看，虽然新方案中的产品包装装配效率、包装仓储效率以及包装运输效率的成本均高于原方案，但新方案的总成本却小于原方案，节约了12%的总成本，所以综合来看，新方案要优于原方案。

表5-7　两种方案中量化评估指标计算统计后的成本值　　　　　　　　单位：元

量化评估指标	原方案成本	新方案成本
产品包装装配效率	1.37	1.50
产品包装拆卸效率	0.50	0.25
产品运输效率	46.80	46.80
包装仓储效率	0.03	0.04
包装运输效率	1.67	0.87
包装部品成本	52.50	41.10
总计	101.87	90.56

另外，从成本占比来看，起主要作用的是包装部品（原材料）成本和产品运输（货柜）成本，本例中，新方案主要是由于降低了包装部品成本，从而降低了总成本。在其他的例子中，还可以看到，合理设计包装结构节约货柜运输空间，也可以达到降低成本的目的。

例1　某吸尘器产品包装

该吸尘器产品的产品组件可以拆卸，原包装使用EPS作为缓冲衬垫，各组件分别置于EPS的模腔内，外包装使用普通0201侧开手孔纸箱（见图5-21）。

图5-21　某吸尘器产品及其原包装外观（参见文献［27］）

优化设计后，使用瓦楞纸板折叠结构衬垫代替 EPS 缓冲衬垫，为每一个组件均设计摆放卡位，减小了箱内容积，使纸箱尺寸有较大幅度的缩小（见图 5-22、图 5-23）。

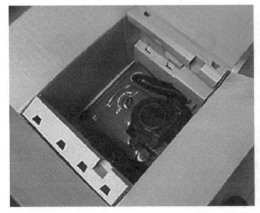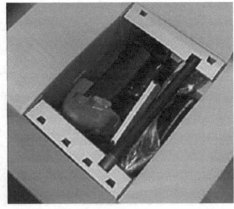

图 5-22　吸尘器产品包装优化后内部结构（参见文献 [27]）

图 5-23　吸尘器产品包装优化前后外观对比（参见文献 [27]）

由于纸箱结构与尺寸均进行了设计优化，材料使用成本得到降低，同时因增加了集装货柜的装箱数量而提高了运输效率（见表 5-8）。

表 5-8　吸尘器产品包装优化前后对比

对比项目	包装外尺寸/(mm×mm×mm)	外箱材质
优化前包装	530×310×720	EB 瓦（C250/105/105/105/125g）
优化后包装	530×400×420	C 瓦（C250/105/125g）

本例的优化对比分析如下：

① 优化后外箱材质由五层变为三层，包装重量减小；

② 优化后单位容积率增加约 24.7%；

③ 通过包装材料与包装结构的优化，包装性能能够满足要求，而包装重量减小、体积变小，降低包装综合成本。

例 2　某机电产品包装

这是一组照明灯的包装，原包装采用大面积展示结构和分体式固定衬件进行包装，一方面使包装件体积增大，另一方面因对内装产品的固定不足和展示过度，使在运输过程中产品存在很大的安全隐患。如图 5-24、图 5-25 所示。

图 5-24　某机电产品及其原包装外观

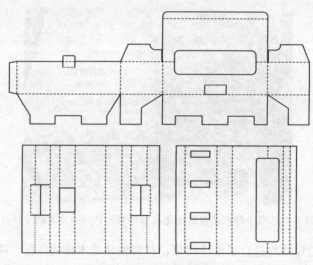

图 5-25　原包装结构

　　优化设计方案是根据该组照明灯自身的形状设计包装盒的形状，使纸箱结构紧凑，使用纸箱结构与衬垫结构一体式成型设计，节约展板用量并较好地解决了展示需求与固定保护需求的矛盾，减小了纸箱体积，因单个纸箱的外观形状是配合产品形状设计的，呈"L"形，故将两个纸箱相互拼装在一起刚好组成原包装纸箱尺寸的大致外观，满足了堆码的需要（见图 5-26、图 5-27）。

　　纸箱结构的大胆设计优化，不仅节约了单个纸箱的材料使用成本，还大幅增加了集装货柜的装箱数量（见表 5-9）。

表 5-9　机电产品包装优化前后对比

对比项目	包装外尺寸/(mm×mm×mm)	包装材料总面积/m²	1140×760 托盘装箱量/箱
优化前包装	570×150×240(1 个)	1.744	400
优化后包装	570×150×290(2 个)	0.867	600

图 5-26　产品包装优化后外观

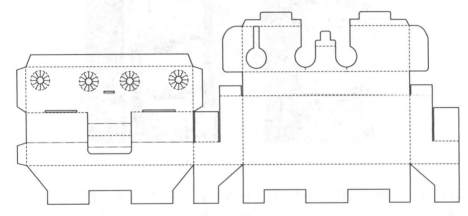

图 5-27　产品包装优化后结构

本例的优化对比分析如下：

① 优化后包装材料减少 50.3%；

② 优化后单位容积率增加约 39.6%；

③ 通过优化包装结构与堆码方式，使包装材料大幅减少，并且提高包装产品堆码空间利用率，降低包装综合成本。

例 3　某打印机产品包装

该打印机产品原包装存在问题（见图 5-28）有以下几点：

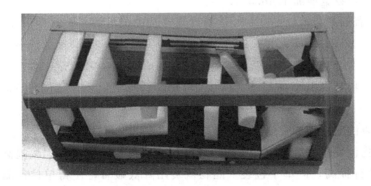

图 5-28　打印机产品原包装内部结构（参见文献 [27]）

① 聚苯乙烯泡沫缓冲出口受环保条例因素影响；

② 包装功能性达不到保护的要求，破损率高；

③ 包装的成型复杂，生产效率低；

④ 包装箱尺寸大、空间利用率低，影响整条供应链，成本较高。

进行优化设计后，取消了 EPE 缓冲衬垫，以瓦楞纸板折叠结构作为衬垫，这种结构具有两方面的优势，其一是空间分隔，通过折叠使纸箱内部空间产生若干个分格层次，方便放入主机和各个配件；其二是通过折叠出的空腔结构能够很好地起到空间缓冲保护的作用，且因折叠结构的相互支撑，使衬垫具有较好的支撑刚性，如图 5-29 所示。

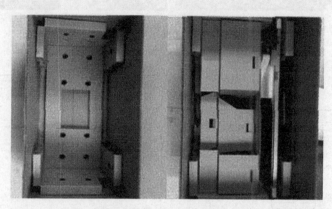

图 5-29 打印机产品包装优化后内部结构（参见文献［27］）

纸箱材料使用与结构设计进行优化后，虽然单个纸箱的物料成本增加了，但是因为单个纸箱的体积尺寸变得紧凑合理，大幅增加了集装货柜的装箱数量，使得运输成本大幅下降，从而使总成本降低（见表 5-10）。

表 5-10 打印机产品包装优化前后对比

对比项目	包装外尺寸/(mm×mm×mm)	包装物料成本/元	40′普通柜装箱数量/箱
优化前包装	1250×500×500	25	164
优化后包装	1160×490×400	28.5	240

本例的优化对比分析如下。

① 优化后装柜数量增加了 46.3%。

② 一个 40′普通集装箱以 20000 元运费计算（从中国沿海到美国西海岸）：原来单个包装箱运费成本为 20000/164＝121.9（元）；优化后单个包装箱运费成本为 20000/240＝83.3（元）；所以单个包装产品运费成本下降了 121.9－83.3＝37.7（元）。

③ 单个包装物料费用增加 28.5－25＝3.5（元）；单个包装产品包装与运费成本差值为 37.7－3.5＝34.2（元）。

④ 加上整条供应链成本后单位产品包装综合成本下降可达 40 元。

⑤ 通过优化包装材料与结构，减小包装体积，使集装箱装箱率大幅提高，虽然单个产品包装价格有少许提高，但单个包装产品物流费用降低显著，使得单位产品包装综合成本下降。

例4 某烤炉产品包装

与前例相似，该烤炉产品的原包装也存在使用发泡塑料缓冲、纸箱体积过大的问题，如图 5-30 所示。

图 5-30　某烤炉产品原包装外观（参见文献 [27]）

进行优化设计后，同样取消了塑料发泡的缓冲衬垫结构，代以瓦楞纸板折叠结构作为衬垫，并在内部进行合理的空间分层，如图 5-31 所示。

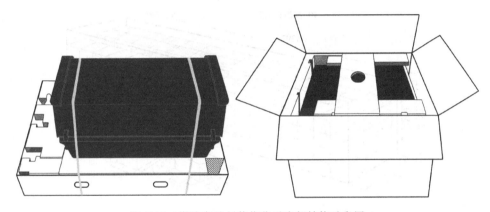

图 5-31　烤炉产品包装优化后内部结构示意图

类似的，纸箱材料使用与结构设计进行优化后，因为单个纸箱的体积尺寸变得紧凑合理，增加了集装货柜的装箱数量，使得运输成本大幅下降，从而使总的成本降低（见表 5-11）。设计优化前后的集装箱装箱的数量与装箱方式如图 5-32、图 5-33 所示：

表 5-11　烤炉产品包装优化前后对比

对比项目	包装外尺寸/(mm×mm×mm)	40′高柜装箱数量/箱
优化前包装	1060×790×555	120
优化后包装	920×650×640	176

本例的优化对比分析如下。

① 优化后装柜数量增加 56 箱。

② 一个 40′高集装箱柜以 20000 元运费计算（从中国沿海到美国西海岸）：原来包装运费成本为 20000/120＝167（元）；优化后包装运费成本为 20000/176＝114（元）；优化前后运费成本差值为 167－114＝53（元）。

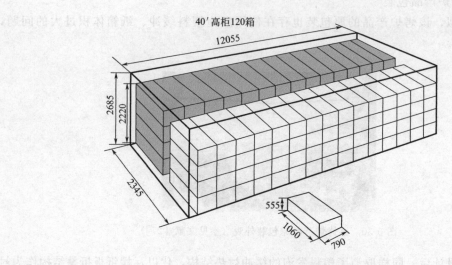

图 5-32 烤炉产品原包装装箱方式

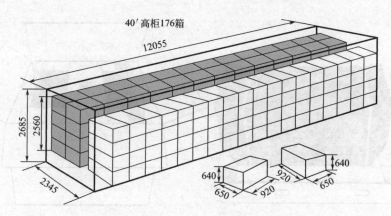

图 5-33 烤炉产品包装优化后装箱方式

③ 加上整条供应链成本后单位产品包装综合成本下降可达 65 元。

④ 通过优化产品包装结构，改善集装箱装箱方式，提高集装箱利用率，大大降低了物流包装成本。

通过以上 4 个实例可以看出，要降低包装成本关键在于降低包装综合成本，包装综合成本包含了包装物成本（包装采购价格）、包装仓储成本、包装物流成本、包装作业成本、包装管理成本等。降低包装成本的关键在于降低包装综合成本，而我们可以通过优化包装设计来达到这个目的。应具体分析影响包装性能的各种因素，充分考虑包装产业链各环节成本消耗，优化包装设计，制定最佳整体包装解决方案，最终实现企业利润最大化。

（1）优化设计纸箱配纸，减少纸箱成本 科学合理的配纸，不仅可提高纸箱的抗压性能，还可减少成本浪费，使纸箱性价比最大化。近年来主流瓦楞纸箱的纸板配纸的要求已逐渐趋向于"面纸低定量，芯纸高定量"。纸板面纸和里纸市场价格比芯纸价格明显要高，适当降低面纸和里纸克重，增加芯纸克重，减少成本的同时提高纸箱强度。在确定产品配纸工艺时，可先根据纸箱的制造条件（包括原纸质量、纸板结构、印刷版面等）和物流条件（存放时间、环境温度、运输工具、装卸方式以及包装件堆叠方式等），选取该纸箱合适的安全系数，计算该瓦楞纸箱所需的抗压强度值［计算公式：纸箱抗压强度＝安全系数×纸箱毛重×（堆码层数－1）］，再根据马基公式：空箱抗压强度＝5.87×边压强度×（外箱周长×纸板厚度）/2，倒推出瓦楞纸板的边压强度，考虑原纸的厂商、产地、性能、瓦楞的结构形式等，确定纸板的技术配置并加以实际测试验证后投入使用。合理要求配纸，不仅提高了纸箱的抗压性能，还减少了浪费，使纸箱达到最佳的性价比。

（2）优化设计箱型结构，增强纸箱抗压减少纸箱成本　优化设计箱型结构或开发新型包装结构，增强纸箱抗压减少纸板用量和成本。例如在耐破强度允许的条件下，可以把五层纸板改为三层纸板，然后在纸箱内侧加入一层围卡，在保证原有的抗压强度下节约了纸板用量。再如一些小商品包装可把 A 楞或 B 楞改为 E 楞，并采用"折入式"盒型设计，进行两层加固，既保证了纸箱的强度，又减轻了重量，从而节省了成本。此外一些新型包装结构不断推出，比如六棱柱状、梯形截面瓦楞纸箱、纸角钢框架和加强瓦楞纸箱等。

（3）改善纸箱的版面设计，减小印刷对纸箱的物理性能的破坏　控制纸箱印刷颜色种类，改善纸箱的版面设计，增加纸箱抗压性能。在纸箱的生产工艺中，每增加一种印刷的颜色，纸箱都要过一个墨辊，瓦楞纸板就会受压有一定程度的变形；加上颜料本身的成本，使得多色印刷纸箱的成本远远高于单色印刷纸箱。而且印刷面积越大、印刷位置越接近纸箱棱角、印刷图文接触的瓦楞越多，抗压强度下降越大。因此在版面设计时，应力求简洁、突出重点，尽量减少套印、叠印，控制好图案及字体的大小，减小印刷难度，从而提高纸箱的生产效率及合格率，为降低成本提供了空间。

（4）优化包装结构设计，降低包装产品的仓储物流成本　产品单位包装容积的大小、堆码和装箱方式是影响仓储和物流成本的重要因素。在包装防护性能允许的情况下，通过优化包装结构或开发设计新结构，减小产品外包装尺寸，优化堆码装箱方式，使单位集装箱内或单位托盘上的产品数量增加，则单位产品的运输成本降低。所以，把单个产品包装结构与整体空间结合起来综合考虑，对于最优化的整体包装解决方案至关重要。

5.3　危险品的包装系统设计

危险品中，多数危险品都属于易燃品的范畴，为说明易燃品包装条件的重要性，现对各类易燃品的危险特性分析如下。

（1）爆炸品　爆炸品的化学性质非常活泼，对机械力、电、热、磁场很敏感，受到摩擦、撞击、振动或遇到明火、高热、静电感应或与氧化剂、还原性物质如磷、硫、金属粉末接触都有发生燃烧、爆炸的危险。

（2）易燃气体　该类易燃品在温度为 20℃、标准压力 101.3kPa 条件下，当占有空气混合物总体积的 13% 或更低时能够自燃，不管最低燃烧极限是多少，与空气的燃烧范围至少有 12 个百分点。

易燃气体的危险特性主要有：①易燃易爆性；②扩散性；③可压缩性和膨胀性；④带电性。

（3）易燃液体　易燃液体是指闭杯闪点不高于 60.5℃，或开杯闪点不高于 65.6℃ 的液体或液体混合物，或在液体及悬浮液中含有固体的液体。由于国际和国内各种运输工具的仓厢内的温度一般为 55℃（特殊因素也可能超过这一温度），因此闪点低于 55℃ 的液体在运输中有发生火灾的危险性，考虑到一定的保险性，国际和国内的有关规定都以闭杯闪点不高于 60.5℃ 为区别易燃液体的标准。

易燃液体的危险特性主要表现在：①易挥发和扩散性；②受热膨胀性；③毒害性；④带电性。

（4）易燃固体、易自燃物质和遇水放出易燃气体的物质　就物理形态而言，本类物品绝大部分是固体状，只在易自燃物品和遇水放出易燃气体的物质中有少量的液体状货物。

①易燃固体的危险特性：燃点低，易燃固体着火点都比较低，一般都在 300℃ 以下，在常温下只要有能量很小的着火源与之作用即能引起燃烧；遇酸、氧化剂易燃易爆；本身或燃烧产物有毒，很多易燃固体本身就是具有毒害性或燃烧后能产生有毒气体的物质，如硫黄、三硫化四磷等，不仅与皮肤接触能引起中毒，而且粉尘吸入后也能引起中毒硝基化合物、硝化棉及其制品，燃烧时会产生大量的一氧化碳、一氧化氮、氢氰酸等有毒气体；遇湿易燃性，部分易燃固体，如硫的磷化物类，不仅具有遇火受热的易燃性，而且还具有遇湿易燃性；自燃性，有些易燃固体如赛璐珞、硝化棉及其制品等在积热不散的条件下容易自燃起火，硝化棉在 40℃ 条件下就会分解，容易造成自燃火灾。

② 易自燃物质的危险特性：

a. 遇空气自燃。如黄磷遇到空气即自燃起火，生成有毒的五氧化二磷。

b. 遇湿易燃。某些自燃物品，如硼、锌、锑、铝的烷基化合物类，烷基铝氢化合物类，烷基铝卤化合物类，烷基铝类自燃品，化学性质非常活泼，具有极强的还原性，遇氧化剂和酸类反应剧烈。除在空气中能自燃外，遇水或者受潮也能分解自燃或爆炸。

c. 积热自燃。有些自燃物品，如硝化纤维的胶片、废影片、光片等，在常温下就能缓慢分解，当堆积在一起或者仓库通风不好时，分解反应产生的热量无法散失，放出的热量越积越多，从而会自动升温达到其自燃点而着火，火焰温度可达 1200℃，另外该类物质在阳光及水分影响下加速氧化，分解出的一氧化氮又与空气中的氧化合生成二氧化氮，二氧化氮与潮湿空气中的水分化合又生成硝酸及亚硝酸，会进一步加速硝化纤维及其制品的分解。

③ 遇水放出易燃气体物质的危险特性：

a. 遇水易燃易爆。如电石、碳化铝甲基钠等盛放于密闭容器中，遇湿后放出乙炔和甲烷及热量，因逸散不出而积累，容器气体逐渐增多使压力越来越大，当超出容器强度时便会导致爆炸。

b. 遇氧化剂和酸着火爆炸。如锌粒在常温下放入水中不会发生反应，而放入盐酸中，反应非常剧烈，放出大量氢气。

c. 自燃性。如锌粉、铝镁粉等金属粉末，在潮湿空气中能够自燃，与水接触，特别在高温条件下反应强烈，放出氢气及热量。

d. 毒害性及腐蚀性。如乙炔、磷化氢、四氢化硅等，同时，一些遇湿易燃物品本身有毒，如钠汞齐、钾汞齐及硼、氢的金属化合物类，另外，碱金属及其氢化物类、碳化物类与水作用生成强碱，具有较强的腐蚀性。

（5）氧化物质和有机氧化物　氧化物质具有强氧化性，其本身不一定可燃，但通常因放出氧气导致其他可燃物的燃烧，对热、振动或摩擦较为敏感而有机过氧化物是分子组成中含有过氧基的有机物。其本身易燃、易爆，极易分解放出氧和热量，对热、振动和摩擦极为敏感。

5.3.1　危险品的包装系统设计的基本要求

依据国家标准《危险货物运输包装通用技术条件》（GB 12463—2009），危险品的包装有以下基本要求。

（1）包装应结构合理，并具有足够的强度、防护性能好。材质、形式、规格、方法和内装货物重量应与所装危险货物的性质和用途相适应，便于装卸、运输和存储。危险品的包装强度与货物性质密切相关。一般情况下，货物性质比较危险的，发生事故危害性较大的，其包装强度要高一些。同种危险品，单件包装重量越大，包装强度相应越高；同类包装运距越长、倒载次数越多，包装强度应越高。铁路《危规货物运输规则》对各种危险品单件重做了规定，一般危险性大的货物单件货物较小，危险性小的货物，可以允许采用较大一些的包装。货物件重还与运输方式的货仓大小、形式及装卸手段有关，如铁路运输规定，铁桶的件容积不得超过最大净重，另外，包装件的外形尺寸也应与相应运输工具的容积、装载量、装卸机具相匹配。

危险品的性质不同，对其包装及容器材质的要求也不同。如苦味酸（2,4,6-三硝基苯酚）若与金属化合，能生成苦味酸的金属盐类（铜、铅、锌类），此类盐的爆炸敏感度比苦味酸更大，所以此类炸药严禁使用金属容器盛装；氢氟酸有强烈的腐蚀性，能侵蚀玻璃，所以不能使用玻璃容器盛装要用铅桶或耐腐蚀的塑料、橡胶桶装运和储运；铝在空气中能形成氧化物薄膜，对硫化物、浓硝酸和任何浓度的乙酸及一切有机酸类都有耐腐蚀性，所以冰醋酸、醋酐、二硫化碳（化学试剂除外），一般都用铝桶盛装；铁桶盛装甲醛应涂防酸保护层（镀锌）；所有压缩及液化气体，因其处于较高的压力状态下，应使用特制的耐压气瓶装运。

（2）包装应质量良好，其构造和封闭形式应能承受正常运输条件下的各种作业风险，不应因温度、湿度或压力的变化而发生任何渗（撒）漏，表面应清洁，不允许黏附有害的危险物质。《危险化学品安全管理条例》规定"运输危险化学品的槽罐及其他容器必须封口严密，能够承受正常运输条件下产生的内部压力和外部压力，保证危险化学品在运输中不因温度、湿度或者压力的变化而发生任何渗漏。"危险品包装封口一般应严密不漏，特别是挥发性强或腐蚀性强的危险品，封口更应严密。但有些危险品要求封口不严密，甚至设有通气孔。

（3）危险品的包装容器与所装物品直接接触的部分，必要时应有内涂层或进行防护处理，包装材质能适应内装物的物理、化学性质，不会与之发生化学反应而减弱包装强度。

（4）包装应适应温度、湿度变化。因同一时间各地温度相差很大，决定了铁路危险品的长距离运输包装材料必须适应温度的变化；同样，同一时间各地相对湿度相差也很大，因而包装的防潮措施应按相对湿度最大的地区考虑，以免危险品吸潮变质或起化学反应发生事故。

（5）危险品包装由外包装和内包装两部分组合而成，内容器应予固定，内容器与外包装应紧密贴合，外包装不应有擦伤内容器的凸出物。应在内、外包装之间设置衬垫材料，以起到缓冲、吸附及解缓作用。

（6）盛装危险液体的容器，应能经受在正常运输条件下产生的内部压力。灌装时应留有足够的膨胀余量（预留容积），除另有规定外，应保证在55℃时，内装液体不致完全充满容器。

（7）盛装需浸湿或加有稳定剂的物质时，其容器封闭形式应能有效地保证内装液体（水、溶剂和稳定剂）的百分比，在储运期间保持在规定的范围内。

（8）包装有降压装置时，其排气孔设计和安装应能防止内装物泄漏和外界杂质进入，排出的气体量不应造成危险和污染环境。

（9）包装容器的基本结构应符合 GB/T 9174—2008《一般货物运输包装通用技术条件》的规定。

（10）盛装爆炸品包装的附加要求：

① 盛装液体爆炸品容器的封闭形式，应具有防止渗漏的双重保护；

② 除内包装能充分防止爆炸品与金属物接触外，铁钉和其他没有防护涂料的金属部件不应穿透外包装；

③ 双重卷边接合的金属桶或以金属作衬里的运输包装，应能防止爆炸物进入缝隙，金属桶的封闭装置应配有合适的垫圈；

④ 包装内的爆炸物质和物品，包括内容器，应衬垫妥实，在运输中不允许发生危险性移动；

⑤ 盛装有对外部电磁辐射敏感的电引发装置的爆炸物品，包装应具备防止所装物品受外部电磁辐射源影响的功能。

5.3.2　危险品的包装标志及标记代号

为保证危险品运输安全，使危险品装卸、运输相关人员作业时提高警惕，防止危险发生，且能在事故发生时及时采取正确施救措施，危险品运输包装必须具备国家或政府间组织规定的"危险货物包装标志"，包装标志应正确、明显、牢固、清晰。

5.3.2.1　危险品包装标志

国家制定了 GB 190—2009《危险货物包装标志》以及其他相关标准，这不仅仅是一个管理制度问题，也是一个技术上认真配合的问题。标志的位置适当，衬色显眼相称，外包装到内包装层层标识，以防止拆除外包装后失去危险性标志。

（1）标记　危险品的标记共有 4 个，使用色彩及其规范见表 5-12。

表 5-12　危险品标记

序号	标记名称	标记图形
1	危害环境和物品标记	 （符号：黑色；底色：白色）

序号	标记名称	标记图形
2、3	方向标记	（符号:黑色或正红色;底色:白色）
4	高温运输标记	（符号:正红色;底色:白色）

（2）标签　危险品的包装标签共有 26 个，其图形分别标示了 9 类危险货物的主要特性，使用色彩及其规范见表 5-13。

表 5-13　危险品包装标签

序号	标签名称	标签图形	类项号
1	爆炸性物质或物品	（符号:黑色;底色:橙红色）	1.1 1.2 1.3
		（符号:黑色;底色:橙红色）	1.4
		（符号:黑色;底色:橙红色）	1.5

序号	标签名称	标签图形	类项号
1	爆炸性物质或物品	 （符号：黑色；底色：橙红色）	1.6
2	易燃气体	 （符号：黑色或白色；底色：正红色）	2.1
	非易燃无毒气体	 （符号：黑色或白色；底色：绿色）	2.2
	毒性气体	 （符号：黑色；底色：白色）	2.3
3	易燃液体	 （符号：黑色或白色；底色：正红色）	3

序号	标签名称	标签图形	类项号
4	易燃固体	(符号:黑色;底色:白色红条)	4.1
	易于自燃的物质	(符号:黑色;底色:上白下红)	4.2
	遇水放出易燃气体的物质	(符号:黑色或白色;底色:蓝色)	4.3
5	氧化性物质	(符号:黑色;底色:柠檬黄色)	5.1
	有机过氧化物	(符号:黑色或白色;底色:上红下黄)	5.2

序号	标签名称	标签图形	类项号
6	毒性物质	 （符号:黑色;底色:白色）	6.1
	感染性物质	 （符号:黑色;底色:白色）	6.2
7	一级放射性物质	（符号:黑色;底色:白色;附一条红竖条） 黑色文字,在标签下半部分写上: "放射性" "内装物_____" "放射性强度_____" 在"放射性"字样之后应有一条红竖条	7A
	二级放射性物质	（符号:黑色;底色:上黄下白;附两条红竖条） 黑色文字,在标签下半部分写上: "放射性" "内装物_____" "放射性强度_____" 在一个黑边框格内写上:"运输指数" 在"放射性"字样之后应有两条红竖条	7B
	三级放射性物质	（符号:黑色;底色:上黄下白;附三条红竖条） 黑色文字,在标签下半部分写上: "放射性" "内装物_____" "放射性强度_____" 在一个黑边框格内写上:"运输指数" 在"放射性"字样之后应有三条红竖条	7C
	裂变性物质	（符号:黑色;底色:白色） 黑色文字 在标签下半部分写上:"易裂变" 在标签下半部分的一个黑边框格内写上: "临界安全指数"	7E

序号	标签名称	标签图形	类项号
8	腐蚀性物质	 （符号:黑色;底色:上白下黑）	8
9	杂项危险物质和物品	 （符号:黑色;底色:白色）	9

（3）样例　按照国家标准 GB 15258—2009《化学品安全标签编写规定》，可参照图 5-34 和图 5-35 的样例进行化学品安全标签设计。

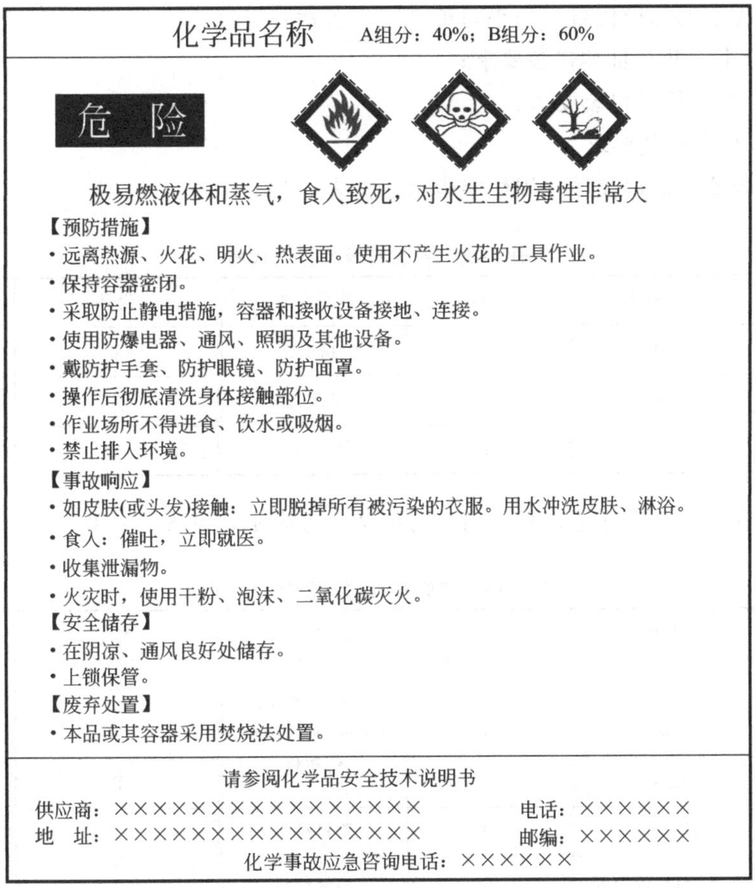

化学品名称　　A组分：40%；B组分：60%

危　险　

极易燃液体和蒸气，食入致死，对水生生物毒性非常大

【预防措施】
・远离热源、火花、明火、热表面。使用不产生火花的工具作业。
・保持容器密闭。
・采取防止静电措施，容器和接收设备接地、连接。
・使用防爆电器、通风、照明及其他设备。
・戴防护手套、防护眼镜、防护面罩。
・操作后彻底清洗身体接触部位。
・作业场所不得进食、饮水或吸烟。
・禁止排入环境。

【事故响应】
・如皮肤(或头发)接触：立即脱掉所有被污染的衣服。用水冲洗皮肤、淋浴。
・食入：催吐，立即就医。
・收集泄漏物。
・火灾时，使用干粉、泡沫、二氧化碳灭火。

【安全储存】
・在阴凉、通风良好处储存。
・上锁保管。

【废弃处置】
・本品或其容器采用焚烧法处置。

请参阅化学品安全技术说明书

供应商：×××××××××××××××　　电话：×××××
地　址：×××××××××××××××　　邮编：×××××
化学事故应急咨询电话：×××××

图 5-34　化学品安全标签样例

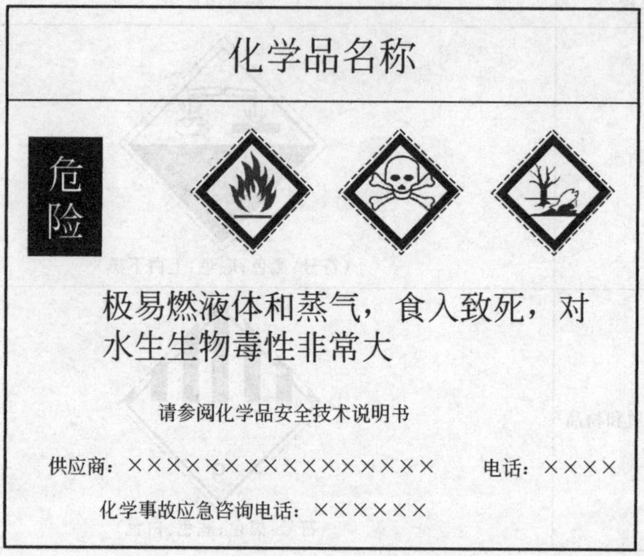

化学品名称

极易燃液体和蒸气，食入致死，对水生生物毒性非常大

请参阅化学品安全技术说明书

供应商：××××××××××××   电话：××××

化学事故应急咨询电话：××××××

图 5-35　化学品安全标签简化标签样例

5.3.2.2　标记代号

（1）包装类别的标记代号。用小写英文字母表示：

x——符合Ⅰ、Ⅱ、Ⅲ类包装要求；

y——符合Ⅱ、Ⅲ类包装要求；

z——符合Ⅲ类包装要求。

（2）包装容器的标记代号（用数字表示，见表 5-14）。

表 5-14　包装容器的标记代号

代号	容器种类	代号	容器种类	代号	容器种类
1	桶	4	箱、盒	7	压力容器
2	木琵琶桶	5	袋、软管	8	筐、篓
3	罐	6	复合包装	9	瓶、坛

（3）包装容器的材质标记代号（用大写英文字母表示，见表 5-15）。

表 5-15　包装容器的材质标记代号

代号	容器种类	代号	容器种类	代号	容器种类
A	钢	G	硬质纤维板、硬纸板、瓦楞纸板、钙塑板	M	多层纸
B	铝			N	金属（钢、铝除外）
C	天然木			P	玻璃、陶瓷
D	胶合板	H	塑料材料	K	柳条、荆条、藤条及竹篾
F	再生木板（锯末板）	L	编制材料		

（4）包装容器的常见组合代号，见表 5-16。

表 5-16　包装容器的常见组合代号

序号	包装名称	代号	序号	包装名称	代号
1	闭口钢桶	$1A_1$	16	瓦楞纸箱	$4G_1$
2	中开口钢桶	$1A_2$	17	硬纸板箱	$4G_2$
3	全开口钢桶	$1A_3$	18	钙塑板箱	$4G_3$
4	闭口金属桶	$1N_1$	19	普通型编织袋	$5L_1$
5	全开口金属桶	$3N_3$	20	复合塑料编织袋	$6HL_5$
6	闭口铝桶	$1B_1$	21	普通型塑料编织袋	$5H_1$
7	中开口铝罐	$3B_2$	22	防撒漏型塑料编织袋	$5H_2$
8	闭口塑料桶	$1H_1$	23	防水型塑料编织袋	$5H_3$
9	全开口塑料桶	$1H_3$	24	塑料袋	$5H_4$
10	闭口塑料罐	$3H_1$	25	普通型纸袋	$5M_1$
11	全开口塑料罐	$3H_3$	26	防水型纸袋	$5M_3$
12	满板木箱	$4C_1$	27	玻璃瓶	$9P_1$
13	满底板花格木箱	$4C_2$	28	陶瓷坛	$9P_2$
14	半花格型木箱	$4C_3$	29	安瓿瓶	$9P_3$
15	花格型木箱	$4C_4$			

（5）包装容器的其他标记代号，见表 5-17。

表 5-17　包装容器的其他标记代号

代号	标记类别	代号	标记类别
S	拟装固体的包装	GB	符合国家标准要求
L	拟装液体的包装	u n	符合联合国规定的要求
R	修复后的包装		

（6）标记代号实用范例（以钢桶为例）。

① 新桶的标记代号使用如图 5-36 所示。

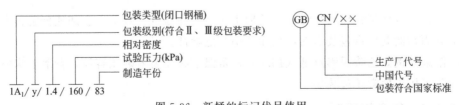

图 5-36　新桶的标记代号使用

② 修复后的桶的标记代号使用如图 5-37 所示。

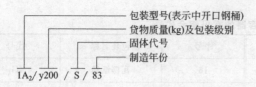
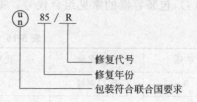

图 5-37　修复后的桶的标记代号使用

5.3.3　危险品包装的基本原则

5.3.3.1　隔离原则

（1）利用外包装将包装物和环境隔离　例如利用可以吸收辐射的重金属（如铅）将放射性危险品与环境及人体隔离。利用高压容器将易燃、易爆气体与助燃物隔离。利用抗腐蚀容器将腐蚀性危险品隔离等。

（2）利用外包装将环境中可激发包装物化学活性的因素与包装物隔离　主要包括阻离光辐射、阻隔氧气（空气）、阻隔水蒸气。

5.3.3.2　分散原则

对于危险品，无论在包装还是在存放时，数量多，危险性也加大。分散，从宏观上说，是指包装单件数量，在不影响使用方便的情况下，小量包装可以提高其安全性，因此对最大包装量在 GB 1246—2009《危险货物运输包装通用技术条件》有所规定。从微观上说，还有更深层次的分散，分散到微量级甚至分子级。这是某些危险品可以成为包装产品的必须手段（如压缩气体）。

减小体积的方法，可以是加压或降温。作为商业上可行手段最常用的就是加大压力。目前的压缩气和液化气都是这样包装的。对于一些可燃气体，压缩后其危险性却大大增加。因为其体积减小后，浓度大大增加。因此，在包装时需采用特殊手段，即在包装钢瓶内充填以惰性的、高强度的多孔性材料（如硅酸盐、沸石等）。使压缩气体在钢瓶内彼此被分散在体积很小的微孔内，这样可以减缓其释放速度，减小其碰撞概率（有些可燃爆气体可以因撞击引起燃爆），从而降低其危险性。

5.3.3.3　钝化原则

对有些危险品，在包装时使用物理或化学手段抑制其化学活性，也可以降低危险性（前提是不影响使用，不会永久性改变其化学结构）。

（1）稀释　例如过氧化氢溶液易分解放出氧，将其稀释到 30％以下，可以降低其危险性。

（2）保护　例如硝化棉是易爆品，长期干燥下，高温（＞40℃）会加速分解自燃，可用 30％～35％酒精润湿后再包装密封，从而减小其危险性。

（3）溶解　例如乙胺因沸点低（16.6℃）常温下必须装入耐压容器，若溶于水中成乙胺水溶液，就可用铁桶常压包装。

5.3.3.4　综合性原则

危险品成功的包装实例，几乎都是上述原则创造性地综合应用，例如乙炔气的商业包装。

一百多年以来，由于乙炔的高危爆炸性使其无法作为商品，只能由使用者现场生产立即使用（即移动式乙炔发生器），浪费、污染且不安全。后经研究，乙炔在一些溶剂中溶解度很高。例如丙酮可以以 1：30 体积比溶解乙炔。如果先将丙酮充入装有多孔性物质（石棉、活性炭、硅石）的钢瓶，再将乙炔压溶在丙酮中，这等于是将乙炔作了 2 次分散处理。尤其是溶于丙酮中是一种化学性分散，实现了分子与分子隔离，可以避免它们相互撞击发生爆炸。由于多孔性物质（固体）充填量难以达到 100%，容器内剩余空间（＜2%）再充入惰性气体（N_2）保护，确保乙炔不与氧气混合。正是由于以上隔离、分散、钝化的综合性原则运用，乙炔才得以成为一种安全产品。

5.3.4　危险品包装的设计案例（以易燃品电石包装为例）

电石又称碳化钙，形态为固体，是遇水（湿）易燃物品。分子式为 CaC_2，比重 2.22，熔点 2000℃，闪点 −17.8℃，属于一级遇湿易燃物品，Ⅱ类包装。电石的主要危险性在于遇水（湿）生成乙炔气体，其化学反应式为：

$$CaC_2 + 2H_2O \longrightarrow Ca(OH)_2 + C_2H_2 \uparrow$$

乙炔的密度为 1.16g/L，比空气稍轻，液体比重 0.6181，熔点 −81.8℃，爆炸极限 2.5%～82%。根据现行铁路《危险货物运输规则》的规定，电石运输的传统包装是铁桶，出口包装充氮，内销电石可不充氮，允许多次使用。由此导致包装成本高、储运过程中电石粉化损失率高、事故多、环境污染和空容器回收不便等诸多问题。多年来，虽然各方面都十分重视电石的安全储运，对包装也进行了多方面的研究，但在储运过程中的安全问题始终未得到根本解决，燃烧、爆炸事故时有发生。例如，曾经发生的天津港电石桶爆炸事故的原因之一就是电石包装质量问题所致。电石桶的封口不严，桶上充氮小盖与螺母不配套，在运输过程中部分脱落，有的桶直观就可发现存在缝隙，桶的卷边没有按要求达到 5 层，大部分卷边只有两层。桶内充入了 98% 的工业氮气，由于密封不严造成潮气进入。为解决这个问题，可以采用新技术、新工艺来解决落后工艺加工中可能出现的隐患，如焊缝使用熔焊技术、桶体采用扩胀技术、密封填料采用液体注入技术等达到较好的密封效果，或者将 5 层卷边改为 7 层卷边，或者将插销封口改为螺栓紧固用以解决掉盖问题，或者在桶身上加保险圈并采用机械封口的办法达到密封的要求，等等，但终究会存在很多隐患。

所以，现在研发了一种作为电石的运输包装的新型的柔性包装袋。该软包装袋由三层材料组合而成。内层为维纶水溶纱复合袋，中层、外层为覆膜塑编袋，50kg 装规格，机械缝合，是一次性使用的包装。其形状为圆桶型，底面圆周长 50cm、高 68cm。

电石在运输过程中最主要的危险性在于遇水生成乙炔气体，而乙炔气体在空气中的爆炸极限为 2.5%～82%，即当乙炔气体在空气中的含量达到 2.5% 以上时，即使遇到很小的激发能量，也可发生爆炸。如果乙炔含量低于爆炸下限，就是安全的。因此控制电石包装内的乙炔含量，使其低于爆炸下限，是有效控制电石包装安全储运的主要措施。

控制包装内的乙炔含量主要有两种途径：

① 控制包装内自由空间的空气含水量（空气湿度）；

② 设计包装具有排气功能，需要时可排出多余的乙炔气体。

空气中总含有水汽，在空气中电石反应的快慢或强烈程度，与空气的相对湿度有关，相对湿度越高电石反应越快，当相对湿度低到一定程度时反应停止。当某包装容器内的含水量一定时，随着温度的下降，相对湿度会逐步上升；当温度降到一定程度时，容器内的相对湿度将达到饱和状态（即出现凝结水），如图 5-38 所示。

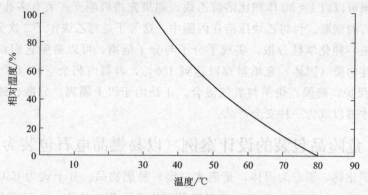

图 5-38　温度-相对湿度曲线图

在电石包装内，空气湿度饱和的情况是不会出现的，这是由于随着相对湿度的增加，电石反应会加快，消耗湿含量并产生乙炔气体；此时相对湿度会随之下降。电石包装的燃烧爆炸及电石的粉化损失就是在这种情况下产生的。本例中，电石运输软包装袋所采用的材料和结构，可以在温度降低、相对湿度增加时，内层复合袋起到吸湿作用，使相对湿度不会随温度下降而上升，从而有效地控制乙炔气体的产生，并将其维持在爆炸极限以下。表 5-18 是在某电石厂实验时，在软包装内所测的实际数据。

表 5-18　电石软包装现场实验统计

序号	软包装总质量/g	内层复合袋质量/g			封口前		4h 后	
		装电石前	装电石封口前	4h 后	袋内温度/℃	相对湿度/%	袋内温度/℃	相对湿度/%
1#	394.5	171.0	167.5	169.5	32.8	6.5	2.8	0.1
2#	392.0	169.5	166.5	170.0	34.5	6.2	3.0	0.1
3#	392.5	169.5	167.5	172.0	33.9	6.5	2.9	0.1
4#	390.0	169.5	167.5	170.5	33.0	6.4	3.1	0.1
5#	389.5	169.0	166.0	170.5	31.2	6.3	2.9	0.1
6#	393.5	172.0	168.5	172.5	36.0	6.4	2.8	0.1

注：从装电石到封口，放置 20min；装电石时电石的温度约为 50℃，封口时的温度在 30℃以上；实验时，现场温度为 15℃，相对湿度为 18%。

所以，根据乙炔气体在空气中的爆炸极限下限为 2.5%，低于此下限则处于安全状态。国家标准 GB 19453—2009《危险货物电石包装检验安全规范》中规定：钢桶内乙炔含量（体积分数）不大于 1%。

（1）电石软包装内袋总湿含量计算　按此规定本例软包装内的乙炔含量达到 1%时，需要水量的计算如下。

①包装袋底面周长 5dm，高 6.8dm。

②软包装袋内容积为：

$$(5/\pi)^2 \times 6.8\pi = 54.1 \text{（L）}$$

③发气量为 300L/kg 的一级电石的密度为 2.3kg/L，软包装袋内装电石 50kg 时，剩余

自由空间为：
$$54.1-50/2.3=32.36 \text{（L）}$$
所以，自由空间占总容积的百分比为：
$$(32.36/54.1)\times100\%=59.8\%$$
④ 软包装袋内乙炔含量达到 1% 时，乙炔气体容量为：
$$32.36\times1\%=0.3236 \text{（L）}$$
⑤ 由反应式 $CaC_2+2H_2O{=\!=\!=}Ca(OH)_2+C_2H_2\uparrow$ 可以计算出乙炔最少需水量为 0.26g。

⑥ 在温度 35℃、相对湿度 100% 饱和时，包装袋内总湿含量为 $42.8g/m^3$；在电石软装进行封口时，如果袋内温度为 35℃，相对湿度按 15% 计算，其总湿含量为：
$$42.18\times15\%\times0.3236=2.078 \text{（g）}$$

（2）电石软包装内袋吸潮能力的测定　当封口时温度达 30℃ 以上、相对湿度 6.5% 时，4h 后内袋吸湿（克重增加）为：1#，2.0g；2#，3.5g；3#，4.5g；4#，3.5g；5#，3.5g；6#，3.5g；平均为 3.5g。比较包装内总湿含量与内袋吸湿能力，包装内部在不太有利情况下总湿含量为 2.078g，软包装封口以后内袋吸湿（克重增加）为 3.5g。

这里是以乙炔占混合气体 1% 计算包装袋内自由空间的总湿含量，仅相当于爆炸极限下限的 40%。因此，这种计算保有较大的安全系数。现场测定软包装袋内以及钢桶内相对湿度一般均在 10% 以下，采用 15% 计算同样保有较大的安全系数。计算出的电石软包装内的总湿含量远小于软包装内袋的吸湿能力，不足以生成能够到达爆炸极限的乙炔气体。这种情况有利于电石软包装件的安全储运。

与目前国内广泛采用的重复使用的电石钢桶相比，本例中使用这种新型包装袋装运电石可以保证安全运输，还可降低包装成本，降低运费，电石粉化损失率也可大幅降低。电石运输软包装袋设计能够满足运输的安全要求，其主要特点有：

① 缝线针孔有伸缩性，当包装内压力增大时即可通过缝线针孔排气，不会发生阻塞现象，能保证安全运输；

② 内层袋具有吸湿作用，减缓了电石的分解反应；

③ 平时内包装袋内略有压力，外部空气不能进入，降低了电石粉化损失，可有效保护环境和资源；

④ 中、外层包装强度较高，且内层复合袋具有缓冲作用，从而在包装电石的储存、运输过程中可避免或减少包装件的破损；同时由于软包装袋自重轻，可提高货车静载重量，降低运费。

在铁路《危险货物运输规则》中，只要求了电石的复合塑料编织袋进行跌落试验，以及包装袋材料的性能试验。如果在进行包装性能试验时，仅进行上述试验，而不注意软包装袋中的含湿量对电石产生的化学反应的影响，可能会引起乙炔气体的火灾爆炸事故。所以，需要对电石运输软包装袋进行安全分析评估，使运输包装与危险货物的性质相适应，避免事故的发生。

5.4　用于救灾物资的低空无伞空投的极限设计案例

以针对灾区救援物资之一的盒装鸡蛋产品进行包装系统设计为例，研究其包装解决方案。可安排学生的设计任务如下。

① 包装集装数量 6 枚，要求能够满足直升机低空无伞空投要求，投掷高度不低于 20m。

② 设计内容包括需求分析、总体方案定位、包装防护方案设计、销售包装设计、运输包装设计、包装经济分析和方案评估。

③ 设计要求主要有：内、外包装应具有包容性和保护性，最大限度地维持产品的使用功能；包装材料选择合理、价格适中，应为市场常见材料；包装结构合理，包装的装配活动节约工时且操作简易方便；货物在仓库和运输中能够科学合理地堆码，并且具有一定的堆码强度和堆码高度；包装能承受物流环节中可能出现的任何外部激励；考虑环境保护的要求以及终端消费者的需求。

例 1 全纸材料设计

全纸材料设计（见图 5-39）选用外包装盒为型号 0427 的 B 型瓦楞纸板盒，内部将单层 E 型楞纸板制作为卷筒结构，卷成圆筒状包裹鸡蛋，增大鸡蛋的接触面积，鸡蛋之间用圆形纸板分隔；模仿瓦楞纸板 UV 楞形状防震性能良好的特点，使用 B 型瓦楞纸板将缓冲结构设计成 M 型的结构，从而保护鸡蛋从高空跌落时不受损。

包装过程中只需将鸡蛋放进单层瓦楞纸筒卷好，用瓦楞纸板将鸡蛋与鸡蛋之间间隔开并将卷筒两头塞紧，再将包装有鸡蛋的卷筒插入开孔的 M 型缓冲结构中，最后放入包装盒中即可。

该设计包装容器体积小，易于运输堆码；包装方式简单，开启方便；对鸡蛋具有极好的保护效果，实验时从 20m 空中自由落体跌落时，鸡蛋状态完好，符合救灾时低空空投的要求。

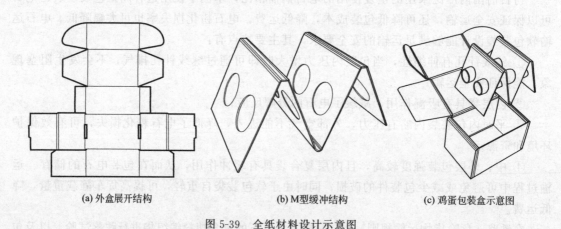

(a) 外盒展开结构　　　　　　　(b) M型缓冲结构　　　　　　(c) 鸡蛋包装盒示意图

图 5-39　全纸材料设计示意图

例 2 混合材料设计（见图 5-40）

设计选择外包装盒为型号 0427 的 B 型瓦楞纸板盒，内部隔板结构使用 B 型瓦楞纸板，特殊缓冲结构材料使用聚乙烯发泡塑料（EPE、珍珠棉），运用珍珠棉材料防震性能良好的特点，将珍珠棉缓冲材料设计成防震效果十分突出的圆拱结构，四个方向各有一个，而每两个大的圆拱又由一个小的圆拱连接，内部六角花形结构能牢固地包裹鸡蛋，从而保护鸡蛋从高空跌落时不受损。包装过程中只需将鸡蛋放进珍珠棉缓冲材料中间，再用隔板将每个缓冲结构隔开，最后放入包装盒中即可。

该设计易于运输、易于开启、易于取用，并且在低空空投条件下从20m空中自由落体跌落时，使鸡蛋安全不破损。

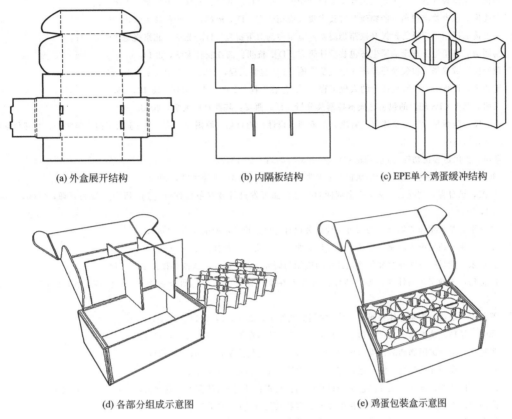

(a) 外盒展开结构　　　　(b) 内隔板结构　　　　(c) EPE单个鸡蛋缓冲结构

(d) 各部分组成示意图　　　　(e) 鸡蛋包装盒示意图

图 5-40　混合材料设计示意图

思考题

1. 举例说明前沿活性包装技术和智能包装技术在食品类包装系统设计中的应用。

2. 请参考案例中樱桃包装系统设计的基本方法，在目前当季水果中选择一种，定位为超市销售的礼盒包装，为其进行系统设计。设计结果请制作为 PPT。

3. 电子产品包装的发展趋势是怎样的？请举例说明。

4. 请参考案例中若干电子产品包装系统设计的基本方法，在家庭用灯具灯泡、灯管中选择一种，定位为网络销售的大众常规包装，为其进行系统设计。设计结果请制作为 PPT。

5. 化学危险品包装标签一共有几大类多少个？请随机挑选若干个标签进行图形识别训练。

6. 化学危险品包装系统设计的基本原则是什么？

参 考 文 献

[1] 周艳. 系统设计新探——系统论在工业设计中的应用 [D]. 武汉：武汉工业大学，2000.

[2] 曾德彬. 家电物流视角下的物流关键技术集成应用研究 [D]. 成都：电子科技大学，2009.

[3] 王洪涛. 运用供应链管理提升铁路物流企业竞争力的对策研究 [D]. 北京：北京交通大学，2011.

[4] 侯明勇. 基于生态理念的原生态包装设计研究 [D]. 杭州：浙江农林大学，2014.

[5] 戴宏民，戴佩华. 包装循环经济的形成及实施 [J]. 包装工程，2004，25（04）：5-6，10.

[6] 苏毅超，谭哲丽. 包装设计中的人机工程 [J]. 包装工程，2001，21（03）：18-19，25.

[7] 兰明. 基于CPS理念的包装总成本控制及分析 [D]. 西安：陕西科技大学，2013.

[8] 戴宏民，戴佩华. 产品整体包装解决方案策划（设计）的目标、原则及方法 [J]. 重庆工商大学学报：自然科学版，2010，27（01）：80-84.

[9] 夏颖. 价值链理论初探 [J]. 理论观察，2006，（04）：136-137.

[10] 刘凌云. 基于生命周期理论的绿色产品开发研究 [D]. 天津：天津大学，2000.

[11] 汪波，杨尊森，刘凌云. 基于生命周期的绿色产品开发设计及绿色性评价 [J]. 研究与发展管理，2000，（05）：1-4，16.

[12] 刘亚军. 基于生命周期分析法的可持续包装设计 [D]. 长沙：湖南大学，2005.

[13] 王东. 生产线标准工时制定方法研究 [D]. 西安：西安电子科技大学，2009.

[14] 任亚东. 能量吸收法在缓冲包装设计中的应用与研究 [D]. 西安：陕西科技大学，2010.

[15] 隋思瑶，王毓宁，马佳佳，等. 活性包装技术在果蔬保鲜上的应用研究进展 [J]. 包装工程，2017，38（09）：1-6.

[16] 贺登才. 现代物流服务体系研究 [J]. 中国流通经济，2010，24（11）：45-48.

[17] 邱溆. 循环经济视角下的过度包装问题研究 [J]. 环境保护，2008，（20）：40-42.

[18] 张晓文. 论我国限制商品过度包装立法的完善 [J]. 时代法学，2009，7（03）：80-86.

[19] 靳海燕. 我国绿色包装立法问题研究 [D]. 太原：山西财经大学，2010.

[20] 商毅. 包装的善意——谈商品包装与设计师的社会责任 [J]. 天津美术学院学报，2013，（03）：63-65.

[21] 曲俐俐，王加晶，王宏伟. 食品保鲜技术的现状及前景 [J]. 食品工业，2015，36（08）：239-242.

[22] 胡滢. 基于绿色供应链的鲜蔬鲜果冷链物流效率分析 [J]. 中国农业资源与区划，2015，36（05）：172-176.

[23] 唐静静，贾长学. 樱桃保鲜运输包装系统研究 [J]. 包装工程，2011，32（19）：22-24，53.

[24] 黄涛. 基于绿色包装解决方案的中小型电子产品运输包装设计及实验评估 [D]. 西安：陕西科技大学，2009.

[25] 黄昌海. 基于产品包装价值链的包装方案评估 [J]. 印刷技术，2012，（6）：39-42.

[26] 张惠艳. 电子产品出口包装设计方法的研究 [D]. 西安：陕西科技大学，2015.

[27] 李彭，王小华. 纸箱包装优化设计降低包装综合成本案例评析 [J]. 包装世界，2011，（03）：15-17.

[28] 张增博. 铁路运输中易燃品包装条件的动力学影响分析 [D]. 成都：西南交通大学，2010.

[29] 李航. 易燃品包装对铁路运输安全影响研究 [D]. 成都：西南交通大学，2009.

[30] 傅欣，刘玉生. 危险品包装技术研究 [J]. 包装工程，2008，29（01）：38-40.

[31] GB 190—2009，危险货物包装标志 [S]. 北京：中国标准出版社，2010.

[32] GB 12463—2009，危险货物运输包装通用技术条件 [S]. 北京：中国标准出版社，2010.

[33] GB/T 9174—2008，一般货物运输包装通用技术条件 [S]. 北京：中国标准出版社，2009.

[34] GB 15258—2009，化学品安全标签编写规定 [S]. 北京：中国标准出版社，2010.